"高等法律职业教育系列教材" 审定委员会

主　任：张文彪
副主任：万安中
委　员：(按姓氏笔画排列)
王　亮　刘晓辉　李雪峰　李　岚　陈晓明
周静茹　项　琼　曹秀谦　盛永彬　鲁新安

高等法律职业教育系列教材
GAODENGFALUZHIYEJIAOYUXILIEJIAOCAI

网络信息安全技术

WANGLUO XINXI
ANQUANJISHU

主　编◎　李玲俐　陈晓明

副主编◎　陈　丹

暨南大学出版社
JINAN UNIVERSITY PRESS

中国·广州

图书在版编目（CIP）数据

网络信息安全技术／李伶俐主编；陈晓明，陈丹副主编 . —广州：暨南大学出版社，2012.8（2020.1 重印）
（高等法律职业教育系列教材）
ISBN 978 - 7 - 5668 - 0288 - 0

Ⅰ.①网… Ⅱ.①李…②陈…③陈… Ⅲ.①计算机网络—安全技术—高等职业教育—教材 Ⅳ.①TP393.08

中国版本图书馆 CIP 数据核字（2012）第 185284 号

网络信息安全技术
WANGLUO XINXI ANQUAN JISHU
主　编：李伶俐　副主编：陈晓明　陈　丹

出 版 人：徐义雄
责任编辑：付有明
责任校对：周明恩　卢凯婷
责任印制：汤慧君　周一丹

出版发行：暨南大学出版社（510630）
电　　话：总编室（8620）85221601
　　　　　营销部（8620）85225284　85228291　85228292（邮购）
传　　真：（8620）85221583（办公室）　85223774（营销部）
网　　址：http://www.jnupress.com
排　　版：广州市天河星辰文化发展部照排中心
印　　刷：湛江日报社印刷厂
开　　本：787mm×1092mm　1/16
印　　张：15
字　　数：363 千
版　　次：2012 年 8 月第 1 版
印　　次：2020 年 1 月第 2 次
印　　数：2001—3000 册
定　　价：32.00 元

（暨大版图书如有印装质量问题，请与出版社总编室联系调换）

目　录
CONTENTS

总　序

　　高等法律教育职业化已成为社会的广泛共识。2008 年，由中央政法委等 15 部委联合启动的全国政法干警招录体制改革试点工作，更成为中国法律职业化教育发展的里程碑。这也必将带来高等法律职业教育人才培养机制的深层次变革。顺应时代法治发展需要，培养高素质、技能型的法律职业人才，是高等法律职业教育亟待破解的重大实践课题。

　　目前，受高等职业教育大趋势的牵引、拉动，我国高等法律职业教育开始了教育观念和人才培养模式的重塑。改革传统的理论灌输型学科教学模式，吸收、内化"校企合作、工学结合"的高等职业教育办学理念，从办学"基因"——专业建设、课程设置上"颠覆"教学模式："校警合作"办专业，以"工作过程导向"为基点，设计开发课程，探索出了富有成效的法律职业化教学之路。为积累教学经验、深化教学改革、凝塑教育成果，我们着手推出"基于工作过程导向系统化"的法律职业系列教材。

　　《国家（2010—2020 年）中长期教育改革和发展规划纲要》明确指出，高等教育要注重知行统一，坚持教育教学与生产劳动、社会实践相结合。该系列教材的一个重要出发点就是尝试为高等法律职业教育在"知"与"行"之间搭建平台，努力对法律教育如何职业化这一教育课题进行研究、破解。在编排形式上，打破了传统篇、章、节的体例，以司法行政工作的法律应用过程为学习单元设计体例，以职业岗位的真实任务为基础，突出职业核心技能的培养；在内容设计上，改变传统历史、原则、概念的理论型解读，采取"教、学、练、训"一体化的编写模式。以案例等导出问题，根据内容设计相应的情境训练，将相关原理与实操训练有机地结合，围绕关键知识点引入相关实例、归纳总结理论、分析判断解决问题的途径，充分展现法律职业活动的演进过程和应用法律的流程。

　　法律的生命不在于逻辑，而在于实践。法律职业化教育之舟只有融入法律实践的海洋当中，才能激发出勃勃生机。在以高等职业教育实践性教学改革为平台进行法律职业化教育改革的路径探索过程中，有一个不容忽视的现实问题，高等职业教育人才培养模式主要适用于机械工程制造等以"物"作为工作对象的职业领域，而法律职业教育主要针对的是司法机关、行政机关等以"人"作为工作对象的职业领域，这就要求在法律职业教育中要对高等职业教育人才培养模式进行"辩证"地吸纳与深化，而不是简单、盲目地照搬照抄。我们所培养的人才不应是"无生命"的执法机器，而是有法律智慧、正义良知、训练有素的有生命的法律职业人员。但愿这套系列教材能为我国高等法律职业化教育改革作出有益的探索，为法律职业人才的培养提供宝贵的经验、借鉴。

2010 年 11 月 15 日

前　言

随着计算机和通讯技术的飞速发展，信息网络已经成为社会发展的重要保证。在现代社会中，人们用计算机和网络进行通信、存储、处理数据等。然而，人们所依赖的计算机网络，也正面临着许多潜在的安全威胁。网络信息安全是一个关系国家安全和主权、社会稳定、民族文化继承和发扬的重要问题。

网络信息安全是涉及计算机科学与技术、通信工程、电子工程、数学等多个学科，横跨理科、工科和军事科学等多个门类的交叉学科，其知识体系非常庞杂。从广义来说，凡是涉及网络上信息的保密性、完整性、可用性、真实性和可控性的相关技术和理论都是网络安全的研究领域。从防范的角度考虑，在影响计算机安全的诸多因素中，人的因素是第一位的。因此所有计算机相关人员，包括用户、系统管理员以及超级管理员，都需要尽最大的努力去提高对计算机信息及网络安全的认识。

网络信息安全不仅是一个技术问题，也是一个社会问题和法律问题。"网络信息安全最大的薄弱环节是人"，"网络是虚拟世界，但绝不是法律真空"，要解决网络信息的安全问题，必须采取技术和立法等多种手段进行综合治理。

目前，网络安全问题在许多国家已经引起了普遍关注，成为当今网络技术的一个重要研究课题。有关网络信息安全的书籍也层出不穷，相关教材从不同的技术角度描述，所呈现内容偏差比较大。本书旨在推动计算机网络信息安全教学发展，帮助学习者切实把握其中的知识内涵并提高理论与实践水平。

本书是为高职高专院校相关专业"网络信息安全技术"类课程开发的以网络信息安全技术理论为基础，具有实践特色的新型教材。通过"计算机网络信息安全实验室"环境下学习和熟悉网络信息安全技术知识的一系列实训、实例，结合生活中 Windows 系统经常涉及的网络安全方面的操作，将各种常见的网络信息安全技术、管理基本方法、网络安全技术的特点和原理融入实践当中。为了体现法律法规为信息安全防范的关键，在最后一个学习单元，介绍了相关的法律法规及案例，以取得信息安全防范的良好教学效果。

本书由李玲俐负责制定大纲，并与陈晓明统筹全书的编写。本书第一、三、四、五、六单元由李玲俐执笔，第十单元由陈晓明执笔，第二、七、八、九单元由陈丹执笔。

本书在编写过程中，得到了教务科研部门的支持和兄弟院校同类专业老师的帮助，在此向所有为本书作出贡献的同志致以衷心的感谢。

由于网络信息安全技术是一个新兴的研究领域，加之受作者水平及视界所限，书中难免会有错误和疏漏之处，恳请广大读者谅解并不吝指正。

编　者
2012 年 6 月

计算机网络基础

【导读】

随着计算机网络的发展和宽带接入的普及，计算机网络早已渗透到人们的日常工作和生活之中，大到全球村概念，小到无纸化办公环境，越来越多的生活需要和网络捆绑在一起。了解和学习计算机网络的基础知识既是工作所需，也是深入学习信息安全技术的基础。

【内容结构图】

```
                    ┌─────────────────────┐
                    │   网络基础知识        │
                    ├─────────────────────┤
                    │   局域网的基础知识     │
                    ├─────────────────────┤   ┌────────────────────┐
                    │ OSI参考模型及其工作机制 │   │  Internet提供的服务   │
        计算机       ├─────────────────────┤   ├────────────────────┤
        网络         │ Internet技术的基本概念 ├──┤       IP地址         │
        基础         ├─────────────────────┤   ├────────────────────┤
                    │                     │   │   域名系统与URL      │
                    │                     │   └────────────────────┘
                    ├─────────────────────┤   ┌────────────────────────┐
                    │   自我排查网络故障     ├──┤ 利用Ping命令自我排查网络故障 │
                    ├─────────────────────┤   ├────────────────────────┤
                    │                     │   │   网络邻居访问故障排查    │
                    ├─────────────────────┤   ┌────────────────────┐
                    │ Windows网络服务的应用  ├──┤   建立新的FTP站点     │
                    └─────────────────────┘   ├────────────────────┤
                                              │  FTP站点的安全设置    │
                                              └────────────────────┘
```

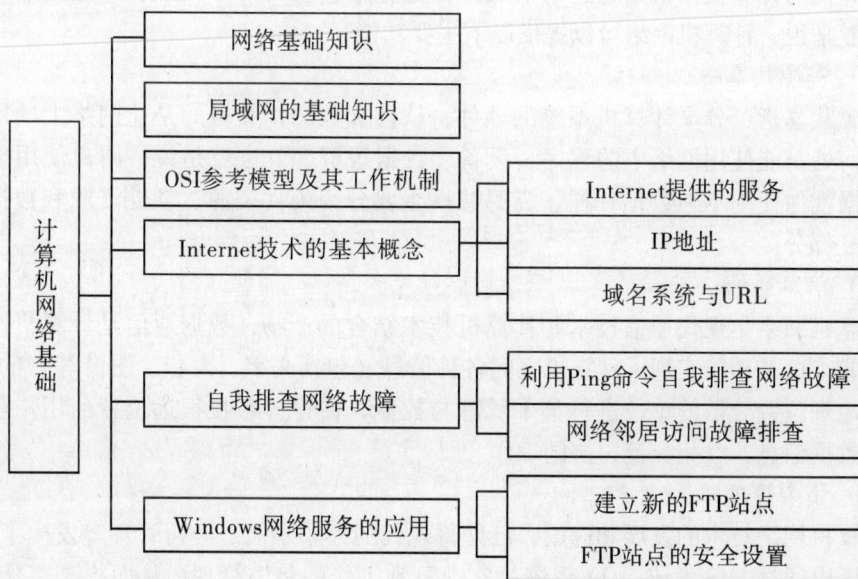

【知识与能力目标】

❖ 了解网络基础知识

❖ 了解计算机局域网技术

❖ 掌握 OSI 参考模型及其工作机制

❖ 掌握 Internet 技术

❖ 熟练操作、排查网络故障

❖ 了解网络框架的基本知识和网络服务的应用

❖ 掌握各种网络服务器的搭建和配置方法

任务 1　了解网络的基础知识

计算机网络技术是 20 世纪最伟大的科学技术成就之一，是随着现代通信技术和计算机技术的高速发展、密切结合而产生和发展的。

1. 计算机网络的基本概念

计算机网络，是指将地理位置不同的具有独立功能的多台计算机及其外部设备，通过通信线路连接起来，在网络操作系统、网络管理软件以及网络通信协议的管理和协调下，实现资源共享和信息传递的计算机系统。

计算机网络通常由通信子网、资源子网和通信协议三个部分组成。所谓通信子网就是计算机网络中负责数据通信的部分；资源子网是计算机网络中面向用户的部分，负责全网络面向应用的数据处理工作；而通信双方必须共同遵守的规则和约定就称为通信协议，它的存在与否是计算机网络与一般计算机互连系统的根本区别，是计算机网络、计算机技术和通信技术发展的产物。

2. 计算机网络的功能

计算机与计算机网络是通过通信媒体，把各个独立的计算机互联所建立起来的系统。一般来说，计算机网络可以提供以下主要功能：

（1）资源共享。

资源共享指可分享计算机系统的硬件、软件和数据，其目的是让网络上的用户无论处于何处都能使用网络中的程序、设备、数据等资源。也就是说，用户使用千里之外的数据就像使用本地数据一样。资源共享主要分为硬件资源、软件资源和数据资源的共享三部分。

（2）信息通信。

计算机网络是现代通信技术和计算机技术结合的产物，数据通信是计算机网络的基本功能，这一功能实现了计算机之间各种信息（包括文字、声音、图像等）的传送，以及对地理位置分散的单位进行集中管理与控制，使得分布在很远位置的用户可以互相传输数据信息，互相交流，协同工作。

（3）集中管理。

计算机网络技术的发展和应用，已使得现代的办公手段、经营管理等发生了变化。目前，可以通过 MIS 系统、OA 系统等实现日常工作的集中管理，从而提高工作效率，增加经济效益。

（4）均衡负荷与分布处理。

网络技术的发展，使得分布式计算成为可能。所谓网络分布处理是指把同一任务分配到网络中地理上分布的节点机上协同完成。通常对于综合性的大型问题可采用合适的算法，将任务分散到网络中不同的计算机上去执行，各计算机协同完成各种处理任务。另一方面，网络控制中心负责分配和检测，当某台计算机负荷过重时，系统会自动转移负荷到较轻的计算机系统去处理，从而达到均衡使用网络资源，实现分布处理的目的。

（5）分散数据的综合处理。

网络系统可有效地将分散在各地的各计算机中的数据信息收集起来，从而达到对分散数据进行分析处理，并把分析结果反馈给相关用户的目的。

3. 计算机网络的分类

计算机网络种类繁多，很难用单一的标准进行划分。但可以从不同的角度对计算机网络进行分类，这有利于全面了解网络系统的特性。

（1）按网络作用范围分类。

根据计算机网络所覆盖的地理范围、信息的传递速率及应用的目的，计算机网络通常被分为局域网、城域网、广域网。

● 局域网（Local Area Network，LAN）

局域网的规模比较小，一般是在同一个单位里，由几台或几十台计算机连接而成，网络的覆盖范围一般在 10 公里之内。局域网通常被用于连接公司办公室、中小企业、政府机关或一个校园内分散的计算机和工作站，以便共享资源（如打印机）和交换信息。

● 城域网（Metropolitan Area Network，MAN）

城域网基本上是一种大型的 LAN，通常使用与 LAN 相似的技术。其规模介于广域网和局域网之间，覆盖范围为一个城市或地区，网络覆盖范围在几十公里到几百公里。城域网中可包含若干个彼此互联的局域网，每个不同类型的局域网都能有效地共享信息资源。城域网的目标是在一个大的地理范围内提供数据、声音和图像的集成服务。

● 广域网（Wide Area Network，WAN）

广域网有时也称远程网，它是指在较大的地理范围内，包括不同单位、不同城市甚至不同国家，将计算机连接起来而形成的网络。广域网的作用范围通常为几十公里到几千公里。通常除了计算机设备以外，还要涉及一些电信通信方式。Internet 就是当今世界上最大的广域网。

（2）其他分类方法。

根据通信介质的不同，网络可划分为以下两种：

● 有线网：采用如同轴电缆、双绞线、光纤等物理介质来传输数据的网络。

● 无线网：采用卫星、微波等无线形式来传输数据的网络。

从网络的使用范围可分为公用网和专用网。

● 公用网：也称公众网，只要符合网络拥有者的要求就能使用这个网络，也就是说它是为全社会所有的人提供服务的网络。公用网一般是由国家的电信部门建造的网络。

● 专用网：是某个部门为本系统的特殊业务工作的需要而建造的网络。它只为拥有者提供服务，一般不向本系统以外的人提供服务。

其他还有一些分类方式，如按网络的拓扑结构分类，按网络的通信、速率分类，按网络的交换功能分类等。

4. 网络的拓扑结构

网络的拓扑结构是指网络中各节点之间的物理连接形式。网络的拓扑结构有很多种，常见的有星型结构、总线型结构、环型结构和混合型结构，如图 1-1 所示。

（1）星型结构。

星型结构是以一部计算机作为中央主机，将网络上所有的机器设备连接到中央主机排列成星型的网络结构，如图1-1（a）所示。

（2）总线型结构。

在总线型结构中，服务器和所有工作站都连在一条公共电缆（称为总线）上，这条总线贯穿整个网络，将网络上所有的机器设备串联成线状，如图1-1（b）所示。

（3）环型结构。

环型结构中，系统通过公共传输线路组成封闭的环状连接，信息在环路中单向（可以是顺时针或逆时针方向）传送，如图1-1（c）所示。

（4）混合型结构。

混合型结构往往是几种结构的组合，可以是总线型与星型的混合连接，如图1-1（d）所示，还可以是总线型与环型的混合连接等。

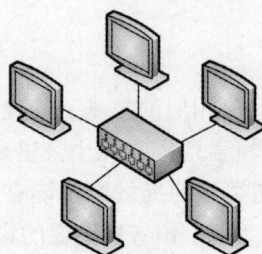
（a）星型结构

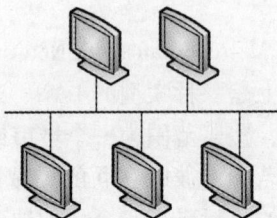
（b）总线型结构

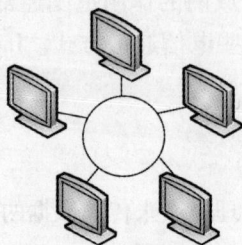
（c）环型结构

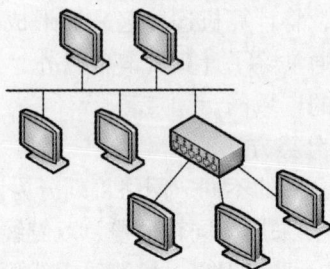
（d）混合型结构

图1-1 网络拓扑结构图

任务2 了解计算机局域网的基础知识

1. 什么是局域网

计算机网络按地理覆盖范围的大小，可划分为局域网、城域网和广域网。

局域网是局部地区的网络，即地理分布范围较小的网络。通常是指距离在十几公里范围以内，小到一个办公室、大到一栋办公大楼内部或一组紧邻的建筑物之间。

2. 局域网的功能

局域网最主要的功能是实现资源共享和相互通信，它可提供以下几项主要服务：

（1）资源共享，包括硬件资源共享、软件资源共享及数据库存共享。

（2）数据传送和电子邮件。数据和文件的传输是网络的重要功能，现代局域网不仅能传送文件、数据信息，还可以传送声音、图像。

（3）提高计算机系统的可靠性。

（4）易于分布处理。

3. 组成局域网的硬件设备和软件系统

组成局域网的硬件设备包括网络服务器、网络工作站、网络连接设备和网络传输介质。

（1）网络服务器：指的是在网络中不仅允许别的计算机共享它的资源，而且会应其他计算机或设备的请求提供服务或共享资源的计算机，其运行网络操作系统并提供硬盘、文件、数据、打印及共享等服务，是网络控制的核心。

（2）网络工作站：在网络中只是向服务器提出请求或共享网络资源，不为别的计算机提供服务的计算机。网络工作站可以有自己的操作系统（OS）独立工作，通过运行工作站网络软件访问 Server 共享资源。

（3）网络连接设备：是指通过网络传输介质（简称网线）将网络中的计算机及其附属设备连接起来构成网络的设备。除了连接作用，网络连接设备还有转换、控制网上信息的作用。常用的网络连接设备有网卡、中继器（Repeater）、集线器（Hub）、交换机（Switch Hub）、网桥（Bridge）、路由器（Router）、网关（Gateway）、网络传输介质（简称网线，可分为同轴电缆、双绞线和光纤三种）等。

局域网的软件系统是局域网不可缺少的组成部分，大致可分为三类：网络操作系统（NOS）、网络协议和网络通信软件。

（1）网络操作系统：是网络的心脏和灵魂，是向网络计算机提供网络通信和网络资源共享功能的操作系统。目前局域网中常见的网络操作系统有 Windows 2000/XP Server、NetWare、Unix、Linux。

（2）网络协议：网络中的计算机要进行数据交换，就要遵循一定的规则、标准和约定，用于规定信息的格式、规范信息的发送与接收行为。

（3）网络通信软件：网络通信软件是在网络环境下，直接面向用户的应用软件。其用于管理各个工作站之间的信息传输，如 QQ、Outlook 等。

4. 局域网的通信协议

通信协议，即网络协议，是网络上所有设备（网络服务器、计算机及交换机、路由器、防火墙等）之间通信规则的集合，规定计算机信息交换中的消息格式和含义，使网络上各种设备能够相互交换信息。常见的协议有：TCP/IP 协议、IPX/SPX 协议、NetBEUI 协议等。在局域网中用得的比较多的是 TCP/IP 和 IPX/SPX 协议。

TCP/IP（Transmission Control Protocol/Internet Protocol，传输控制协议/互联网络协议）是由美国国防部所制定的通信协议，是一种网际互联通信协议，它规范了网络上的所有通信设备，尤其是一个主机与另一个主机之间的数据往来格式以及传送方式。用户如果访问 Internet，则必须在网络协议中添加 TCP/IP 协议。TCP/IP 是 Internet 赖以存在的基础，凡是连接到 Internet 上的计算机都必须遵守 TCP/IP 协议。

IPX/SPX 即 IPX（Internetwork Packet Exchange，网间数据包交换）与 SPX（Sequences Packet Exchange，顺序包交换）协议的组合，是 Novell 公司为了适应网络的发展而开发的通信协议，具有很强的适应性，安装方便，同时还具有路由功能，可以实现多网段间的通信。其中，IPX 协议负责数据包的传送；SPX 协议负责数据包传输的完整性。

IPX/SPX 和 TCP/IP 的一个显著不同就是它不使用 IP 地址，而是使用网卡的物理地址即 MAC 地址。在实际使用中，它基本不需要什么设置，装上就可以使用了。由于其在网络普及初期发挥了巨大的作用，所以得到了很多厂商的支持，包括 Microsoft 等，到现在很多软件和硬件也均支持这种协议。

任务 3 掌握 OSI 参考模型及其工作机制

计算机网络产生之初，每个计算机厂商都有一套自己的网络体系结构的概念，它们之间互不相容。为此，国际标准化组织（ISO）在 1979 年建立了一个分委员会来专门研究一种用于开放式系统互联（Open System Interconnect）标准，简称 OSI 参考模型。OSI 从逻辑上把网络的功能分为七层，也称为七层模型，分别是应用层、数据链路层、网络层、传输层、会话层、表示层、应用层，如图 1 - 2 所示。

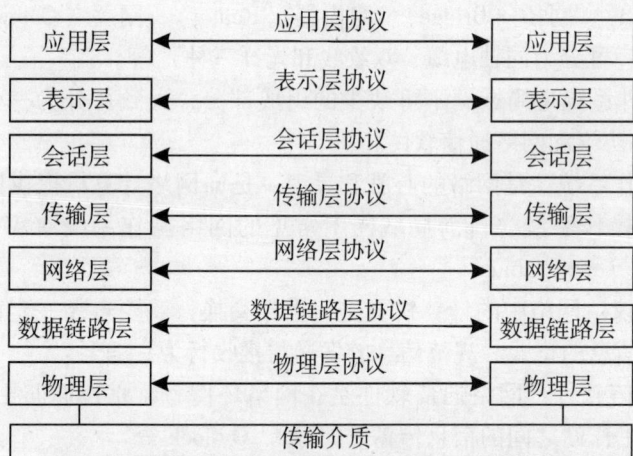

图 1 - 2 OSI 参考模型

1. 物理层

物理层（Physical Layer）位于 OSI 参考模型的最底层，它直接面向实际承担数据传输的物理媒体（即通信通道），物理层的传输单位为比特（bit），即一个二进制位（"0"或"1"）。物理层的主要功能是利用物理传输介质为数据链路层提供物理连接，以便透明地传送比特流。

2. 数据链路层

数据链路层（Data Link Layer）是 OSI 参考模型的第二层，介乎于物理层和网络层之间。数据链路层在物理层提供的服务的基础上向网络层提供服务，其最基本的服务是将源机网络层的数据可靠地传输到相邻节点的目标机网络层。

3. 网络层

网络层（Network Layer）是 OSI 参考模型中的第三层，又叫通信子网层，主要用于控制通信子网的运行。网络层介于传输层和数据链路层之间，它在数据链路层提供的两个相邻端点之间的数据帧的传送功能上，进一步管理网络中的数据通信，将数据设法从源端经过若干个中间节点传送到目的端，从而向传输层提供最基本的端到端的数据传送服务。网络层的目的是实现两个端系统之间的数据透明传送，具体功能包括寻址和路由选择、连接的建立、保持和终止等。它提供的服务使传输层不需要了解网络中的数据传输和交换技术。

4. 传输层

在 OSI 模型中，传输层（Transport Layer）是负责数据通信的最高层，又是面向网络通信的低三层和面向信息处理的高三层之间的中间层。传输层位于资源子网和通信子网之间，是资源子网和通信子网的桥梁。传输层的主要作用是为利用通信子网进行通信的两个主机提供端到端的可靠的、透明的通信服务，为会话层等高三层提供可靠的传输服务，避免报文（在这一层，信息的传送单位是报文）的出错、丢失、延迟、时间紊乱、重复、乱序等差错；为网络层提供可靠的目的地站点信息。

5. 会话层

会话层（Session Layer）位于 OSI 模型中的第五层，在两个节点之间建立端连接，为端系统的应用程序之间提供了对话控制机制。

会话层、表示层、应用层构成开放系统的高三层，面对应用进程提供分布处理、对话管理、信息表示、恢复最后的差错等。会话层得名的原因是它类似于两个实体间的会话概念。例如，一个交互的用户会话以登录到计算机开始，以注销结束。

会话层不参与具体的传输，它提供包括访问验证和会话管理在内的建立和维护应用之间通信的机制。如服务器验证用户登录便是由会话层完成的。会话层主要功能是管理和控制会话连接、会话连接同步、实现数据交换、会话交互管理、提交异常报告。

6. 表示层

表示层（Presentation Layer）解决用户信息的语法表示问题，主要目的是使数据保持原来的含义。它将欲交换的数据从适合于某一用户的抽象语法，转换为适合于 OSI 系统内部使用的传送语法，即提供格式化的表示和转换数据服务。数据的压缩和解压缩，加密和解密等工作都由表示层负责。

表示层的主要功能包括：数据格式交换、数据加密与解密、数据压缩与恢复、连接管理、为应用层提供表示连接服务原语等。

7. 应用层

应用层（Application Layer）是 OSI 中的最高层，是唯一直接向应用程序提供服务的一层，为特定类型的网络应用提供了访问 OSI 环境的手段。应用层确定进程之间通信的性质，直接面向用户，以满足用户的不同需求。

应用层不仅要提供应用进程所需要的信息交换和远程操作，而且还要作为应用进程的用户代理，来完成一些为进行信息交换所必需的功能，主要包括：文件传送访问和管理（FTAM）、虚拟终端（VT）、事务处理（TP）、远程数据库访问（RDA）、制造业报文规范（MMS）、目录服务（DS）等。

8. OSI 参考模型的工作机制

综上所述，我们可以将 OSI 参考模型的工作机制理解为计算机之间的通信过程。首先将联网计算机间传输信息的任务划分为七个更小、更易于处理的任务组。每一个任务或任务组则被分配到各个 OSI 层。每一层都是独立存在的，因此分配到各层的任务能够独立地执行，这样使得变更其中某层提供的方案时不影响其他层。

通过 OSI 层，信息可以从一台计算机的应用程序传输到另一台计算机的应用程序上。例如，计算机 A 上的应用程序要将信息发送到计算机 B 的应用程序，则计算机 A 中的应用程序需要将信息先发送到其应用层（第七层），然后此层将信息发送到表示层（第六层），表示层将数据转送到会话层（第五层），如此继续，直至物理层（第一层）。在物理层，数据被放置在物理网络媒介中并被发送至计算机 B。计算机 B 的物理层接收来自物理媒介的数据，然后将信息向上发送至数据链路层（第二层），数据链路层再转送给网络层，依次继续，直到信息到达计算机 B 的应用层。最后，计算机 B 的应用层再将信息传送给应用程序接收端，从而完成通信过程。图 1 - 3 说明了这一过程。

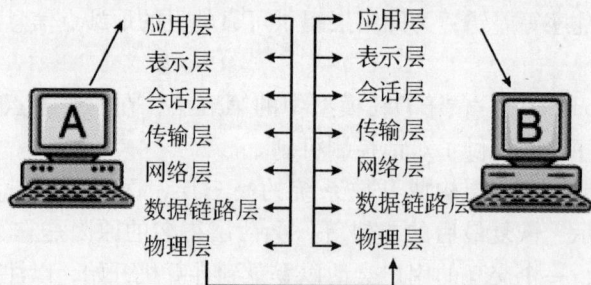

图 1 - 3　OSI 参考模型的工作机制

任务 4　掌握 Internet 技术的基本概念

Internet 这个称呼来自于互联网络（Interconnected Networks，Internet Works，Internet），特指目前全球最大、覆盖范围最广泛的计算机互联网络，统一的译名为"因特网"。

1. Internet 提供的服务

Internet 提供的主要服务功能有：电子邮件、远程登录、文件传输、网络信息服务等。

E-mail 就是人们通常说的电子邮件，能够发送和接收文字、图像和语音等各种多媒体信息，是网络用户之间进行快速、简便、可靠和低成本联络的通信手段。

远程登录（Telnet）是指在网络通信工具 Telnet 的支持下，用计算机（终端或主机）暂时成为远程某一主机的终端的过程。登录后，用户可以实时使用远程计算机对外开放的全部资源，如输入数据、查询检索或利用远程计算机来完成只有巨型机才能做的工作。

文件传输服务也称 FTP 服务，主要用于 Internet 上的主机之间或主机与客户终端之间的文件互传，帮助用户获取网络上的文件，从而实现资源共享。其实现依赖于文件传输协议 FTP（File Transfer Protocol）的支持。

万维网（WWW）是基于 Internet 的信息服务系统，其全称为 World Wide Web。它是一个全球规模的信息服务系统，由数以万计的 Web 站点构成。每个站点上由一组精心制作的网页组成。在一组 Web 网页中，有一个起始页，称为主页（Home Page）。

2. IP 地址

Internet 地址能够唯一地确定 Internet 上每台计算机与每个用户的位置。对于用户来说，地址有两种表示形式：IP 地址和域名。

（1）IP 地址的概念。

IP 地址是为标识 Internet 上主机位置而设置的，是互联网计算机和设备的唯一标识。Internet 上的每台计算机都被赋予一个世界上唯一的 32 位 Internet 地址（IP Address），这一地址可用于与该计算机有关的全部通信。实际应用中，为了方便用户理解与记忆，将这 32 位二进制数，分成 4 个字段，采用×.×.×.×的格式来表示，每个×为 8 位二进制地址。

IP 地址采用分层结构，通常由网络号和主机号两部分组成，一部分用以标明具体的网络段，即网络标识；另一部分用以标明具体的节点，即主机标识，也就是说某个网络中的特定的计算机号码。例如，中央电视台的 IP 地址为 202.108.249.206，对于该 IP 地址，我们可以把它分成网络标识和主机标识两部分，这样上述的 IP 地址就可以写成：

网络标识：202.108.249.0

主机标识：206

合起来写：202.108.249.206

（2）IP 地址的分类及表示方法。

由于网络中包含的计算机有可能不一样多，有的网络可能含有较多的计算机，有的网络包含较少的计算机，于是为充分利用 IP 地址空间，IP 协议定义了 5 类地址，即 A 类至 E 类。其中 A、B 和 C 三类由 InterNIC 在全球范围内统一分配，D、E 类为特殊地址，留作它用。最主要的是 A 类、B 类和 C 类地址，其地址格式如表 1-1 所示。

表 1-1　A、B、C 类地址分类表

地址类别	最高字节范围	网络 ID	主机 ID	网络数量	每个网络的主机数量
A	1~126	7 位	24 位	126	16 777 214
B	128~191	14 位	16 位	16 384	65 534
C	192~223	21 位	8 位	2 097 152	254

在分配网络地址时，网络标识是固定的，而计算机标识是可以在一定范围内变化的。例如，下面是三类网络地址的组成形式：

A 类地址：73. 0. 0. 0

B 类地址：160. 153. 0. 0

C 类地址：210. 73. 140. 0

上述中的每个 0 均可以在 0～255 之间进行变化。

3. 域名系统与 URL

（1）域名。

尽管 IP 地址能唯一标识网络上的计算机，但 IP 地址是数字型的，用户记忆不方便，并且输入时很容易出现错误，于是，人们又发明了另一套字符型的地址方案，即所谓的域名（Domain Name）。域名是 Internet 中计算机的名称，域名和 IP 地址是一一对应的。

域名地址的信息存放在一个叫域名服务器（Domain Name Server，DNS）的主机内，DNS 就是提供 IP 地址和域名之间的转换服务的服务器。用户只需了解易记忆的域名地址，其对应转换工作留给了域名服务器 DNS。

域名的表示形式为：计算机主机名. 网络名. 机构名. 顶级域名，如 www. pku. edu. cn。其中：

cn 代表中国，为顶级域名也就是一级域名，通常分配给主干网节点，取值为国家名。

edu 为网络名即二级域名，通常表示组网的部门或组织。中国互联二级域名共 40 个。com 表示商业组织，edu 表示教育部门，gov 表示政府部门，net 表示网络机构，org 表示各种非营利组织等。二级域名以下的域名由组网部门分配和管理。

pku 为机构名即三级域名，表示北京大学。

www 表示这台主机提供 WWW 服务。

（2）URL。

在 WWW 上，每一信息资源都有统一的且在网上唯一的地址（专为标识 Internet 网上资源位置而设的一种编址方式），该地址就叫 URL（Uniform Resource Locator，统一资源定位器）。

URL 用来在浏览器中对所要访问的资源进行描述。

URL 由 3 部分组成：协议类型、主机名和路径及文件名。URL 的标准格式为：

protocol：// host. domain［:port］/path/filename

例如，一个 URL 为"http： // www. sohu. com/entertainment/music/index. html"。其中，"Http:"为协议类型；"www. sohu. com"为主机名；"entertainment/music/"是文件所在路径；"index. html"是网页文件名。协议名与主机名间用" // "分开，主机名、路径与文件名间用"/"分开。"protocol"是计算机和计算机之间进行数据通信时所预先制定的一些协议，这些协议包括传送格式、错误的控制及传送量的掌握。访问 WWW 服务器用 HTTP 协议，如果要访问 FTP 文件服务器就要用 FTP 协议。显然，通过使用 URL，用户就可以指定要访问什么类型的服务器，哪个服务器及其中的哪个文件。如果用户在 URL 中只输入协议类型和主机名，则会调出 WWW 服务器中的默认主页，有些文本信息被加亮或加上下划线，这些就是超链接，通过主页中的超链接可以跳转到其他页面。因此一般情况下用户并不需要记住每个网页文件的 URL，只需记住要访问的网站的主机名即可。

任务5　自我排查网络故障

【实训目的】

（1）判断网络协议是否正常；

（2）判断网络适配器是否正常；

（3）判断网络线路是否正常；

（4）判断 DNS 是否正常工作。

【预备知识】

（1）计算机网络基本知识；

（2）MS-DOS 命令的基本操作知识。

Ping（Packet Internet Grope，因特网包探索器）是 DOS 命令，是测试网络连接状况以及信息包发送和接收状况非常有用的工具，是用来检查网络是否通畅或者网络连接速度最常用的命令。一般用于检测网络通与不通，也叫时延，其值越大，速度越慢。

作为一个生活在网络上的管理员或者黑客来说，ping 命令是第一个必须掌握的 DOS 命令，它的原理是这样的：利用网络上机器 IP 地址的唯一性，给目标 IP 地址发送一个数据包，再要求对方返回一个同样大小的数据包来确定两台网络机器是否连接相通，时延是多少。

Ping 指的是端对端连通，通常用来作为可用性的检查，但是某些木马病毒会强行大量远程执行 Ping 命令抢占你的网络资源，导致系统变慢，网速变慢。严禁 Ping 入侵作为大多数防火墙的一个基本功能提供给用户进行选择。通常情况下，如果不用作服务器或者进行网络测试，可以放心地选中它，保护你的电脑。

使用 Ping 检查连通性有六个步骤：

（1）使用 ipconfig /all 观察本地网络设置是否正确；

（2）ping 127.0.0.1，ping 回送地址是为了检查本地的 TCP/IP 协议有没有设置好；

（3）ping 本机 IP 地址，以检查本机的 IP 地址是否设置有误；

（4）ping 本网网关或本网 IP 地址，来检查硬件设备是否有问题，也可以检查本机与本地网络连接是否正常（在非局域网中这一步骤可以忽略）；

（5）ping 本地 DNS 地址，检查 DNS 服务器是否正常；

（6）ping 远程 IP 地址，这主要是检查本网或本机与外部的连接是否正常。

【实训环境】

MS-DOS［版本 5.1.2600］英文版；Microsoft Windows XP DOS［版本 5.1.2600］。

实例1　利用 ping 命令自我排查网络故障

【实训说明】

（1）利用 ping 命令判断网络协议是否正常；

（2）查询本地 IP 地址；

（3）利用 ping 命令判断网络适配器是否正常；

（4）利用 ping 命令判断网络线路是否正常；

（5）ping www. google. com 判断 DNS 是否工作正常。

【实训步骤】

（1）从开始→运行，打开"运行"对话框，如图 1-4 所示。

图 1-4　"运行"对话框

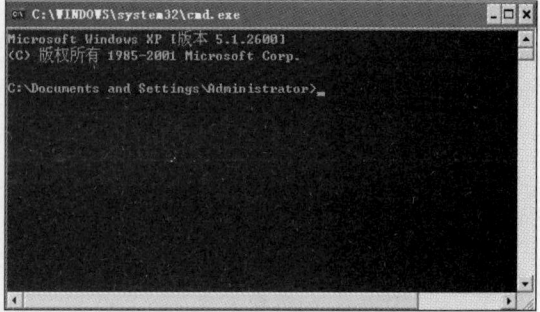

图 1-5　MS-DOS 界面

（2）在打开后输入"cmd"命令，单击"确定"按钮，或按回车，进入 MS-DOS 界面，如图 1-5 所示。

（3）输入命令：ping 127. 0. 0. 1，如图 1-6 所示，检测本地机 TCP/IP 协议是否能正常工作。127. 0. 0. 1 是本地循环地址，如果本地址无法 ping 通，则表明本地机 TCP/IP 协议不能正常工作。

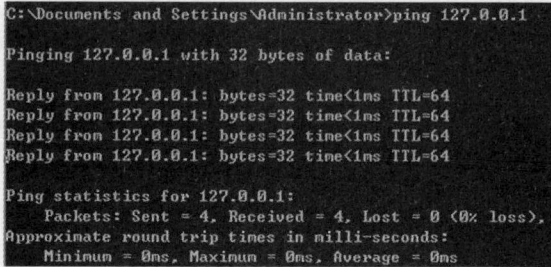

图 1-6　检测本地机 TCP/IP 协议是否能正常工作

（4）输入命令：ipconfig，查看本地计算机网络适配器分配的 IP、GW、DNS 等信息，如图 1-7 所示。

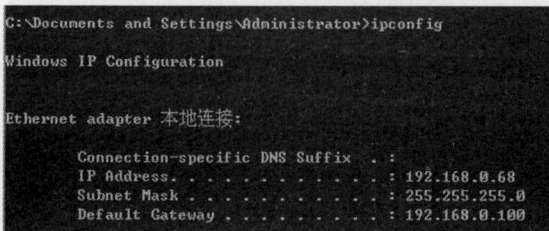

图 1-7　查看本地计算机网络适配器信息

（5）输入命令：ping 192. 168. 0. 68，查看网络适配器（网卡或 MODEM）工作是否正常，如图 1 - 8 所示。运用 ping 命令 ping 本机 IP 地址，通则表明网络适配器工作正常，不通则表明网络适配器出现故障。

```
C:\Documents and Settings\Administrator>ping 192.168.0.68

Pinging 192.168.0.68 with 32 bytes of data:

Reply from 192.168.0.68: bytes=32 time<1ms TTL=64
Reply from 192.168.0.68: bytes=32 time<1ms TTL=64
Reply from 192.168.0.68: bytes=32 time<1ms TTL=64
Reply from 192.168.0.68: bytes=32 time<1ms TTL=64

Ping statistics for 192.168.0.68:
    Packets: Sent = 4, Received = 4, Lost = 0 (0% loss),
Approximate round trip times in milli-seconds:
    Minimum = 0ms, Maximum = 0ms, Average = 0ms
```

图 1 - 8　查看网络适配器工作是否正常

（6）输入命令：ping 192. 168. 0. 128，查看网络线路是否出现故障（防火墙拦截除外），如图 1 - 9 所示。ping 一台同网段计算机的 IP，不通表明网络线路出现故障（防火墙拦截除外）。

```
C:\Documents and Settings\Administrator>ping 192.168.0.128

Pinging 192.168.0.128 with 32 bytes of data:

Reply from 192.168.0.128: bytes=32 time<1ms TTL=64
Reply from 192.168.0.128: bytes=32 time<1ms TTL=64
Reply from 192.168.0.128: bytes=32 time<1ms TTL=64
Reply from 192.168.0.128: bytes=32 time<1ms TTL=64

Ping statistics for 192.168.0.128:
    Packets: Sent = 4, Received = 4, Lost = 0 (0% loss),
Approximate round trip times in milli-seconds:
    Minimum = 0ms, Maximum = 0ms, Average = 0ms
```

图 1 - 9　查看网络线路是否出现故障

（7）输入命令：ping www. google. com，查看 DNS 工作是否正常，如图 1 - 10 所示。如果出现 www. google. com 所指向的 IP，表明本机的 DNS 设置正确，而且 DNS 服务器工作正常，反之就可能是其中之一出现了故障；同样，也可以通过 ping 计算机名检测 WINS 解析的故障（WINS 是将计算机名解析到 IP 地址的服务）。如果当前环境中，与外部连接的路由设置不允许通过 ping 命令，结果会显示 “request timed out”（请求超时）。

```
C:\Documents and Settings\Administrator>ping www.google.com

Pinging www.l.google.com [74.125.71.99] with 32 bytes of data:

Reply from 74.125.71.99: bytes=32 time=142ms TTL=51
Reply from 74.125.71.99: bytes=32 time=142ms TTL=51
Reply from 74.125.71.99: bytes=32 time=141ms TTL=51
Reply from 74.125.71.99: bytes=32 time=141ms TTL=51

Ping statistics for 74.125.71.99:
    Packets: Sent = 4, Received = 4, Lost = 0 (0% loss),
Approximate round trip times in milli-seconds:
    Minimum = 141ms, Maximum = 142ms, Average = 141ms
```

图 1 - 10　查看 DNS 是否正常工作

实例 2　网络邻居访问故障排查

【实训说明】

某企业电脑经过重新安装操作系统之后不能被网络中其他主机找到，需要对该台电脑的网络配置进行测试和调整，使其可以在网络中被正常访问。

1. 利用 ping 命令自我排查网络故障相关操作

（1）利用 ipconfig 命令查看本地网络设置；

（2）利用 ping 命令测试本机回环地址，查看 TCP/IP 协议是否正常；

（3）利用 ping 命令测试本机 IP 地址，查看网络适配器是否正常；

（4）利用 ping 命令测试网关 IP，查看网关是否正常；

（5）利用 ping 命令测试 202.205.3.130，查看外网网络设备是否正常；

（6）利用 ping 命令测试 www.sina.com.cn，检查 DNS 服务器是否正常。

2. 解决网络邻居访问故障相关操作

（1）解除锁定系统 Guest 账户；

（2）针对网络访问，修改本地账户的共享和安全模式为"仅来宾"；

（3）将 Guest 账户从"拒绝从网络访问这台机器"列表中删除。

【实训步骤】

1. 利用 ping 命令自我排查网络故障（参照实例 1）

2. 解除锁定 Guest 账户

（1）从开始→设置→控制面板，打开"控制面板"窗口，双击"管理工具"，进入"管理工具"窗口，再双击启动"计算机管理"；或者右键单击桌面"我的电脑"，在弹出的快捷菜单中单击"管理"命令，打开"计算机管理"窗口。

（2）在"计算机管理"窗口左侧单击"本地用户和组"，展开其下拉菜单，并单击"用户"。在窗口右侧，双击"Guest"，打开"Guest 属性"对话框，单击取消"账户已停用"复选框。

（3）单击"确定"按钮。

3. 修改网络访问验证模式

（1）在"管理工具"窗口，双击"本地安全策略"，进入"本地安全设置"窗口，展开窗口左侧的"本地策略"，并单击"安全选项"。

（2）在窗口右侧的策略中找到"网络访问：本地账户的共享和安全模式"，并双击打开其属性对话框，如图 1-11 所示，单击下拉菜单，选择"仅来宾 - 本地用户以来宾身份验证"模式。

（3）单击"确定"按钮。回到"本地安全设置"窗口。

4. 从网络访问列表中删除 Guest 账户

（1）在"本地安全设置"窗口左侧，单击"本地策略"下的"用户权利指派"，在窗口右侧，找到"拒绝从网络访问这台机器"，并双击打开该属性对话框，如图 1-12 所示。

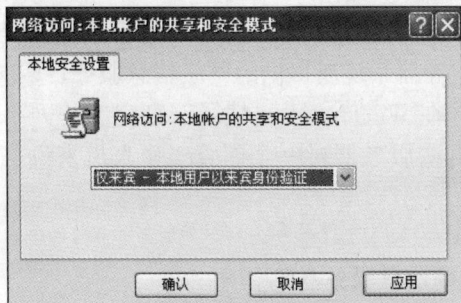

図 1 - 11　"网络访问"属性对话框　　図 1 - 12　"拒绝从网络访问这台机器"属性对话框

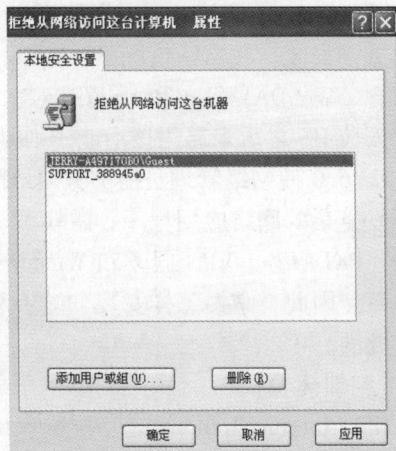

（2）单击选择"Guest"，并单击"删除"按钮。

（3）单击"确定"按钮。

【实训小结】

通过本实例操作，可以检测网络连通性并判断问题所在，针对用户本地安全策略的设定，有效解决局域网共享访问的问题。

任务 6　Windows 网络服务的应用

【实训目的】

（1）了解 Windows 系统下常见的网络服务应用；

（2）掌握各种网络服务器的搭建和配置方法。

【预备知识】

1. 网络架构的基本知识

网络架构的搭建，不单是指最底层的网线和相关设备的连接，还包括 TCP/IP 层的网络建设以及更高层的服务器、各种应用程序的设定以及操作系统网络服务配置等。网络架构的设计是否合理、科学，将直接影响到网络的稳定运行。网络架构中的设备及配置的服务承担着网络内信息传输的重要责任。

2. 计算机网络服务应用的基本知识

网络时代中，一个合格的网络管理员应能够安装、配置网络服务器，以确保网络服务器提供 WWW 服务、FTP 服务、代理服务、E-mail 服务、PKI 服务、VPN 服务和 Windows 域等网络服务，并能维护和监控网络服务器，使其所提供的服务能稳定、高效、安全地运行。例如，Windows 2003 服务器系统包含微软的因特网信息服务器（Internet Information Server 6.0，简称 IIS 6.0）。

IIS 6.0 相对以前的版本，一个最重要的变动涉及 Web 服务器安全性。为了更好地预防恶意用户和攻击者的攻击，在默认情况下，没有将 IIS 默认安装在 Microsoft Windows Server 2003 家族的成员上。而且，最初安装 IIS 时，该服务在高度安全和"锁定"的模式下安装。在默认情况下，IIS 只为静态内容提供服务，即 ASP、ASP. net、服务器端包含、WebDAV 发布和 FrontPage&reg、Server Extensions 等功能只有在启用时才工作。如果安装 IIS 之后未启用该功能，则 IIS 返回一个 404 错误。

IIS 6.0 使网络管理员能够方便地配置 WWW 服务和 FTP 服务等，还可以支持程序员开发复杂的网络应用程序。微软 Windows 服务器系统所提供的网络信息服务、E-mail 服务、PKI 服务、VPN 服务和 Windows 域等，在 Windows 下构建了一套完整的网络服务体系。因此，掌握怎样安装、配置和维护这些服务器对一个网管工作人员来说是十分重要的。

【实训环境】

IIS（Internet Information Server 6.0，因特网信息服务器）。

实例 1　建立新的 FTP 站点

【实训说明】

按要求新建一个 FTP 站点并进行测试，具体操作如下：

（1）查看默认 FTP 站点属性，并测试访问站点（服务器 IP 地址为 192.168.0.250）；

（2）在默认站点的主目录下建立文件夹，命名为 Documents，再次测试访问 FTP 站点；

（3）新建 FTP 站点，站点描述为"工具"，使用服务器 IP 地址为 192.168.0.250，端口为 2121，设置站点主目录为 D:\Tools 文件夹，访问权限为"读取"；

（4）在新建的 FTP 站点下建立虚拟目录，别名"abc"，设置此虚拟目录的路径为 F:\backup，访问权限为"读取"；

（5）测试访问新建的 FTP 站点及其虚拟目录。

【实训步骤】

1. 新建实际目录并测试站点

（1）从开始→设置→控制面板，打开"控制面板"窗口，双击"管理工具"，进入"管理工具"窗口，再双击"Internet 信息服务（IIS）管理器"，打开其窗口。

（2）在窗口左侧，展开"FILESERVER（本地计算机）"，再展开"FTP 站点"，单击"默认 FTP 站点"，工具栏显示 ▶ ■ II，说明该站点处于开放状态，如图 1-13 所示。

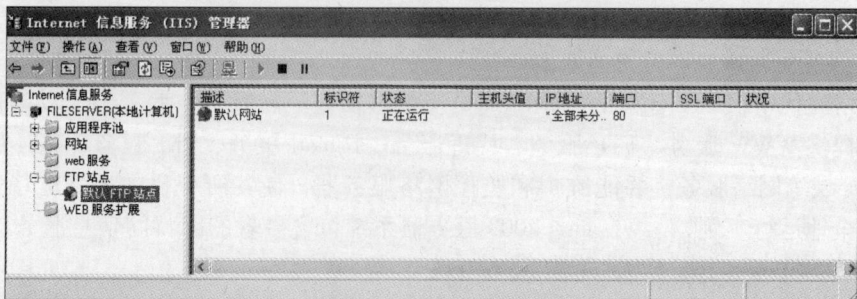

图 1-13　"Internet 信息服务（IIS）管理器"窗口

（3）打开 IE 浏览器，在地址栏中输入 ftp：∥192.168.0.250（192.168.0.250 是该服务器的 IP 地址），回车，测试访问此默认 FTP 站点效果，站点中的文件列表为空。

（4）回到"Internet 信息服务（IIS）管理器"窗口，右键单击窗口左侧的"默认 FTP 站点"，在弹出的快捷菜单中单击"属性"命令，打开"默认 FTP 站点属性"对话框，如图 1-14 所示。IP 地址全部未分配情况下，如果此服务器中其他 FTP 站点未分配使用 21 端口，则直接以"ftp：∥IP 地址"的方式即可直接访问这个默认 FTP 站点。

（5）单击"安全账户"选项卡，如图 1-15 所示，可以看到此站点是允许匿名访问的。

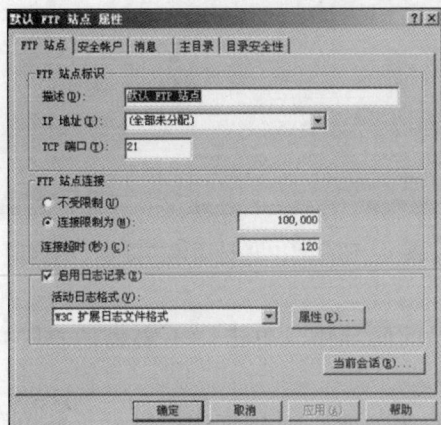

图 1-14 "默认 FTP 站点属性"对话框　　　图 1-15 "安全账户"选项卡

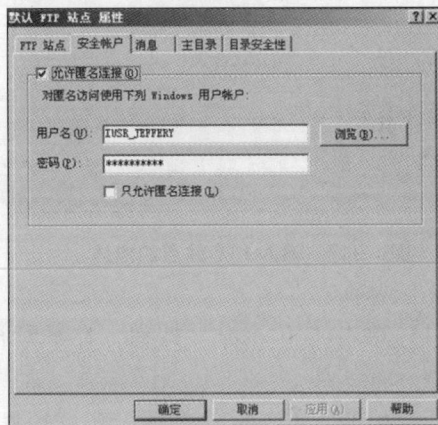

（6）单击"主目录"选项卡，可以看到 FTP 站点的文件目录为 D：\Inetpub\ftproot。

2. 输入站点描述并配 IP 地址及端口

（1）在资源管理器中找到路径 D：\Inetpub\ftproot，单击右键，在弹出的快捷菜单中单击"新建"→"文件夹"命令，将新建的文件夹命名为"Documents"。

（2）再次访问 FTP 站点，在浏览器中输入 ftp：∥192.168.0.250，此时可以看到刚刚新建的文件夹"Documents"，如图 1-16 所示。

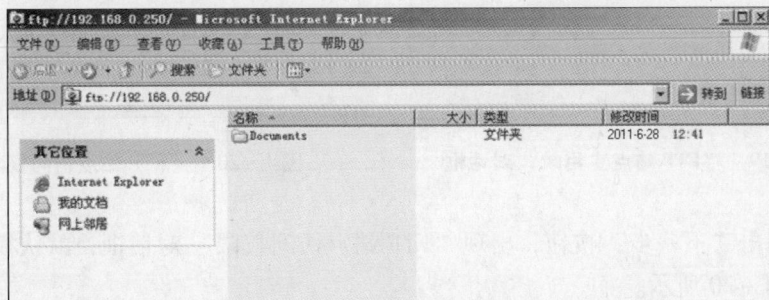

图 1-16 访问 FTP 站点

学习单元一 计算机网络基础

3. 设置站点主目录，访问新建站点。

（1）在"Internet 信息服务（IIS）管理器"窗口左侧，右键单击"FTP 站点"，在弹出的快捷菜单中单击"新建"→"FTP 站点"，打开"FTP 站点创建向导"对话框。

（2）单击"下一步"按钮，在 FTP 站点的描述中输入"工具"，如图 1 – 17 所示。

（3）单击"下一步"按钮，在"IP 地址和端口设置"对话框中，单击下拉菜单，选择 IP 地址为"192.168.0.250"，输入此 FTP 站点的 TCP 端口为 2121，如图 1 – 18 所示。

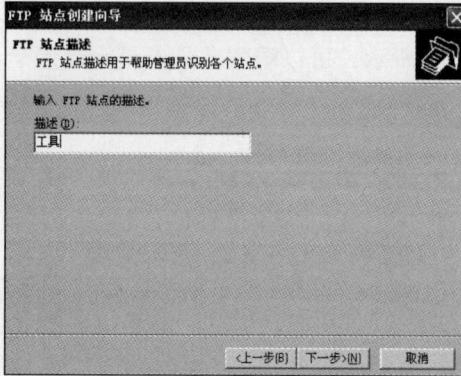

图 1 – 17　输入 FTP 站点的描述

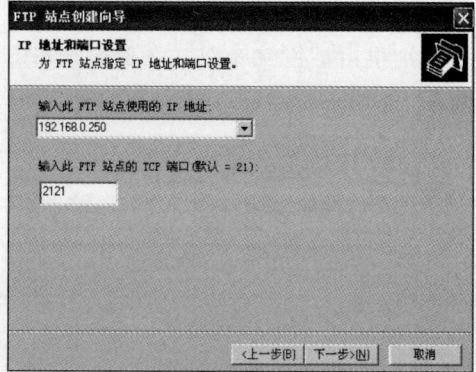

图 1 – 18　"IP 地址和端口设置"对话框

（4）单击"下一步"按钮，在继续出现的向导中，单击"不隔离用户"单选按钮。

（5）单击"下一步"按钮，在"FTP 站点主目录"对话框中，单击"浏览"按钮，在弹出的"浏览文件夹"中，找到并单击路径为"D:\Tools"的文件夹，然后单击"确定"按钮，此时"FTP 站点主目录"对话框如图 1 – 19 所示。

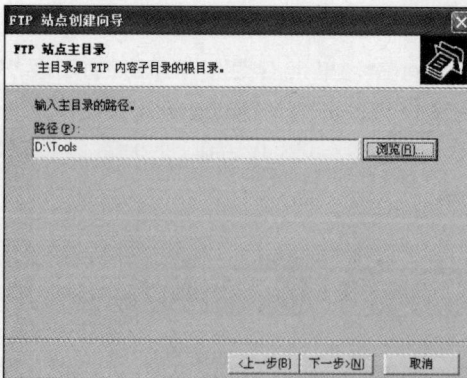

图 1 – 19　"FTP 站点主目录"对话框

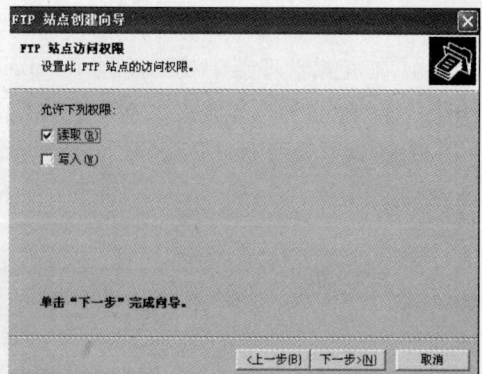

图 1 – 20　"FTP 站点访问权限"对话框

（6）单击"下一步"按钮，出现"FTP 站点访问权限"对话框，默认权限为"读取"，如图 1 – 20 所示。

（7）单击"下一步"按钮，弹出"成功完成 FTP 站点创建向导"对话框。

（8）单击"完成"按钮，新 FTP 站点"工具"建立完成，在"Internet 信息服务

（IIS）管理器"窗口左侧，此时展开 FTP 站点如图 1-21 所示。

（9）在浏览器地址栏中输入 ftp：//192.168.0.250，回车后发现结果仍然是默认的 FTP 站点，而访问 FTP 服务器的 2121 端口，即输入 ftp：//192.168.0.250：2121，就能正常访问刚刚新建的站点了，如图 1-22 所示。

图 1-21　FTP 站点　　　　　　图 1-22　正常访问 FTP 的 2121 端口

4. 新建虚拟目录，并测试访问虚拟目录

（1）在"Internet 信息服务（IIS）管理器"窗口左侧，右键单击"FTP 站点"下的"工具"，在弹出的快捷菜单中单击"新建"→"虚拟目录"命令，打开"虚拟目录创建向导"对话框。

（2）单击"下一步"按钮，在虚拟目录别名后输入 abc，如图 1-23 所示。

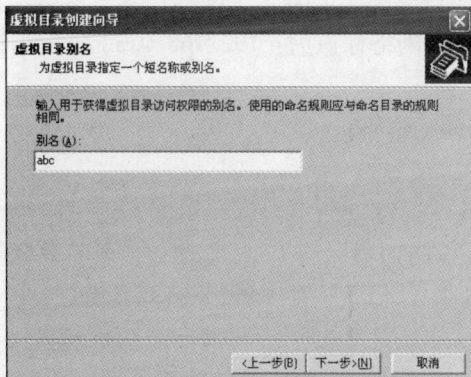

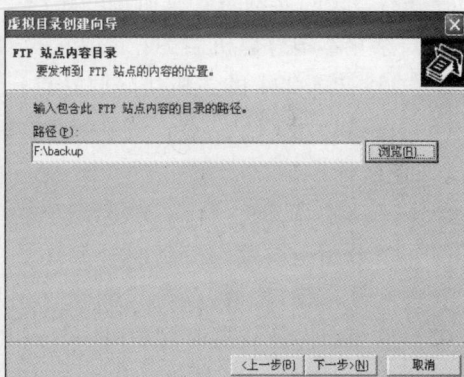

图 1-23　输入别名　　　　　　图 1-24　"FTP 站点目录"对话框

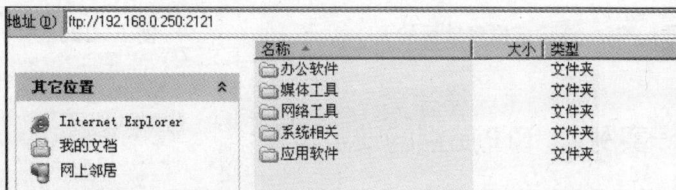

（3）单击"下一步"按钮，在"FTP 站点目录"对话框中，单击"浏览"按钮，打开"浏览文件夹"对话框，找到并单击路径为 F:\backup 的文件夹，单击"确定"按钮，此时"FTP 站点目录"对话框如图 1-24 所示。

（4）单击"下一步"按钮，出现"FTP 站点访问权限"对话框，默认权限为"读取"。

（5）单击"下一步"按钮，弹出"成功完成虚拟目录创建向导"对话框。

（6）单击"完成"按钮。此时在"Internet 信息服务（IIS）管理器"窗口左侧，创建虚拟目录后的 FTP 站点如图 1-25 所示。

（7）在浏览器地址栏中输入 ftp：//192.168.0.250：2121/abc，访问 FTP 站点的 abc 子目录进行检测，如图 1-26 所示。图中显示的内容即是服务器 F:\backup 文件夹的内容。

学习单元

计算机网络基础

图 1-25 创建虚拟目录后的 FTP 站点

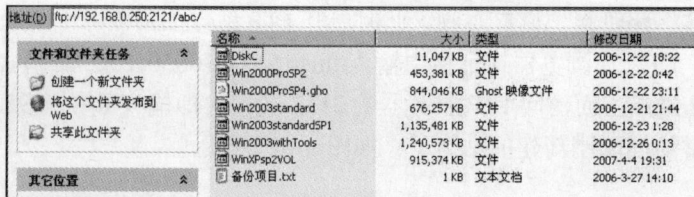

图 1-26 访问 FTP 站点的 abc 子目录

实例 2 FTP 站点的安全设置

【实训说明】

按要求对 IIS 服务器中的默认 FTP 站点进行相关设置，具体要求如下所示：

（1）为站点分配 IP 地址为 192.168.0.250，连接数限制在 1 000，连接超时为 60 秒；

（2）设置日志格式为"W3C 扩展日志文件格式"，新日志计划设置为"每周"，设置日志文件目录为 D:\ftplog，并且在扩展日志选项中添加"日期"项目；

（3）禁止用户匿名访问此 FTP 站点；

（4）设置 FTP 站点资源内容来自网络共享，路径为 \\fileserver\常用工具，并设置 FTP 服务器要访问此网络共享所用的账户：root，密码：o4sEc*159；

（5）禁止本地计算机名为：martin 的主机及网络标识为：192.168.0.32，子网掩码为：255.255.255.224 的主机访问此站点；

（6）测试访问 FTP 站点，登录账户：ftpuser 密码：o4sEc*159。

【实训步骤】

1. 站点基本设置

（1）从开始→设置→控制面板，打开"控制面板"窗口，双击"管理工具"，进入"管理工具"窗口，再双击"Internet 信息服务（IIS）管理器"，打开其窗口。

（2）在窗口左侧，展开"FILESERVER（本地计算机）"，再展开"FTP 站点"，单击"默认 FTP 站点"，工具栏显示 ▶ ■ Ⅱ，说明该站点处于开放状态。

（3）打开 IE 浏览器，在地址栏中输入 ftp://192.168.0.250（192.168.0.250 是该服务器的 IP 地址），回车，测试访问此默认 FTP 站点效果，站点中的文件列表为空。

（4）回到"Internet 信息服务（IIS）管理器"窗口，右键单击"默认 FTP 站点"，在弹出的快捷菜单中单击"属性"命令，打开"默认 FTP 站点属性"对话框，指定 IP 地址为 192.168.0.250，FTP 站点链接限制设置为 1 000，连接超时设置为 60 秒，活动日志格式设置为"W3C 扩展日志文件格式"，如图 1-27 所示。

2. 站点日志相关配置

（1）单击"属性"按钮，打开"扩充日志记录属性"对话框，如图 1-28 所示。

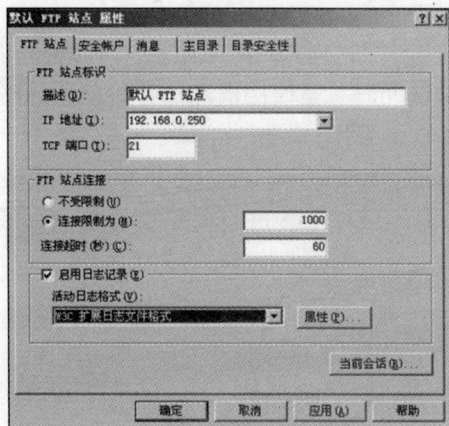

图 1-27 "默认 FTP 站点属性"对话框　　　图 1-28 扩充"日志记录属性"对话框

（2）单击"每周"单选按钮，然后单击"浏览"按钮，打开"浏览文件夹"对话框，找到 D 盘下的 ftplog 文件夹，单击"确定"按钮，回到"扩充日志记录属性"对话框。

（3）单击"扩充的属性"选项卡，单击"日期"复选框，如图 1-29 所示。

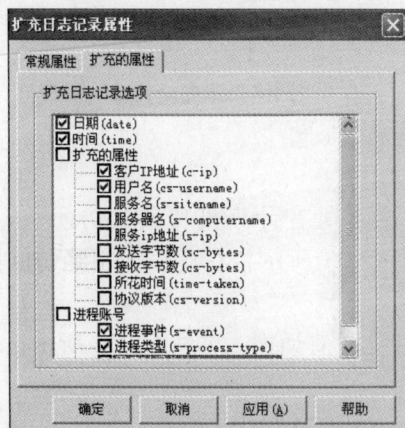

图 1-29 "扩充的属性"选项卡　　　图 1-30 "IIS 管理器"警告对话框

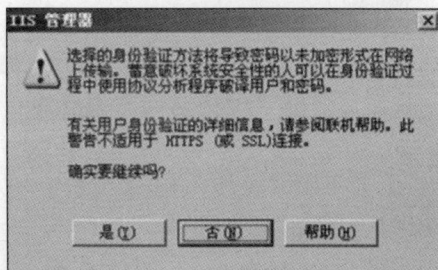

（4）单击"确定"按钮，回到"默认 FTP 站点属性"对话框。

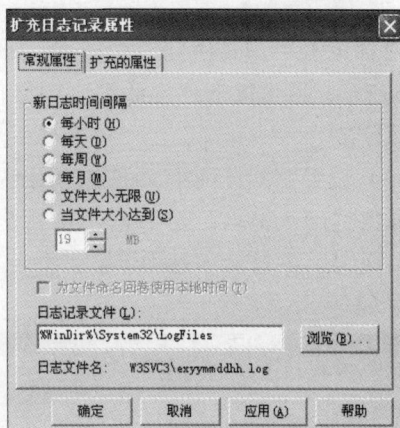

3. 禁止匿名连接

（1）单击"安全账户"选项卡，单击取消"允许匿名连接"复选框，弹出"IIS 管理器"警告对话框，如图 1-30 所示，单击"是"按钮。

（2）单击"消息"选项卡，在此选项中可以设置访问此站点时看到的一些提示信息。

4. 站点主目录设置

（1）单击"主目录"选项卡，单击"另一台计算机上的目录"单选按钮，再单击"网络共享"后的"连接为"按钮，设置网络共享路径为"\\fileserver\常用工具"，如

图 1-31 所示。

（2）单击"记录访问"复选框，此时弹出"网络目录安全凭据"对话框，如图 1-32 所示，单击取消"在验证到网络目录的访问时总是使用已经过身份验证的用户的凭据"。

（3）设置访问此网络文件夹的用户名为 root，密码为 o4sEc*159，单击"确认"按钮，弹出"确认密码"对话框，重新输入密码 o4sEc*159 进行确认，再单击"确认"按钮，回到"主目录"选项卡。

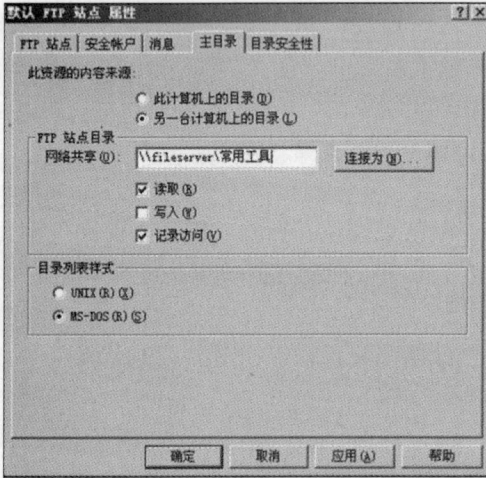

图 1-31 "主目录"选项卡

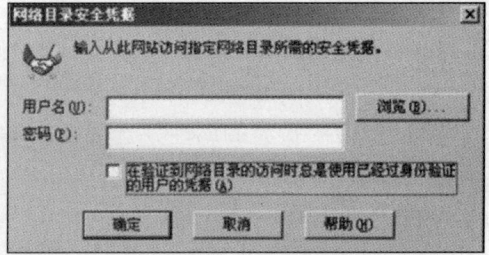

图 1-32 "网络目录安全凭据"对话框

5. 利用 DNS 解析添加计算机

（1）单击"目录安全性"选项卡，默认情况下所有计算机"授权访问"，单击"添加"按钮，弹出"拒绝访问"对话框，如图 1-33 所示，在此添加拒绝访问的计算机。

（2）单击"DNS 查找"按钮，弹出"DNS 查找"对话框，如图 1-34 所示，输入 DNS 名称为"martin"。

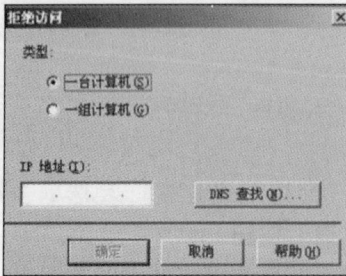

图 1-33 "拒绝访问"对话框

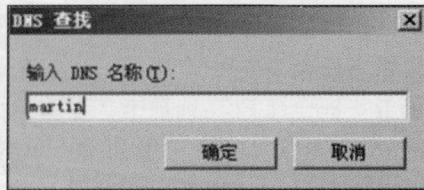

图 1-34 "DNS 查找"对话框

（3）单击"确定"按钮，回到"拒绝访问"对话框，如图 1-35 所示，此时可以看到，通过 DNS 服务器的解析，计算机 martin 的 IP 为 192.168.0.186。

（4）单击"确定"按钮，此时"目录安全性"选项卡如图1-36所示。

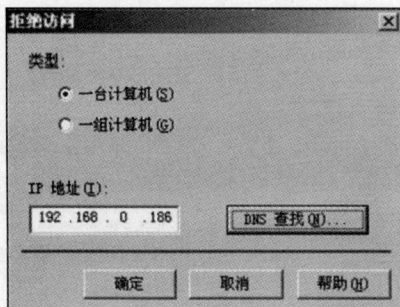

图1-35 "拒绝访问"对话框

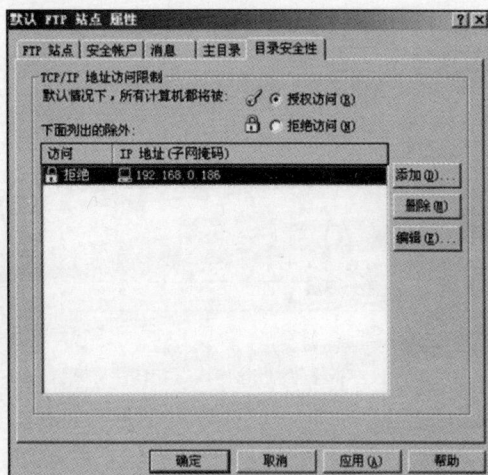

图1-36 "目录安全性"选项卡

6. 添加计算机组

（1）再次单击"添加"按钮，弹出"拒绝访问"对话框，单击"一组计算机"单选按钮，并添加网络标识为192.168.0.32，子网掩码为255.255.255.224，如图1-37所示。

（2）单击"确定"按钮，此时"目录安全性"选项卡如图1-38所示。

（3）单击"确定"按钮。

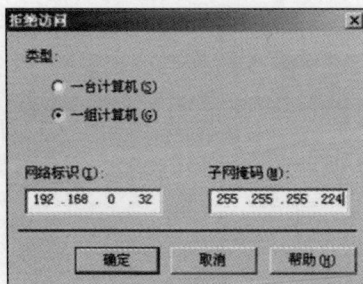

图1-37 "拒绝访问"对话框

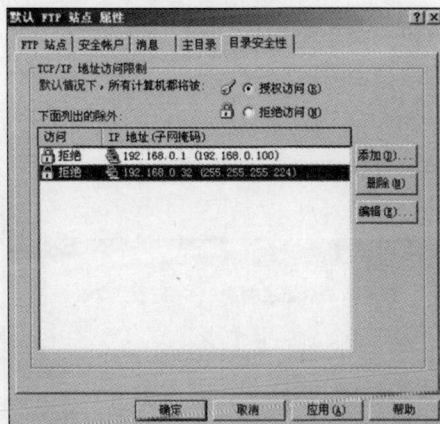

图1-38 "目录安全性"选项卡

7. 访问FTP站点

（1）打开IE浏览器，在地址栏中输入ftp：//192.168.0.250（192.168.0.250是该服务器的IP地址）再次访问FTP站点，回车，弹出"登录身份"对话框，如图1-39所示。

如果不输入密码，直接单击"登录"按钮，将提示"用指定的用户名和密码无法登录到该 FTP 服务器"。

（2）在用户名后输入账户 ftpuser，密码为 o4sEc*159。

（3）单击"登录"按钮，此时浏览器显示 FTP 站点可以正常访问，如图 1 - 40 所示。

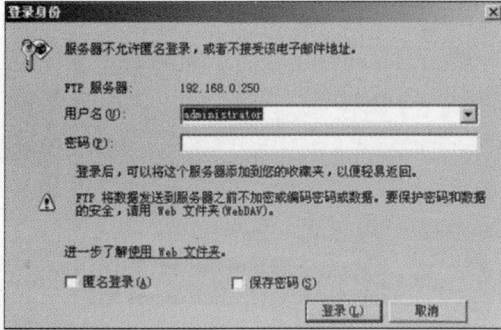

图 1 - 39   "登录身份"对话框

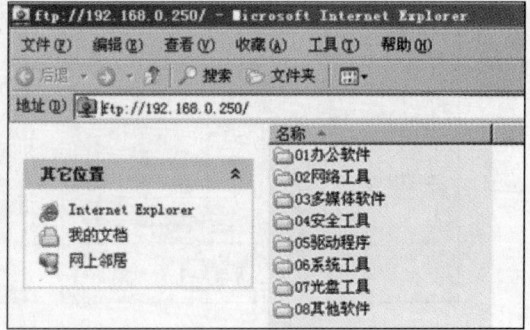

图 1 - 40   正常访问 FTP 站点

【提示】

（1）右键单击空白处，在弹出的快捷菜单中单击"新建"→"文件夹"命令，弹出"FTP 文件夹错误"对话框，如图 1 - 41 所示。说明此操作被拒绝，因为从此站点属性中可知其访问权限为"读取"。

（2）右键单击空白处，在弹出的快捷菜单中单击"登录"命令，可以换用其他账户、用同样的方法输入用户名和密码进行登录并访问。

（3）回到"Internet 信息服务（IIS）管理器"窗口，右键单击"默认 FTP 站点"，在弹出的快捷菜单中单击"属性"命令，打开"默认 FTP 站点属性"对话框，单击"FTP 站点"选项卡下的"当前会话"按钮，弹出"FTP 用户会话"对话框，如图 1 - 42 所示，可以看到已连接到站点的用户信息。

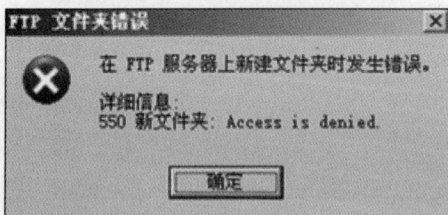

图 1 - 41   "FTP 文件夹错误"对话框

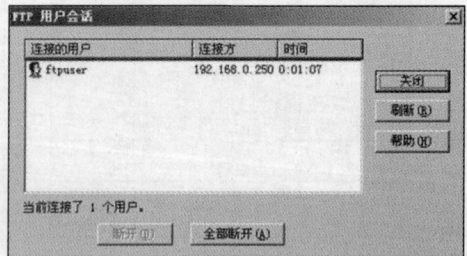

图 1 - 42   "FTP 用户会话"对话框

网络安全概述

【导读】

随着计算机互联网技术的飞速发展，网络信息已经成为社会发展的重要组成部分，网络信息的飞速发展在推动社会发展的同时，也产生了许多网络系统安全问题，例如通过网络盗窃用户信息、网络攻击等等。随着网络应用范围的扩大，信息的泄漏问题也变得日益严重，因此，计算机网络的安全性问题也就越来越重要了。

【内容结构图】

```
                    ┌─ 网络安全技术及发展趋势        ┌─ IIS的安装与配置
                    │                              │
                    ├─ IIS的安全配置 ──────────────┼─ Web站点的安全设置
                    │                              │
                    │                              └─ IIS的访问限制设置
                    │
                    │                              ┌─ 系统密码设置
          网络      ├─ Windows系统账号管理 ────────┼─ 账户锁定策略
          安全                                     │
          概述                                     └─ 账户安全设置
                    │
                    │                              ┌─ 禁用信使服务
                    ├─ Windows注册表 ─────────────┼─ 删除远程注册表服务
                    │                              │
                    │                              └─ 禁止默认共享
                    │
                    │                              ┌─ IE6安全设置
                    └─ 常用工具安全配置 ───────────┤
                                                   └─ 360安全卫士修补系统漏洞
```

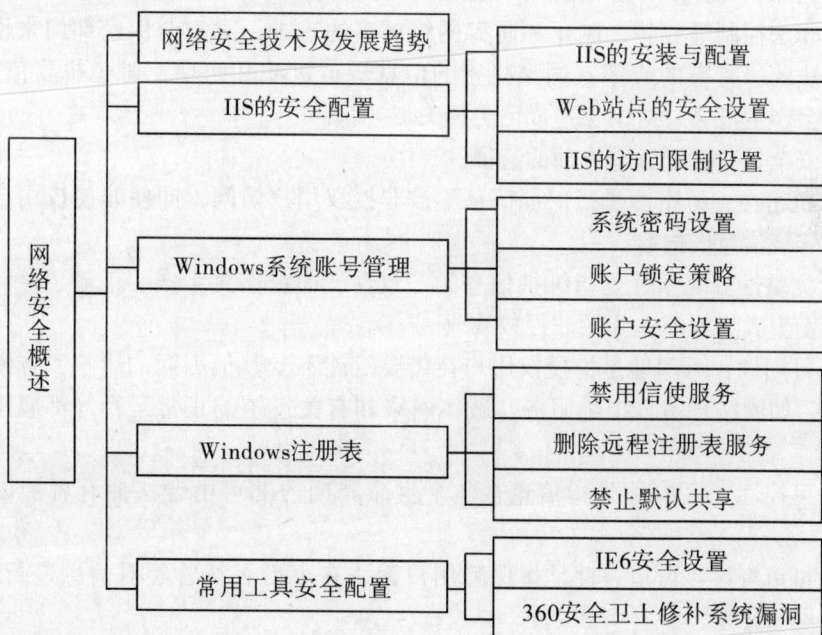

【知识与能力目标】

※ 了解网络安全技术及其发展趋势
※ 熟练操作 IIS 安全配置
※ 熟练掌握 Windows 系统账号的安全管理
※ 熟练掌握 Windows 注册表安全设置操作
※ 熟练掌握常用工具的安全配置

任务 1　了解网络安全技术

网络安全问题日益凸显，如何维护网络安全、确保信息完好无损成为当前网络安全急需解决的问题。网络安全的目标应该是保护信息的机密性、完整性、可用性、可控性和可审查性。

1. 网络安全的定义及特征

网络安全是指网络系统的硬件、软件及其系统中的数据受到保护，不因偶然的或者恶意的原因而遭受到破坏、更改、泄漏，系统连续可靠正常地运行，网络服务不中断。网络安全是一门涉及计算机科学、网络技术、通信技术、密码技术、信息安全技术、应用数学、数论、信息论等多种学科的综合性学科。

网络安全的具体含义会随着"角度"的变化而变化。从用户（个人、企业）的角度来说，他们希望涉及个人隐私或商业利益的信息在网络上传输时受到机密性、完整性和真实性的保护，避免其他人或对手利用窃听、冒充、篡改、抵赖等手段侵犯用户的隐私和利益；从网络运行和管理者角度说，他们希望对本地网络信息的访问、读写等操作受到保护和控制，避免出现"陷门"、病毒、非法存取、拒绝服务、网络资源非法占用和非法控制等威胁，制止和防御网络黑客的攻击；对安全保密部门来说，他们希望对非法的、有害的或涉及国家机密的信息进行过滤和防堵，避免机要信息泄漏，避免对社会产生危害、对国家造成巨大损失。

网络安全具有以下五个方面的特征：

（1）机密性：机密性是指保证信息不被非授权用户访问，即使非授权用户得到信息也无法知晓信息的内容。

（2）完整性：完整性是指维护信息的一致性，即在信息生成、传输、存储和使用过程中不发生人为或非人为的非授权篡改。

（3）可用性：可用性是指授权用户在需要时能不受其他因素的影响，方便地使用所需信息。如网络环境下拒绝服务、破坏网络和有关系统的正常运行等都属于对可用性的攻击。

（4）可控性：可控性是指信息在整个生命周期内部可由合法拥有者加以安全地控制。

（5）可审查性：可审查性是指保障用户无法在事后否认曾经对信息进行的生成、签发、接收等行为。

2. 威胁网络安全的因素

网络安全的威胁，不光是指"CIH"、"冲击波"等传统病毒，还包括特洛伊木马、后门程序、流氓软件（包括间谍软件、广告软件、浏览器劫持等）、网络钓鱼（网络诈骗）、垃圾邮件等，它往往是集多种特征于一体的混合型威胁。

根据不同的特征和危害，网络威胁可分为病毒、流氓软件、远程攻击、网络钓鱼等。

（1）病毒。

计算机病毒在《中华人民共和国计算机信息系统安全保护条例》中有明确定义，

病毒"指编制或者在计算机程序中插入的破坏计算机功能或者破坏数据，影响计算机使用并且能够自我复制的一组计算机指令或者程序代码"。随着信息安全技术的不断发展，病毒的定义已经被扩大化。目前，病毒可以大致分为：引导区病毒、文件型病毒、宏病毒、蠕虫病毒、特洛伊木马、后门程序、恶意脚本等。

引导区病毒（Boot Virus）：通过感染软盘的引导扇区和硬盘的引导扇区或者主引导记录进行传播的病毒。

文件型病毒（File Virus）：指将自身代码插入到可执行文件内来进行传播并伺机进行破坏的病毒。

宏病毒（Macro Virus）：使用宏语言编写，可以在一些数据处理系统中运行（主要是微软的办公软件系统、字处理、电子数据表和其他 Office 程序中），利用宏语言的功能将自己复制并且繁殖到其他数据文档里的程序。

蠕虫病毒（Worm）：通过网络或者漏洞进行自主传播，向外发送带毒邮件或通过即时通讯工具（QQ、MSN 等）发送带毒文件，阻塞网络的病毒。

特洛伊木马（Trojan）：通常假扮成有用的程序诱骗用户主动激活，或利用系统漏洞侵入用户电脑。木马进入用户电脑后隐藏在系统目录下，然后修改注册表，完成黑客指定的操作。

后门程序（Backdoor）：会通过网络或者系统漏洞进入用户的电脑并隐藏在系统目录下，被开后门的计算机可以被黑客远程控制。黑客可以用大量被植入后门程序的计算机组成僵尸网络用以发动网络攻击等。

恶意脚本（Harm Script）、恶意网页：使用脚本语言编写，嵌入在网页当中，调用系统程序、修改注册表对用户计算机进行破坏，或调用特殊指令下载并运行病毒、木马文件。

恶意程序（Harm Program）：会对用户的计算机、文件进行破坏的程序，本身不会复制、传播。

恶作剧程序（Joke）：不会对用户的计算机、文件造成破坏，但可能会给用户带来恐慌和不必要的麻烦。

键盘记录器（Key logger）：通过挂系统键盘钩子等方式记录键盘输入，从而窃取用户的账号、密码等隐私信息。

黑客工具（Hack Tool）：一类工具软件，黑客或其他不怀好意的人可以使用它们进行网络攻击。

（2）流氓软件。

"流氓软件"是介于病毒和正规软件之间的软件，同时具备正常功能（下载、媒体播放等）和恶意行为（弹广告、开后门），给用户带来实质危害。流氓软件包含间谍软件、广告软件、浏览器劫持、行为记录软件、自动拨号程序等。

间谍软件（Spyware）：是一种能够在用户不知情的情况下，在其电脑上安装后门、收集用户信息的软件。

广告软件（Adware）：指未经用户允许，下载并安装在用户电脑上，或与其他软件捆绑，通过弹出式广告等形式牟取商业利益的程序。

浏览器劫持（Brower Hijack）：是一种恶意程序，通过浏览器插件、BHO（浏览器辅助对象）、Winsock LSP 等形式对用户的浏览器进行篡改，使用户的浏览器配置不正常，被强行引导到商业网站。

行为记录软件（Track Ware）：指未经用户许可，窃取并分析用户隐私数据，记录用户电脑使用习惯、网络浏览习惯等个人行为的软件。

恶意共享软件（Malicious Shareware）：指某些共享软件为了获取利益，采用诱骗手段、试用陷阱等方式强迫用户注册，或在软件内捆绑各类恶意插件，未经允许就将其安装到用户机器里。

自动拨号程序（Dialer）：自动下载并安装到用户的计算机上，并隐藏在后台运行。它会自动拨打长途或收费电话，以赚取用户高额的电话费用。

（3）远程攻击。

远程攻击是指专门攻击除攻击者自己计算机以外的计算机（无论其是同一子网内或处于不同网段中）。远程攻击包括远程控制、拒绝服务式攻击等。

（4）网络钓鱼。

网络钓鱼是指攻击者利用欺骗性的电子邮件和伪造的 Web 站点来进行网络诈骗活动，受骗者往往会泄露自己的私人资料，如信用卡号、银行卡账户、身份证号等内容。诈骗者通常会将自己伪装成网络银行、在线零售商和信用卡公司等可信品牌，骗取用户的私人信息。

（5）垃圾邮件。

《中国互联网协会反垃圾邮件规范》定义垃圾邮件为："（一）收件人事先没有提出要求或者同意接收的广告、电子刊物、各种形式的宣传品等宣传性的电子邮件；（二）收件人无法拒收的电子邮件；（三）隐藏发件人身份、地址、标题等信息的电子邮件；（四）含有虚假的信息源、发件人、路由等信息的电子邮件。垃圾邮件的主要来源包括邮件病毒产生的、商业性的恶性广告邮件。"

3. 网络安全体系分析

网络安全体系分为物理安全、网络结构安全、系统安全、应用系统安全和管理安全。

（1）物理安全。

网络的物理安全是整个网络系统安全的前提。在网络工程的设计和施工中，必须优先考虑保护人和网络设备不受电、火灾和雷击的侵害；考虑布线系统与照明电线、动力电线、通信线路、暖气管道及冷热空气管道之间的距离；考虑布线系统和绝缘线、裸体线以及接地与焊接的安全；必须建设防雷系统，防雷系统不仅要考虑建筑物防雷，还必须考虑计算机及其他弱电耐压设备的防雷。总体来说物理安全的风险主要有：地震、水灾、火灾等环境事故；电源故障；人为操作失误或错误；设备被盗、被毁；电磁干扰；线路截获；机房环境及报警系统、安全意识等，因此要尽量避免网络的物理安全风险。

（2）网络结构安全。

网络拓扑结构设计也直接影响到网络系统的安全性。当外部和内部网络进行通信时，内部网络的机器安全就会受到威胁，同时也影响在同一网络上的许多其他系统。透过网络传播，还会影响到连上 Internet/Intranet 的其他的网络；影响所及，还可能涉及法律、金融等安全敏感领域。因此，我们在设计时有必要将公开服务器（WEB、DNS、E-MAIL 等）和外网及内部其他业务网络进行必要的隔离，避免网络结构信息外泄；同时还要对外网的服务请求加以过滤，只允许正常通信的数据包到达相应主机，其他的请求服务在到达主机之前就应该遭到拒绝。

（3）系统安全。

所谓系统安全是指整个网络操作系统和网络硬件平台是否可靠且值得信任。目前恐怕没有绝对安全的操作系统可以选择，无论是 Microsoft 的 Windows NT 或者其他任何商用 UNIX 操作系统，其开发厂商必然有其后门。因此，我们可以得出如下结论：没有完全安全的操作系统。不同的用户应从不同的方面对其网络作详尽的分析，选择安全性尽可能高的操作系统。因此要选用尽可能可靠的操作系统和硬件平台，并对操作系统进行安全配置。而且，必须加强登录过程的认证（特别是在到达服务器主机之前的认证），确保用户的合法性；其次应该严格限制登录者的操作权限，将其完成的操作限制在最小的范围内。

（4）应用系统安全。

应用系统安全与具体的应用有关，它涉及面广。应用系统安全是动态的、不断变化的。应用系统安全主要考虑尽可能建立安全的系统平台，而且通过专业的安全工具不断发现漏洞，修补漏洞，提高系统的安全性。

（5）管理安全。

管理是网络安全中最重要的部分。安全管理制度不健全及缺乏可操作性等都可能引起管理安全的风险。当网络出现攻击行为或网络受到其他一些安全威胁时（如内部人员违规操作等），无法进行实时的检测、监控、报告与预警。同时，当事故发生后，也无法提供黑客攻击行为的追踪线索及破案依据，即缺乏对网络的可控性与审查性。这就要求我们必须对站点的访问活动进行多层次的记录，及时发现非法入侵行为。

建立全新网络安全机制，必须深刻理解网络并能提供直接的解决方案，因此，最可行的做法是制定健全的管理制度和严格遵守制度相结合。保障网络的安全运行，使其成为一个具有良好的安全性、可扩充性和易管理性的信息网络便成为首要任务。

4. 网络安全技术发展的趋势

网络安全技术的发展，主要呈现四大趋势，即可信化、网络化、标准化和集成化。

（1）可信化。

可信化是指从传统计算机安全理念过渡到以可信计算理念为核心的计算机安全。面对越来越严重的计算机安全问题，传统安全理念很难有所突破，而可信计算的主要思想是在硬件平台上引入安全芯片，从而将部分或整个计算平台变为"可信"的计算平台。目前，主要研究和探索的问题包括基于 TCP 的访问控制、基于 TCP 的安全操作系统、基于 TCP 的安全中间件、基于 TCP 的安全应用等。

（2）网络化。

网络化是指由网络应用和普及引发的技术和应用模式的出现。如安全中间件、安全管理与安全监控等都是网络化发展所带来的必然的发展方向。网络病毒、垃圾信息防范、网络可生存性、网络信任等都是要继续研究的领域。

（3）标准化。

安全技术要走向国际，也要走向实际应用，政府、产业界和学术界等必将更加高度重视信息安全标准的研究与制定，如密码算法类标准（例如加密算法、签名算法、密码算法接口）、安全认证与授权类标准（例如 PKI、KMI、生物认证）、安全评估类标准（例如安全评估准则、方法、规范）、系统与网络类安全标准（例如安全体系结构、安全操作系统、安全数据库、安全路由器、可信计算平台）、安全管理类标准（例如防信息泄露、质量保证、机房设计）等。

（4）集成化。

集成化即从单一功能的信息安全技术与产品，向多种功能融于某一个产品，或者是几个功能相结合的集成化产品发展。安全产品呈硬件化/芯片化发展趋势，这将带来更高的安全度与更高的运算速率，也需要发展更灵活的安全芯片的实现技术，特别是密码芯片的物理防护机制。

任务 2　IIS 的安全配置及应用实例

【实训目的】

了解 Windows 下 IIS 服务的安全体系，掌握 IIS 服务安全设置的方法。

【预备知识】

（1）了解 Windows 的基本使用知识；

（2）了解 IIS 服务的基本知识。

IIS（Internet Information Services，互联网信息服务），是由微软公司提供的基于运行 Microsoft Windows 的互联网基本服务。最初是 Windows NT 版本的可选包，随后内置在 Windows 2000、Windows XP Professional 和 Windows Server 2003 一起发行。

IIS 是一个 World Wide Web server，Gopher server 和 FTP server 全部包容在里面。IIS 意味着你能发布网页，并且有 ASP（Active Server Pages）、JAVA、VBScript 产生页面，有着一些扩展功能。IIS 支持一些有趣的东西，像有编辑环境的界面（FRONTPAGE）、有全文检索功能的（INDEX SERVER）、有多媒体功能的（NET SHOW）；其次，IIS 是随 Windows NT Server 4.0 一起提供的文件和应用程序服务器，是在 Windows NT Server 上建立 Internet 服务器的基本组件。IIS 与 Windows NT Server 完全集成，允许使用 Windows NT Server 内置的安全性以及 NTFS 文件系统建立强大灵活的 Internet/Intranet 站点。IIS 是一种 Web（网页）服务组件，其中包括 Web 服务器、FTP 服务器、NNTP 服务器和 SMTP 服务器，分别用于网页浏览、文件传输、新闻服务和邮件发送等方面，它使得在网络（包括互联网和局域网）上发布信息成了一件很容易的事。

【实训环境】

一台运行 WindowsIIS5.0/6.0 的计算机。

实例 1　IIS 的安装及配置

目前很大一部分的 WWW 服务器都架设在微软公司的 IIS 之上，它使用的环境为 WinNT/2000/XP + IIS，在 Win2000 Professional 和 WinXP 系统中，默认的情况下，它们在系统初始安装时都不会安装 IIS，因此得将这些组件添加到系统中。

IIS 安装的步骤：

（1）打开"控制面板"窗口，单击"添加/删除程序"。

（2）在打开的"添加/删除程序"窗口左侧，单击"添加/删除 Windows 组件"按钮，弹出"Windows 组件向导"对话框，单击"Internet 信息服务（IIS）"复选框，如图 2-1 所示。

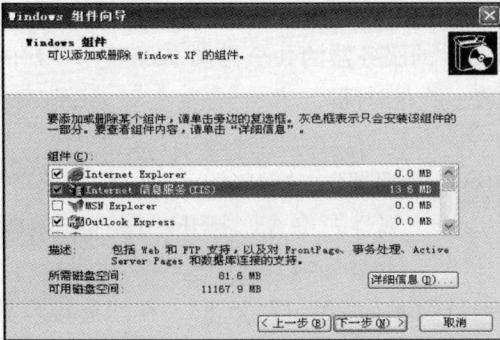

图 2-1　安装 IIS 对话框

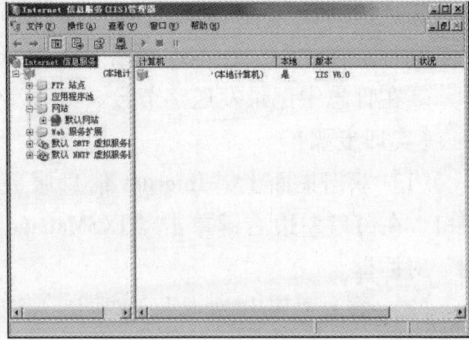

图 2-2　IIS 管理器窗口

（3）单击"下一步"按钮，按向导指示，完成对 IIS 的安装。

安装完 IIS 后，我们可以通过单击"开始"菜单→"所有程序"→"管理工具"→"Internet 信息服务（IIS）管理器"来启动 IIS，IIS 管理器窗口如图 2-2 所示。

IIS 安装后，系统会自动创建一个默认的 Web 站点，该站点的主目录默认为"C:\Inetpub\www. root"，用鼠标右键单击图 2-2 窗口左侧的"默认 Web 站点"，在弹出的快捷菜单中选择"属性"，打开"站点属性"设置对话框，如图 2-3 所示，在该对话框中，可完成对站点的全部配置。

单击"主目录"选项卡，切换到主目录设置页面，该页面可实现对主目录的更改或设置，注意检查"启用父路径"选项是否选中，如未选中将对以后的程序运行有部分影响。

单击"文档"选项卡，可切换到对主页文档的设置页面，主页文档是在浏览器中键入网站域名，而未制定所要访问的网页文件时，系统默认访问的页面文件。常见的主页文件名有 index. htm、index. html、index. asp、index. php、default. htm、default. html、default. asp 等。IIS 默认的主页文档只有 default. htm 和 default. asp，根据需要，利用"添加"和"删除"按钮，可为站点设置所能解析的主页文档。

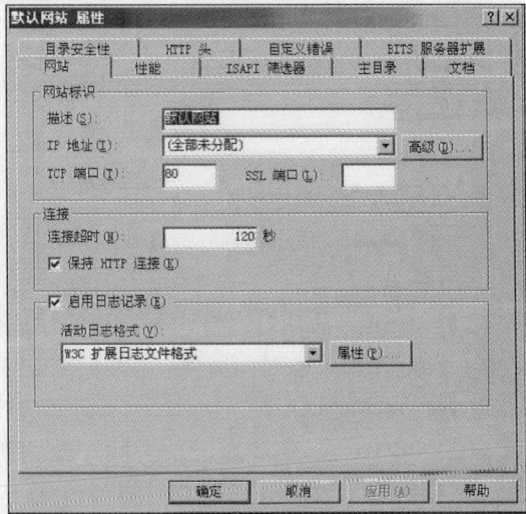

图 2-3　"站点属性"对话框

实例 2　Web 站点的安全设置

【实训说明】

（1）JXSManageWeb 站点标识要求：通过 TCP8080 端口访问网站，IP 地址设置为 202.17.66.83；

（2）服务器连接限制 500 个；

（3）设置日志记录项目：

①当访问日志文件大于 10M 时记录新的日志；

②日志文件存放在本地网络上名为 LogServer 的服务器的共享目录 Access_ LOG 中；

③在日志中记录发送字节数、接收字节数、所花时间。

【实训步骤】

（1）双击桌面上"Internet 信息服务（IIS）管理器"，打开"Internet 信息服务"窗口，在窗口左边右键单击"JXSManage"，选择"属性"命令，打开"JXSManage 属性"对话框。

（2）单击"Web 站点"选项卡，将 IP 地址设置为 202.17.66.83，在"连接"处单击"限制到"单选按钮，输入"500"；单击"启用日志记录"复选框，如图 2-4 所示。

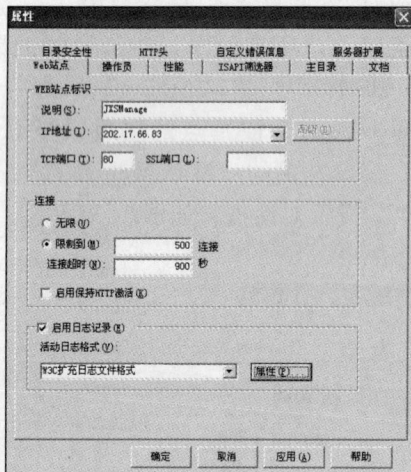

图 2-4 "Web 站点"选项卡

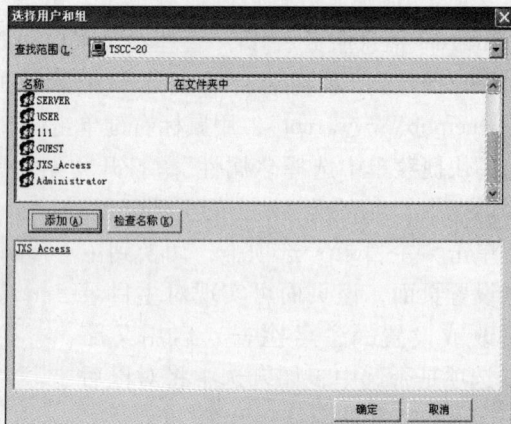

图 2-5 "选择用户和组"对话框

（3）单击"活动日志格式"右边的"属性"按钮，打开"扩充日志记录属性"对话框，设置"新日志时间间隔"为"当文件大小达到 10M"；设置日志文件目录为 \\LogServer\Access_LOG。

（4）单击"扩充日志记录属性"的"扩充属性"选项卡，选择记录"发送字节数"、"接收字节数"和"所花时间"。

（5）单击"确定"按钮，回到"JXSManage 属性"对话框。

（6）单击"确定"按钮。

实例 3 IIS 的访问限制设置

【实训说明】

（1）操作员设置要求：在操作员中添加用户 JXS_Access；

（2）目录安全性要求：

①取消匿名访问；

②除授权 IP 地址在 172. 16. 1. 0，掩码：255. 255. 255. 0 这一网段的客户端能够访问外，拒绝其他计算机访问本网站；

（3）主目录设置要求：

①应用程序选项配置中关闭父路径；

②每个连接的会话保持 30 分钟有效。

【实训步骤】

1. 操作员设置要求：在操作员中添加用户 JXS_Access

（1）双击桌面上"Internet 信息服务（IIS）管理器"，打开 Internet 信息服务窗口，在窗口左侧右键单击"JXSManage"，选择"属性"命令，打开"属性"对话框。

（2）单击"操作员"选项卡，再单击"添加"按钮。

（3）在用户列表中选择用户"JXS_Access"，单击"添加"按钮，可以看到下面的空白处已经添加了该用户，如图 2-5 所示。

（4）单击"确定"按钮，回到"JXSManage 属性"对话框。

2. 目录安全性要求

（1）单击"JXSManage 属性窗口"的"目录安全性"选项卡，单击"匿名访问及验证控制"右边的"编辑"按钮，打开"验证方法"对话框，单击"匿名访问"取消复选框。

（2）单击"确定"按钮，回到"JXSManage 属性"对话框"目录安全性"选项卡。

（3）单击"IP 地址及域名限制"右边的"编辑"按钮，打开"IP 地址及域名限制"对话框，在对话框里选择"拒绝访问"单选框，并单击"添加"按钮，打开"授权以下访问"对话框。

（4）单击"一组计算机"单选按钮，并添加可信任的 IP 地址"172. 16. 1. 0"和子网掩码"255. 255. 255. 0"，如图 2-6 所示。

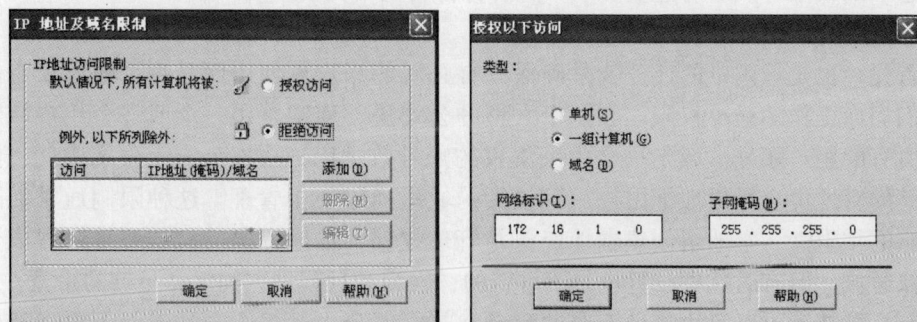

图 2-6　设置可信任的 IP 地址对话框

（5）单击"确定"按钮，回到"IP 地址及域名限制"对话框。

（6）单击"确定"按钮，回到"JXSManage 属性"对话框。

3. 主目录设置要求

（1）在"JXSManage 属性"对话框单击"主目录"选项卡，在"执行许可"右边的下拉框中选择"脚本和可执行程序"。

（2）单击"配置"按钮，打开"应用程序配置"对话框，单击"应用程序选项"选项卡，设置"会话超时"30 分钟，单击取消"启用父路径"复选框。

（3）单击"确定"按钮，回到"JXSManage 属性"对话框。

（4）单击"确定"按钮。

任务 3　Windows 系统账号的安全管理

【实训目的】

了解 Windows 账户的基础知识，掌握账户安全相关设置的方法。

【预备知识】

（1）了解 Windows 的基本使用知识；

（2）了解系统账户的基本知识。

每个 Windows 用户都必须要有一个账号，以便利用这个账号登录操作系统或登录到域，然后访问网络上的资源，或者利用这个账号登录到某台计算机，并访问该计算机内的资源。

①账号安全的重要性。

使管理员账号尽可能安全对于全面保护网络资产是不可或缺的。管理员需要保护可能使用的每一个账号，包括域控制器、服务器以及使用的任何工作站。网络管理小组应该尽可能安全地维护域控制器和证书颁发机构服务器，因为这些均被视为非常值得信赖的资产。管理员的台式和移动计算机也必须作为受信任资产进行保护，因为管理员使用它们来远程管理计算机资源。

用户账号不适当的安全问题是攻击侵入系统的主要手段之一。其实小心的账号管理员可以避免很多潜在的问题，如选择强固的密码、有效的策略加强通知用户的习惯，分配适当的权限等。所有这些要求一定要符合安全结构的尺度。

②安全有效的账号管理。

首先，也是最困难的任务就是确保只有必需的账户被使用而且每个账号仅有能满足他们完成工作的最小权限。在一个大型的公司里，通常是用一个或多个用户域集中管理所有的用户账号。域是一个中央集权的账号数据库，可以分布于公司中间，因此有经验的管理员会尽量地把用户放到较少的域里面以便于管理。这种限制通常促进公司策略的粘附性。本地组创建本地资源并管理权限，本地资源的机器要被配置成信任集中账号域。但有时这种设置也是不可行的，因为和远程站点间没有足够的带宽。

有几种技术可以解决账号安全的问题。其中一个主要关心的是确保不再有新的账号建立或已存在的账户权限不作改动。另一个简单的方法就是利用 net user 和 net group 命令把信息定向到一个文本文件里后进行比较。有规律地运行这些命令并对输出的文本文件中的账号列表进行比较就能轻易地发现问题。一些内置的工具，如系统任务进度表程序，可以自动地执行。也可以使用其他一些外部工具比如 Perl 或 diff 自动地对标准列表和当前的设置进行比较。

另一个可靠的办法就是对默认的账号重命名。包括 administrator、guest 以及其他一些由安装软件时（如 IIS）所自动建立的账号。这些账号必须好好保护因为它们易受攻击。然而简单地重命名账号并不能很好地隐藏它们。因为 Windows 必须知道哪一个是管理员账号，管理员账号当前的名字是保存在注册表里的。

为了保持用户数据库不被侵犯，必须强制用户养成良好的习惯，在账号的设置上要能有效地防止黑客使用暴力破解的方法来攻击。这些任务主要是通过 Windows 上的账号策略来设置的。账号策略的设置是通过域用户管理器来实施的，从策略的菜单中选择用户权限，第一项是有关密码的时效，第二项是有关密码长度的限制，以及账号锁定等机制。

除了有效的账号管理，设置安全的账号密码，也是确保计算机安全的重要手段。

密码是 Windows 安全基础的核心。如果危及密码，基本的安全机制和模式将遭到严重影响。为了选择强固的密码，除了需要在账号策略里设置更多相关的选项，还要设置安全性高的密码。

一个安全性高的密码至少要包含下列四方面内容中的三种：

- 大写字母
- 小写字母
- 数字
- 非字母数字的字符，如标点符号

安全性高的密码还要符合下列规则：

- 不使用普通的名字或昵称
- 不使用普通的个人信息，如出生日期
- 密码里不含有重复的字母或数字
- 至少使用八个字符

【实训环境】

Windows 系统本地安全策略工具。

实例1　系统密码策略设置

【实训说明】

针对系统账号的安全，运用 Windows 系统工具"本地安全策略"完成以下要求的操作：

（1）启用系统密码的复杂性要求；

（2）强制用户密码长度不得小于10位；

（3）设置密码最长使用期限为90天；

（4）强制用户使用旧密码至少30天后才能更改密码，并且不能更改为之前连续使用过的3个密码中的任何一个。

【实训步骤】

（1）从"开始"→"设置"→"控制面板"，打开"控制面板"窗口，双击"管理工具"进入"管理工具"窗口，再双击"本地安全策略"，打开"本地安全设置"窗口。

（2）在窗口左侧展开"账户策略"，单击"密码策略"，如图 2 - 7 所示。然后逐个设置窗口右边的策略属性。右键单击"密码必须符合复杂性要求"，在弹出的菜单中选择"属性"命令，或者双击"密码必须符合复杂性要求"，打开"密码必须符合复杂性要求属性"对话框，在"本地安全设置"选项卡中单击"已启用"单选按钮，单击"确定"按钮。

（3）右键单击"密码长度最小值"，在弹出的菜单中选择"属性"命令，打开"密码长度最小值属性"对话框，设置"不要求密码"为"10"字符，单击"确定"按钮。

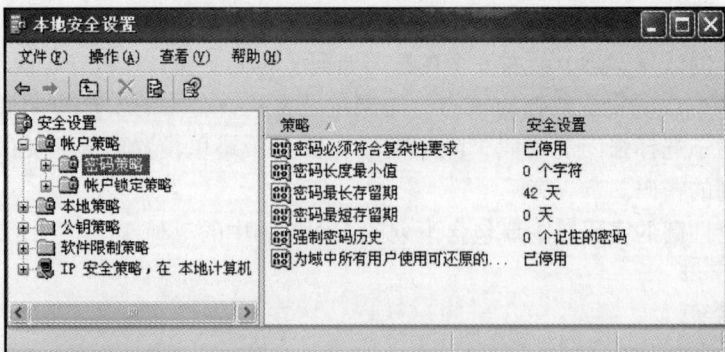

图 2-7　本地安全设置窗口

（4）双击"密码最长存留期"，打开"密码最长存留期属性"对话框，设置"密码过期时间"为"90"天，单击"确定"按钮。

（5）双击"密码最短存留期"，打开"密码最短存留期属性"对话框，设置"可以立即更改密码"为"30"天，单击"确定"按钮。

（6）双击"强制密码历史"，打开"强制密码历史属性"对话框，设置"不保留密码历史"为"3"个记住的密码，单击"确定"按钮。

实例 2　账户锁定策略

【实训说明】

（1）设置"复位账户锁定计数器"的时间为 15 分钟；

（2）设置"账户锁定时间"为 60 分钟；

（3）设置在 5 次登录无效后即锁定账户。

（注：先设阈值，再设前两个属性）

【实训步骤】

（1）在图 2-7 的"本地安全设置"窗口左侧单击"账户锁定策略"，在窗口右边双击"账户锁定阈值"，在打开的"属性"对话框中设置"锁定不锁定"为"5"次无效登录，单击"确定"按钮。

（2）双击"复位账户锁定计数器"，在打开的"属性"对话框中设置"复位账户锁定计数器"的时间为"15"分钟。

（3）双击"账户锁定时间"，在打开的"属性"对话框中设置"账户锁定时间"为"60"分钟。设置完成界面如图 2-8 所示。

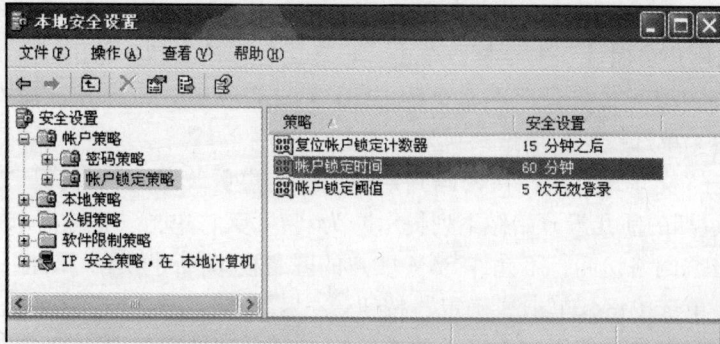

图 2-8 账户锁定策略设置完成窗口

实例 3 账户安全设置

【实训说明】

针对系统账户和密码的安全，完成以下所要求的相关设置：

（1）进行系统录录时，不显示上次登录过的用户名；

（2）进行系统登录时，强制执行 Ctrl + Alt + Del 才能打开登录框；

（3）在账户的密码到期的 7 天前，提示用户更改密码；

（4）为防止账户探测，禁止 SAM 账户的匿名枚举；

（5）若某账户的密码为空，则只允许其从此物理计算机登录系统；

（6）重命名系统管理员账号 administrator 为 adminroot。

【实训步骤】

（1）从"开始"→"设置"→"控制面板"，打开"控制面板"窗口，双击"管理工具"进入"管理工具"窗口，再双击"本地安全策略"，打开"本地安全设置"窗口。

（2）在窗口左侧单击"本地策略"下的"安全选项"，如图 2-9 所示。

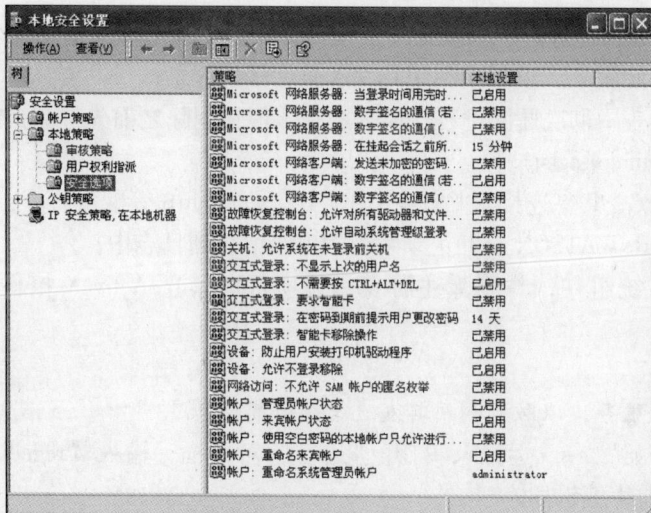

图 2-9 本地安全设置窗口

（3）在窗口右侧双击"交互式登录：不显示上次的用户名"，打开"交互式登录：不显示上次的用户名属性"对话框，单击"已启用"单选按钮，单击"确定"按钮。

（4）双击"交互式登录：不需要按 CTRL + ALT + DEL"，打开"属性"对话框，单击"已禁用"单选按钮，单击"确定"按钮。

（5）双击"交互式登录：在密码到期前提示用户更改密码"，打开"属性"对话框，"在密码过期的前几天开始做下列提示"为"7"天，单击"确定"按钮。

（6）双击"网络访问：不允许 SAM 账户的匿名枚举"，打开"属性"对话框，单击"已启用"单选按钮，单击"确定"按钮。

（7）双击"账户：使用空白密码的本地账户只允许进行控制台登录"，打开"属性"对话框，单击"已启用"单选按钮，单击"确定"按钮。

（8）双击"账户：重命名系统管理员账号"，打开"属性"对话框，把账号"administrator"改成"adminroot"，单击"确定"按钮。

任务 4　Windows 注册表的安全设置

【实训目的】
了解注册表的作用，掌握通过修改注册表来解决系统问题的方法。

【预备知识】
（1）了解 Windows 的基本使用知识；
（2）了解注册表的作用；
（3）掌握注册表的操作方法。

【实训环境】
一台安装 Windows 操作系统的计算机。

【实训说明】
利用注册表编辑器等进行系统的安全设置，以解决所出现的常见安全问题：
（1）禁用信使服务，以防止利用其发送恶意骚扰信息；
（2）从注册表中彻底删除远程注册表服务，但在删除之前先导出此服务作为备份，名称设置为"RemoteRegistry"；
（3）禁止 IPC \$ 共享连接，并禁止 C \$ 、D \$ 及 admin \$ 等默认共享；
（4）禁止 DR. WATSON 自动记录系统的出错信息到日志中；
（5）删除系统组件，并删除注册表相关项目以禁止 ActiveX 控件私自调用脚本程序。

【实训步骤】
1. 禁用信使服务，以防止利用其发送恶意骚扰信息
（1）从"开始"→"运行"，打开"运行"对话框，输入"regedit"命令，单击"确定"打开注册表编辑器。

（2）按照路径"我的电脑\HKEY_LOCAL_MACHINE\SYSTEM\CurrentControlSet\Services\Messenger"，打开"Messenger"选项，在窗口右侧右键单击"start"，在弹出

的快捷菜单中单击"修改"命令，或者直接双击"start"，打开"编辑双字节值"对话框，将"start"的数值数据改为4。

（3）单击"确定"按钮，即完成了禁用信使服务。

2. 从注册表中彻底删除远程注册表服务，但在删除之前先导出此服务作为备份，名称设置为"RemoteRegistry"

（1）在注册表编辑器中，按照路径"\HKEY_LOCAL_MACHINE\SYSTEM\Current-ControlSet\Services\RemoteRegistry"找到"RemoteRegistry"，右键单击并选择"导出"命令。

（2）在弹出的"导出注册表文件"窗口输入名称"RemoteRegistry"，单击"保存"按钮。

（3）右键单击"RemoteRegistry"选项，选择"删除"命令。

3. 禁止 IPC$ 共享连接，并禁止 C$、D$ 及 admin$ 等默认共享

（1）在注册表编辑器中，按照路径"\HKEY_LOCAL_MACHINE\SYSTEM\Current-ControlSet\Control\Lsa"，打开 Lsa 选项，并在窗口右边双击"restrictanonymous"，在弹出的"编辑双字节值"对话框中，将数值数据"0"改为"1"。

（2）单击"确定"按钮。修改完成，将成功禁用 IPC$ 默认共享。

（3）在注册表编辑器中，按照路径"\HKEY_LOCAL_MACHINE\SYSTEM\Current-ControlSet\Services\lanmanserver\Parameters"，找到"Parameters"，在窗口右侧空白处单击右键，在弹出的快捷菜单中单击"新建→DWORD 值（D）"命令，并重命名此键值为"AutoShareServer"，双击"AutoShareServer"，在弹出的"编辑双字节值"对话框中把"数值数据"设为"0"。

（4）单击"确定"按钮。

4. 禁止 DR. WATSON 自动记录系统的出错信息到日志中

（1）在注册表编辑器中，按照路径"\HKEY_LOCAL_MACHINE\SOFTWARE\Microsoft\Windows NT\CurrentVersion\AeDebug"，找到"AeDebug"，在窗口右侧右键单击"Auto"，在弹出的快捷菜单中单击"修改"命令，打开"编辑双字节值"对话框，可以看到"数值数据"的默认值为"0"。

（2）单击"确定"。

5. 删除系统组件，并删除注册表相关项目以禁止 ActiveX 控件私自调用脚本程序

（1）按照路径"D:\WINDOWS\system32"找到"wshom. ocx"文件，右键单击该文件，选择"删除"命令。

（2）按照路径"\HKEY_LOCAL_MACHINE\SOFTWARE\Classes\CLSID\{F935DC22－1CF0－11D0－ADB9－00C04FD58A0B}"找到该项内容，右键单击之并选择"删除"命令将其删除。

任务5 常用工具的安全配置

【实训目的】

掌握 Windows 常用工具的安全配置，例如 IE 浏览器、杀毒软件的配置等。

【预备知识】

（1）了解 IE 浏览器的使用方法及安全设置方法；

（2）了解 Windows 的日志备份文件；

（3）了解 360 杀毒软件的使用。

【实训环境】

一台安装 Windows 操作系统、IE6 浏览器以及 360 安全卫士的计算机。

实例 1　IE6 安全设置和隐私保护

【实训说明】

在使用 IE 的过程中，为了能相对安全地访问网络，同时保护个人隐私安全，用户需要对 IE 进行相应的安全配置：

（1）开启 Internet 选项，将 IE 主页设定为空白页，删除 Cookies，删除 IE 临时文件及其所有脱机内容，清除网站访问的历史记录，并将 IE 临时文件使用的空间设定为 50M，所在位置修改为 D:\temp；

（2）将 Internet 区域的安全级别设定为高，将 www. qq3344. com 和 www. dj3344. com 站点添加到受限制站点列表；

（3）将隐私级别设定为中高，并设定使 IE 可以阻止弹出窗口；

（4）取消 IE 的所有自动完成功能，并清除自动完成的所有历史记录。

【实训步骤】

1. 开启 Internet 选项，将 IE 主页设定为空白页，删除 Cookies，删除 IE 临时文件及其所有脱机内容，清除网站访问的历史记录，并将 IE 临时文件使用的空间设定为 50M，所在位置修改为 D:\temp

（1）右键单击桌面"Internet Explorer"，在弹出的菜单中单击"属性"命令，打开"Internet 选项"对话框。

（2）单击"使用空白页"按钮。

（3）单击"删除 Cookies（I）"按钮，弹出"删除 Cookies"提示框，警告"删除 Temporary Internet Files 文件夹中的所有 Cookies 吗？"单击"确定"按钮。

（4）单击"删除文件（F）"按钮，弹出"删除文件"对话框，单击"删除所有脱机内容"复选框，单击"确定"按钮。

（5）单击"设置（S）"按钮，打开"设置"对话框，设定使用的磁盘空间为"50M"，单击"移动文件夹（M）"按钮，打开"浏览文件"对话框，展开"我的电脑"，找到 D 盘下的 temp 文件夹，单击"确定"按钮，回到"Internet 选项"对话框。

（6）单击"清除历史记录（H）"按钮，打开"Internet 选项"提示框，询问"是否确定要让 Windows 删除已访问网站的历史记录？"单击"确定"按钮。

2. 将 Internet 区域的安全级别设定为高，将 www. qq3344. com 和 www. dj3344. com 站点添加到受限制站点列表

（1）在"Internet 选项"对话框中单击"安全"选项卡，将"Internet"对应的安全级别调节为高，如图 2-10 所示。

（2）单击"受限站点"，单击"站点"按钮，打开"受限站点"对话框，如图 2-11 所示。

（3）在"将该网站添加到区域"下面输入 www.qq3344.com，单击"添加"按钮；再输入 www.dj3344.com，单击"添加"按钮，将两个站点添加到受限制站点列表。

（4）单击"关闭"按钮。

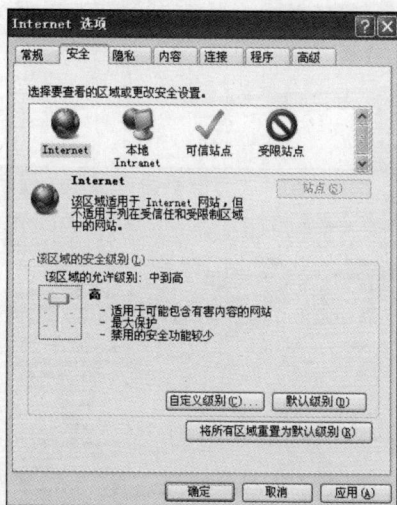

图 2-10　"安全选项卡"对话框　　　图 2-11　"受限站点"对话框

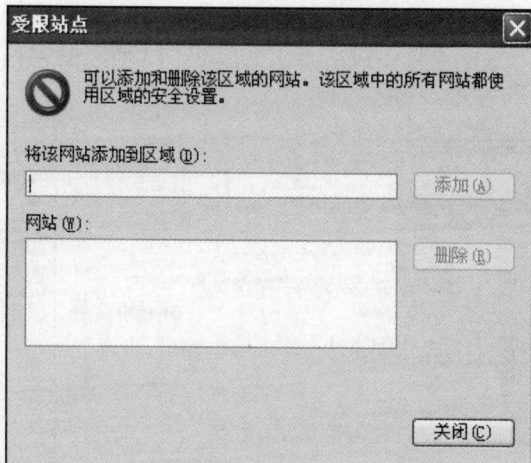

3. 将隐私级别设定为中高，并设定使 IE 可以阻止弹出窗口

在"Internet 选项"对话框中单击"隐私"选项卡，将隐私级别调整为"中高"，单击"打开弹出窗口阻止程序"复选框。

4. 取消 IE 的所有自动完成功能，并清除自动完成的所有历史记录

（1）在"Internet 选项"对话框中单击"内容"选项卡。

（2）单击"自动完成"后的"设置"按钮，打开"自动完成设置"对话框，单击"地址栏"、"表单"、"表单上的用户名和密码"，取消三个选项复选框。

（3）单击"删除自动完成历史记录"按钮进行清除。

（4）单击"确定"按钮，退出自动设置。

（5）单击"确定"按钮，关闭"Internet 选项"对话框。

实例2　使用 360 安全卫士修补系统漏洞

【实训说明】

360 安全卫士是一款由奇虎公司开发的免费的系统安全类辅助软件，它拥有查杀恶意软件、木马查杀、诊断及修复系统漏洞等多个强劲功能。通过使用该工具，用户可以相对轻松地提高系统的安全级别。

（1）启动 360 安全卫士，并进行系统漏洞的扫描；

（2）设定系统补丁文件的存放位置为 D 盘的根目录；

（3）修复所有可安装系统漏洞补丁，完成后暂不重新启动电脑；

（4）开启所有实时保护选项，重启电脑并再次扫描系统漏洞，确认漏洞修复情况。

【实训步骤】

1. 启动360安全卫士，并进行系统漏洞的扫描

（1）单击"开始"→"程序"→"360安全卫士"，打开360安全卫士窗口，单击"立即检测"按钮，扫描完成后，系统提示存在漏洞。

（2）单击"基本状态"下的"立即修复"按钮，然后单击"恢复系统漏洞"选项卡下的"查看并修复漏洞"按钮，如图2-12所示。

（3）修复完成后弹出如图2-13所示的窗口。

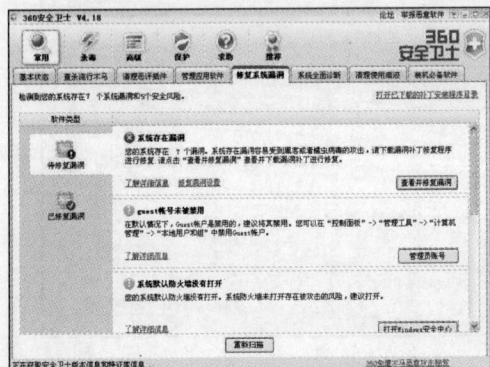

图2-12　"360安全卫士漏洞扫描"窗口

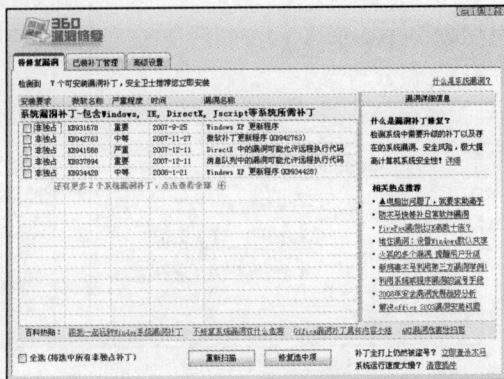

图2-13　"360漏洞修复"窗口

2. 设定系统补丁文件的存放位置为D盘的根目录

（1）在图2-13所示的窗口中，单击"已装补丁管理"选项卡。

（2）单击"存放目录设置"按钮，弹出"更改目录设置"对话框，单击"更改目录"按钮，选择D盘根目录，单击"保存设置"按钮。

3. 修复所有可安装系统漏洞补丁，完成后暂不重新启动电脑

（1）单击"待修复漏洞"选项卡，单击"全选"复选框选中所有待修复的漏洞，单击"修复选中项"按钮，弹出"360修复漏洞"对话框。

（2）修复漏洞完成后，如图2-14所示，单击"确定"按钮，系统提示需重启计算机，在此选择"稍候重启"按钮。

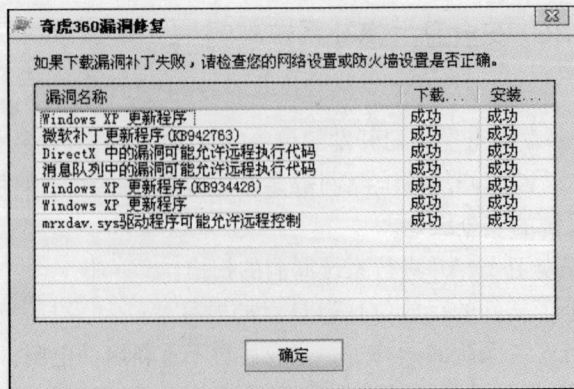

图2-14　"360漏洞修复"完成后的对话框

4. 开启所有实时保护选项，重启电脑并再次扫描系统漏洞，确认漏洞修复情况

（1）单击"360安全卫士"窗口的"保护"按钮，单击"恶评插件入侵拦截"、"网页防漏及恶意网站拦截"、"U盘病毒防疫"和"系统关键位置保护"后的"启动"按钮开启实时保护。

（2）单击"局域网ARP攻击拦截"的"启动"按钮，弹出提示建议对话框，单击"继续开启"按钮，再单击"立即重启"按钮重新启动计算机。

（3）重启后，再次进入"360安全卫士"窗口检测，不再发现漏洞。

数据加密技术

【导读】

　　密码学是一门既古老又新兴的学科，数据加密技术是信息安全的核心技术。运用数据加密技术可以在一定程度上提高数据传输的安全性，保证传输数据的完整性。

【内容结构图】

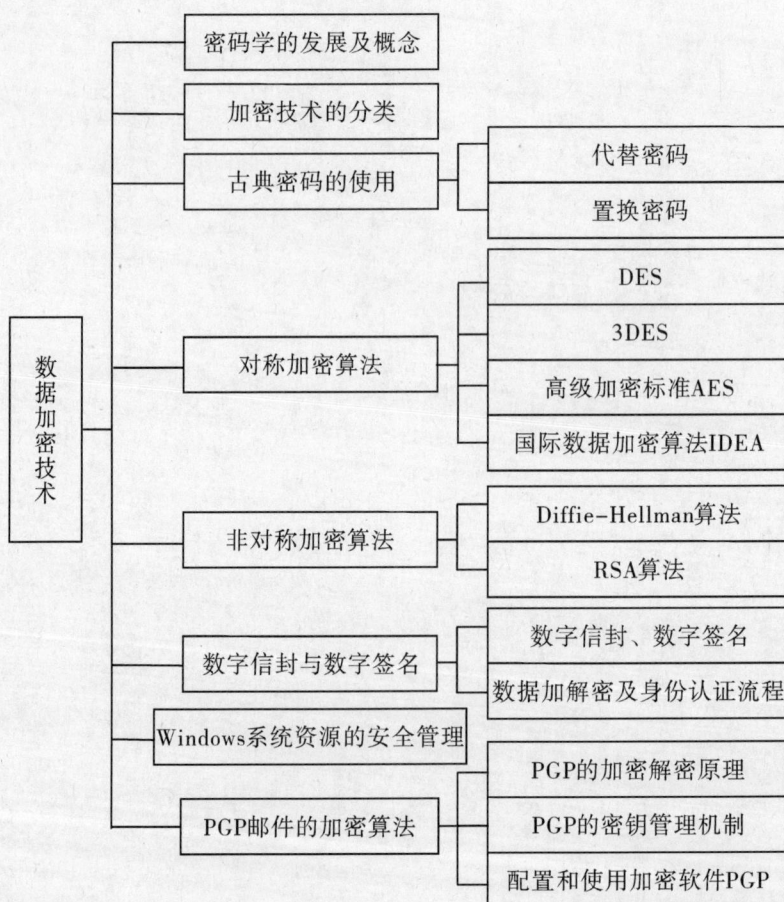

```
                          ┌─ 密码学的发展及概念
                          │
                          ├─ 加密技术的分类
                          │
                          ├─ 古典密码的使用 ──┬─ 代替密码
                          │                   └─ 置换密码
                          │
                          │                   ┌─ DES
数据加密技术 ─────────────┼─ 对称加密算法 ────┼─ 3DES
                          │                   ├─ 高级加密标准AES
                          │                   └─ 国际数据加密算法IDEA
                          │
                          ├─ 非对称加密算法 ──┬─ Diffie-Hellman算法
                          │                   └─ RSA算法
                          │
                          ├─ 数字信封与数字签名 ─┬─ 数字信封、数字签名
                          │                     └─ 数据加解密及身份认证流程
                          │
                          ├─ Windows系统资源的安全管理
                          │
                          └─ PGP邮件的加密算法 ─┬─ PGP的加密解密原理
                                                ├─ PGP的密钥管理机制
                                                └─ 配置和使用加密软件PGP
```

【知识与能力目标】

　※　熟练掌握加密的基本概念和相关的术语

❖ 了解加密技术的分类
❖ 掌握对称加密技术的原理及主要算法
❖ 掌握公钥加密技术的原理及 RSA 算法的具体实现
❖ 了解数字信封、数字签名及数据加解密与身份认证流程
❖ 熟练操作 Windows 中常见的文件资源加密
❖ 熟练掌握 PGP 进行邮件加密操作

任务 1　掌握密码学的基本概念

密码学是信息安全的基础，在政治、军事、外交等领域的信息保密方面发挥着重要的作用。随着计算机和 Internet 的发展，密码学开始广泛用于民用信息安全领域。密码学是实现认证、加密、访问控制最核心的技术。

1. 密码学的发展

密码学作为保障数据安全的一种方式，它不是现在才有的，其发展可以分为三个阶段。

第一阶段：1949 年以前。密码学的历史起源要追溯到公元前 2000 年，当时埃及人最先使用特别的象形文字作为信息编码，随着时间推移，巴比伦、美索不达米亚和希腊也都开始使用一些方法来保护他们的书面信息。后来，加密技术主要应用于军事领域，如美国独立战争、美国内战和两次世界大战。第二次世界大战中，阿兰·图灵（Alan Mathison Turing）及其解码团队破解德国密码系统 Enigma（恩格玛），使得“二战”提前结束。这个阶段的主要特点是数据的安全基于所谓的加密算法的保密。

第二阶段：1949—1975 年。1949 年，C. E. Shannon 发表了题目为“Communication Theory of Secrecy System”（保密系统的信息理论）的文章，标志着密码学成为一门科学。计算机使得基于复杂计算的密码成为可能，这个阶段的主要特点是数据的安全基于密钥的保密而不是算法的保密。

第三阶段：1976 年至今。1976 年 Diffie 和 Hellman 在他们的著名论文“New Directions in Cryptography”（密码学的新编码动向）中创造性地提出了一种新的密码编码方法，这种方法与四千多年来的所有密码方法有着本质区别，用这种新方法在进行保密通信时不需要密钥传送，除用于保密外，它还可以用于认证。这种方法现在称为公钥密码体制，它的安全性基于大整数因子分解这样一个数学难题。公钥密码的出现是密码学历史上的一次革命。

2. 密码学的基础概念

密码学包括密码编码学和密码分析学两部分，密码编码学研究的是通过编码技术来改变被保护信息的形式，使得编码后的信息除指定接收者之外的其他人都不可理解；密码分析学与密码编码学相反，研究的是如何攻破一个密码系统，恢复被隐藏起来的信息的本来面目。这两部分相互对立，但也相互促进，相辅相成。

对系统中的机密消息而言，密码技术主要在以下方面保证其安全性：

（1）保密性：信息不能被未经授权的人阅读，主要的手段就是加密和解密。

（2）数据的完整性：在信息的传输过程中确认未被篡改，如散列函数就可用来检

测数据是否被修改过。

（3）不可否认性：防止发送方和接收方否认曾发送或接收过某条消息，这在商业应用中尤其重要。

密码学的相关术语包括：

（1）明文（Plain Text）和密文（Cipher Text）：明文也叫明码，即原始信息；密文是被加密后的信息，用户不能直接阅读。

（2）算法（Algorithm）：经过一系列步骤组成的，用于进行加密和解密变换的规则（数学函数），包括加密算法和解密算法。

（3）密钥（Key）：加密和解密时所使用的一种专门信息工具。通常情况下，密钥只能被通讯双方拥有。如果密钥泄露，则应认为加密失效，密文失去其保密性。

（4）加密（Encryption）：明文在算法和密钥的控制下，转化成不可直接看懂的密文的过程，叫做加密。

（5）解密（Decryption）：密文在算法和密钥的控制下，还原成明文的过程，叫做解密。

（6）密码系统：加密和解密的信息处理系统，一个简单的密码系统通信模型如图 3 - 1 所示。

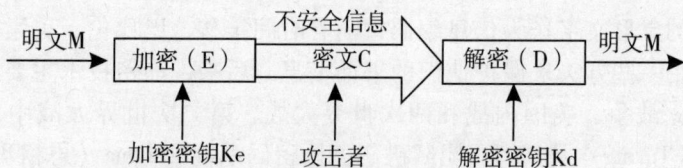

图 3 - 1　密码系统的通信模型

任务2　了解加密技术的分类

从不同的角度根据不同的标准，可以把密码分成若干类。

1. 按应用的技术或历史发展阶段划分

（1）手工密码。以手工完成加密作业，或者以简单器具辅助操作的密码，叫做手工密码。第一次世界大战前主要是这种作业形式。

（2）机械密码。以机械密码机或电动密码机来完成加解密作业的密码，叫做机械密码。这种密码从第一次世界大战出现到第二次世界大战中得到普遍应用。

（3）电子机内乱密码。通过电子电路，以严格的程序进行逻辑运算，以少量制乱元素生产大量的加密乱数，因为其制乱是在加解密过程中完成的而不需预先制作，所以称为电子机内乱密码。于20世纪50年代末期出现，到70年代广泛应用。

（4）计算机密码。是以计算机软件编程进行算法加密为特点，适用于计算机数据保护和网络通信等广泛用途的密码。

2. 按保密程度划分

（1）理论上保密的密码。不管获取多少密文和有多大的计算能力，对明文始终不能得到唯一解的密码，叫做理论上保密的密码，也叫理论不可破的密码。如客观随机一次一密的密码就属于这种。

（2）实际上保密的密码。在理论上可破，但在现有客观条件下，无法通过计算来确定唯一解的密码，叫做实际上保密的密码。

（3）不保密的密码。在获取一定数量的密文后可以得到唯一解的密码，叫做不保密密码。如早期单表代替密码，后来的多表代替密码，以及明文加少量密钥等密码，现在都成为不保密的密码。

3. 按密钥方式划分

（1）对称式密码。收发双方使用相同密钥的密码，叫做对称式密码。其主要包括传统的密码和对称密钥密码。

（2）非对称式密码。收发双方使用不同密钥的密码，叫做非对称式密码。如现代密码中公开密钥密码就属于此类。

4. 按明文形态划分

（1）模拟型密码。用于加密模拟信息。如对连续变化的语音信号加密的密码，叫做模式密码。

（2）数字型密码。用于加密数字信息。对两个离散电平构成0、1二进制关系的电报信息加密的密码叫做数字型密码。

5. 按编制原理划分

可分为移位、代替和置换三种以及它们的组合形式。古今中外的密码，不论其形态多繁杂，变化多么巧妙，都是按照这三种基本原理编制出来的。移位、代替和置换这三种原理在密码编制和使用中相互结合，灵活应用。

任务3 掌握古典密码的使用

古典密码主要采用代替密码和置换密码两种方法。

1. 代替密码

代替密码（Substitution Cipher）也称为移位密码，指依据一定的规则，明文中的每一个字母被不同的密文字母所代替。接收者对密文做反向替换就可以恢复出明文。

代替密码是基于数论中的模运算。英文有26个字母，可以将移位密码定义为：

令 $P = \{A, B, C, \cdots, Z\}$，$C = \{A, B, C, \cdots, Z\}$，$K = \{0, 1, 2, \cdots, 25\}$

加密变换：$E_k(x) = (x + k) \mod 26$

解密变换：$D_k(y) = (y - k) \mod 26$

其中：$x \in P$，$y \in C$，$k \in K$，从上面的定义可以看出，移位密码的代换规则是：明文字母被字母表中排在该字母后的第 k 个字母代替。

例3-1 假设明文为 computer，移位密码的密钥 $k = 8$，求密文。

首先建立英文字母和模26的剩余 0~25 之间的对应关系，如表3-1所示。

表 3 – 1　英文字母和模 26 的剩余 0 ~ 25 之间的对应关系

A	B	C	D	E	F	G	H	I	J	K	L	M
1	2	3	4	5	6	7	8	9	10	11	12	13
N	O	P	Q	R	S	T	U	V	W	X	Y	Z
14	15	16	17	18	19	20	21	22	23	24	25	26

利用上表可得 computer 所对应的整数：

3　15　13　16　21　20　5　18

将上述每一数字与此密钥 8 相加进行模 26 运算得：

11　23　21　24　3　2　13　26

再对应上表得出相应的字母串：

KWUXCBMZ

若以上面的 KWUXCBMZ 为密文串输入，进行解密变换 $D_k(y) = (y - k) \bmod 26$：

对密文串中的第一个字母 K：有 $y = 11$，$k = 8$，$(11 - 8) \bmod 26 = 3$，则对应明文为 c。

对密文串中的第五个字母 C：有 $y = 3$，$k = 8$，$(3 - 8) \bmod 26 = 21$，则对应的明文为 u。

以此类推，可对其他的密文进行解密。

注意：在进行解密运算时，由于 $D_k(y) = (y - k) \bmod 26$ 中的 $(y - k)$ 可能出现负值，此时运算结果时要正值。如 $-5 \bmod 26$，取商为 -1，则余数为 21。

为了讨论方便，上例中使用小写字母表示明文，大写字母表示密文，以后也沿用该规则。

当 $k = 3$ 时的移位密码称为凯撒密码（Caesar Cipher），加密时把每一个字母向前移 3 位，解密时后移 3 位。

例 3 – 2　明文为：Caesar cipher is a shift substitution cipher

凯撒密码对应的密文为：FDHVDU FLSKHU LV D VKLIW VXEVWLWXWLRQ FLSKHU

移位密码是不安全的，这种模 26 的密码很容易通过穷举密钥的方式破译，因为密钥的空间很小，只有 26 种可能。通过穷举密钥很容易得到有意义的明文。

2. 置换密码

置换密码（Permutation Cipher）又称换位密码。保持明文的字母不变，利用置换打乱字母的排列顺序。例如，在一个矩阵中把明文按列写入，按行读出，其密钥包含 3 方面信息：行宽、列高、读出顺序。

例 3 – 3　明文为 this is a bookmark，密钥为 41253，求密文。

密钥：　4　1　2　5　3

明文：　t　h　i　s　i

　　　　s　a　b　o　o

　　　　k　m　a　r　k

明文按行写出，读出时按列进行，得到密文为 HAMIBAIOKTSKSOR。

置换密码虽然完全保留了字母的统计信息，但可以使用多轮加密来提高其安全性。

任务 4　掌握对称加密算法

对称加密算法（Symmetric Cryptography Algorithms）又称密钥加密算法。对称加密算法中，对明文的加密和密文的解密采用相同的密钥。在应用对称加密的通信中，消息的发送者和接收者必须遵循一个共享的秘密即使用的密钥。

对称加密算法的特点是算法公开、计算量小、加密速度快、加密效率高。

不足之处是，交易双方都使用同样钥匙，安全性得不到保证。此外，每对用户每次使用对称加密算法时，都需要使用其他人不知道的唯一钥匙，这会使得发收信双方所拥有的钥匙数量呈几何级数增长，密钥管理成为用户的负担。对称加密算法在分布式网络系统上使用较为困难，主要是因为密钥管理困难，使用成本较高。比如，对于具有 n 个用户的网络，需要 $n(n-1)/2$ 个密钥，在用户群不是很大的情况下，对称加密系统是有效的，但是对于大型网络，当用户群很大并分布很广时，密钥的分配和保存就成了大问题。对称密钥算法的另一个缺点是不能实现数字签名。

在计算机专网系统中广泛使用的对称加密算法有 DES、3DES、AES、IDEA、Blow-Fish、CAST、RC 系列等。

1. DES

DES（Data Encryption Standard，数据加密标准）于 1975 年由 IBM 提出，最初开发的原因是当时的美国国家标准局（National Bureau of Standards，NBS）公开征集标准加密算法。NBS 与 NSA（National Security Association，美国国家安全局）联合对该算法的安全性进行了分析，最终将其采纳为美国联邦标准。

DES 算法是使用块加密方式进行加密的。通常采用 64 位的分组数据块，默认采用 56 位的密钥长度。密钥与 64 位数据块的长度差用来填充奇偶校验位。

子密钥生成算法产生 16 个 48 位，在 16 轮迭代中使用。解密与加密采用相同的算法，并且所使用的密钥也相同，只是各子密钥的使用顺序不同。

DES 算法包括：初始置换 IP、16 轮迭代、逆初始置换 IP^{-1} 以及子密钥产生算法，其框图如图 3-2 所示。

这是一个迭代的分组密码，使用称为 Feistel 的技术，其中将加密的文本块分成两半。使用子密钥对其中一半应用循环功能，然后将输出与另一半进行"异或"运算；接着交换这两半，这一过程会继续下去，但最后一个循环不交换。DES 使用 16 个循环，使用异或、置换、代换、移位操作四种基本运算。

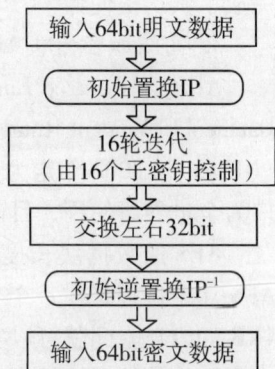

图 3-2　DES 算法框图

DES 被认为是最早广泛用于商业系统的加密算法之一。由于 DES 设计时间较早，且采用的 56 位密钥较短，现代的计算机系统可以在少于 1 天的时间内通过暴力破解 56 位的 DES 密钥。如果采用其他密码分析手段可能时间会进一步缩短。而且，由于美国国家安全局在设计算法时有行政介入的问题发生，很多人怀疑 DES 算法中存在后门。DES 不应再被视为一种安全的加密措施。

2. 3DES

3DES (Triple DES, 三重 DES) 是 DES 的一个升级, 主要用于对已有 DES 系统进行升级以替代不安全的 DES 系统, 为 AES 标准推广间隙提供一个可用的替代措施。

3DES 加密算法使用两个或三个密钥来替代 DES 的单密钥, 相当于使用三次 DES 算法实现多重加密。密钥长度可以达到 112 位 (两个密钥) 或 168 位 (三个密钥)。而实现多重加密的方式也存在多种组合。

3DES 使用加密—解密—加密方法, 通常使用两个 DES 密钥对明文进行三次运算。设两个密钥是 K_1 和 K_2, 其算法的步骤如下:

(1) 发送端用密钥 K_1 进行 DES 加密;

(2) 发送端用 K_2 对步骤 1 的结果进行 DES 解密;

(3) 发送端使用密钥 K_1 对步骤 2 的结果进行 DES 加密;

接收方则相应地使用 K_1 解密, K_2 加密, 再使用 K_1 解密。

3DES 算法示意图如图 3-3 所示。

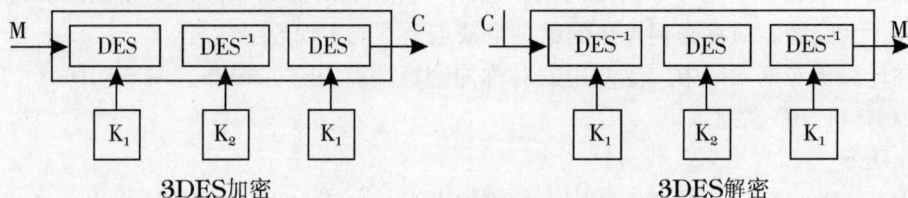

图 3-3 3DES 算法示意图

3DES 算法克服了 DES 算法中一些显著的弱点, 如密钥长度短、加密过程轮数少等。但是 3DES 花费的加密时间是 DES 的 3 倍, 相应的对处理器和存储空间的要求也更高。毕竟 3DES 只是一个兼容性解决方案和过渡方案。随着 AES 的推广, 3DES 也逐步完成了其历史使命。

3. 高级加密标准 AES

AES (Advanced Encryption Standard, 高级加密标准) 算法为比利时密码学家 Joan Daemen 和 Vincent Rijmen 所设计, 又称 Rijndael 加密法, 由美国国家标准与技术研究院 (NIST) 于 2002 年定为美国国家标准。AES 用来替代原先的 DES, 已经被多方分析且广为全世界所使用, 目前已然成为对称密钥加密中最流行的算法之一。

AES 的数据块长度固定为 128 位, 密钥长度则可以是 128 位、192 位或 256 位。AES 加密过程是在一个 4B×4B 的矩阵上运作的, 因此, 在 32 位平台上通常只需要 4KB 的内存空间就可以实现 AES。而 AES 算法实际上仍保留了较大的改进空间, 可以实现更长的数据块长度和更长的密钥长度。

由于 AES 的分组长度和密钥长度长, AES 的安全性相当好。目前为止已知的有效攻击是采用旁路攻击的方式, 即不直接攻击加密系统, 而攻击运行于不安全系统上的加密系统, 通过同时获取明文和密文进行对照的方式获取密钥。

4. 国际数据加密算法 IDEA

IDEA (International Data Encryption Algorithm) 算法在 1992 年设计, 使用 64 位分组和 128 位的密钥。IDEA 的设计原则是来自不同代数群的混合运算, 其算法由 8 轮迭代和随后的一个输出变换组成。它将 64 位的数据分成 4 个子块，每个 16 位，令 4 个子块作为迭代第一轮的输出，全部共 8 轮迭代。每轮迭代都是 4 个子块彼此间以及 16 位的子密钥进行异或，模 216 加运算，模 216 + 1 乘运算。除最后一轮外，把每轮迭代输出的 4 个子块的第 2 和第 3 子块互换。

IDEA 唯一的弱点存在于实际使用中采用弱密钥（如全为 0 的密钥）。不过 IDEA 算法目前仍受到主要欧洲国家及美国、日本的专利保护，也进一步限制了它的应用范围。软件实现的 IDEA 算法比 DES 算法快两倍，其安全性更高，速度更快。

任务 5　掌握非对称加密算法

非对称密钥加密算法（Asymmetric Cryptography Algorithms）是由 Diffie 与 Hellman 两位学者所提出的，以单向函数与单向暗门函数为实现基础的一类加密算法。与对称加密算法相比，其最大的特点在于使用两个不同的密钥：加密密钥和解密密钥。前者公开，允许发布到任意地方，又称公开密钥或简称公钥。后者保密，又称私有密钥或简称私钥。这两个密钥是数学相关的，通常成对生成，但两者不能互相推导，其安全性非常高。

公钥加密的另一用途是进行身份验证：使用私钥加密的信息，可以用此人发布的公钥进行解密，接收者由此可知这条信息确实来自私钥拥有者，从而验证对方身份。

与对称加密相比，非对称加密的优点在于无须共享的通用密钥，解密的私钥通常不会发往任何地方或任何用户。即使公钥在网上被截获，如果没有与其匹配的私钥，也无法解密，所截获的公钥是没有任何用处的。

非对称加密算法相比于对称加密算法的不足在于，非对称加密算法的计算比较复杂，导致计算速度很慢。通常 DES 的运算速度差不多是 RSA 的 100 倍，而且对于处理器的计算能力有相当高的要求，难以在嵌入式系统或旧系统中实现。

非对称加密算法主要有以下几种：Diffiel – Hellman 算法、RSA 算法、EIGamal 算法和 ECC（椭圆曲线加密算法）。

1. Diffie – Hellman 算法

Diffie – Hellman 算法实际上是一个密钥交换协议而非单纯的非对称加密算法。

Whitfield Diffie 和 Martin Hellman 在 1976 年首次提出非对称加密的概念，并以大素数幂值的模运算这样的单向函数作为算法基础，首次实现了非对称加密以及电子密钥交换。Diffie – Hellman 算法解决了对称加密系统中密钥的发布问题，其安全性来源于很难计算出很大的离散对数，在现代密钥管理中提供其他算法的密钥管理，它非常重要的一个应用之一就是在 IPSec 中用于实现密钥的交换。

2. RSA 算法

RSA 算法于 1977 年由 R. Rivest、A. Shamir 和 L. Adleman 在麻省理工学院开发，RSA 就是他们三人姓氏开头字母拼在一起组成的。

RSA 算法是建立在素数理论（Euler 函数和欧几里得定理）基础上的算法，可靠性基于大素数的因数分解的困难性，只需采用足够大的整数，那么其因子分解越困难，密码就越难以破译，加密强度就越高。RSA 的安全性已经经过接近 20 年的分析，只有在数论数学领域出现巨大突破的情况下，人们找到一种较好的因数分解方法的时候，RSA 加密信息的可靠性才可能极度下降，但找到这样的算法的可能性非常小。RSA 是目前网络上进行保密通信和数字签名的最有效的安全算法之一。

RSA 的安全性依赖于大数分解。公开密钥和私有密钥都是两个大素数（一般为 100 位以上的十进制数）的函数。下面描述 RSA 算法密钥对是如何产生的。

（1）随机地选取两个不同的大素数 p 和 q，计算 $n = p \cdot q$，作为 A 的公开模数；

（2）计算 $\Phi(n) = (p-1) \cdot (q-1)$；

（3）随机地选取一个与 $\Phi(n)$ 互素的整数 e，要求 $1 < e < \Phi(n)$；

（4）利用 Euler 算法，计算满足同余方程 $d \cdot e \equiv 1 \bmod \Phi(n)$ 的解 d；

（5）于是，数 (n,e) 是加密密钥，(n,d) 是解密密钥。两个素数 p 和 q 不再需要，应该丢弃，不要让任何人知道。

加密信息 m 时，首先把 m 分成等长数据块 m_1，m_2，…，m_i，块长 s，其中 $2^s \leq n$，s 尽可能大。对应的密文 $C_i = m_i^e \bmod n$；解密时，$m_i = C_i^d \bmod n$。

为了说明该工作过程，下面给出一个简单的例子，显然这里只能取很小的数字，为保证安全，实际应用中所用的数字应该要大得多。

例 3 - 4　对明文 "HI" 进行加密。

（1）求密钥。

① 选取 $p = 3$，$q = 11$，则 $n = 33$，$\Phi(n) = (p-1)(q-1) = 20$；

② 取 $e = 13$［大于 p 和 q 的数，且小于 $\Phi(n)$，并与 $\Phi(n)$ 互素，即最大公约数是 1］，得到公钥（33, 13）；

③ 通过 $d \cdot 13 \equiv 1 \bmod 20$，计算出 $d = 17$［大于 p 和 q 的数，并与 $\Phi(n)$ 互素］，得到私钥（33, 17）。

（2）加密。

设明文编码为：空格 $= 00$，A $= 01$，B $= 02$，…，Z $= 26$

则明文 HI $= 0809$

$C_1 = m_1^e \bmod n = (08)^{13} \bmod 33 = 17$

$C_2 = m_2^e \bmod n = (09)^{13} \bmod 33 = 14$

$Q = 17$，$N = 14$，所以，密文为 QN。

（3）恢复明文。

$m_1 = C_1^d \bmod n = (17)^{17} \bmod 33 = 08$

$m_2 = C_2^d \bmod n = (14)^{17} \bmod 33 = 09$

得到的明文为 HI。

任务 6　了解数字信封与数字签名

公钥密码体制在实际应用中包含数字信封和数字签名两种方式。

1. 数字信封

数字信封（Digital Envelop）的功能类似于普通信封。普通信封在法律的约束下保证只有收信人才能阅读信的内容，数字信封则采用密码技术保证了只有规定的接收人才能阅读信息的内容。

在数字信封中，信息发送方采用对称密钥来加密信息内容，然后将此对称密钥用接收方的公开密钥来加密（这部分称数字信封）之后，将它和加密后的信息一起发送给接收方；接收方先用相应的私有密钥打开数字信封，得到对称密钥，然后使用对称密钥解开加密信息。

数字信封主要包括数字信封打包和数字信封拆解。数字信封打包是使用对方的公钥将加密密钥进行加密的过程，只有对方的私钥才能将加密后的数据（通信密钥）还原；数字信封拆解是使用私钥将加密过的数据解密的过程。

在一些重要的电子商务交易中密钥必须经常更换，为了解决每次更换密钥的问题，结合对称加密技术和公开密钥技术的优点，数字信封克服了秘密密钥加密中秘密密钥分发困难和公开密钥加密中加密时间长的问题，使用两个层次的加密来获得公开密钥技术的灵活性和秘密密钥技术高效性，保证了数据传输的真实性、完整性和不可抵赖性。信息发送方使用密码对信息进行加密，从而保证只有规定的收信人才能阅读信的内容。采用数字信封技术后，即使加密文件被他人非法截获，因为截获者无法得到发送方的通信密钥，故不可能对文件进行解密。

2. 数字签名

数字签名（Digital Signature）又称公钥数字签名、电子签章，是一种类似写在纸上的普通的物理签名，其使用了公钥加密领域的技术实现，用于鉴别数字信息，证明消息发布者的身份。一套数字签名通常定义两种互补的运算，一个用于签名，另一个用于验证。

数字签名能解决手写签名中的签字人否认签字或其他人伪造签字等问题，因此被广泛用于银行的信用卡系统、电子商务系统、电子邮件以及其他需要验证、核对信息真伪的系统中。

（1）HASH 函数。

HASH（哈希或散列）函数是一种将任意长度的消息压缩到某一固定长度的消息摘要的函数。HASH 主要用于信息安全领域中的加密算法，提供了这样一种计算过程：输入一个长度不固定的字符串，返回一串定长的字符串，又称 HASH 值。也可以说，HASH 就是找到一种数据内容和数据存放地址之间的映射关系。单向 HASH 函数用于产生信息摘要。

信息摘要简要地描述了一份较长的信息或文件，它可以被看作一份长文件的"数字指纹"。信息摘要用于创建数字签名，对于特定的文件而言，信息摘要是唯一的。信息摘要可以被公开，它不会透露相应文件的任何内容。目前较安全的算法是 SHA256。

（2）签名过程。

报文的发送方用一个 HASH 函数从报文文本中生成报文摘要（散列值）。发送方用自己的私人密钥对这个散列值进行加密。然后，这个加密后的散列值将作为报文的附件和报文一起发送给报文的接收方。报文的接收方首先用与发送方一样的 HASH 函数从接收到的原始报文中计算出报文摘要，接着再用发送方的公用密钥来对报文附加的数字签名进行解密。如果两个散列值相同，那么接收方就能确认该数字签名是发送方的。通过数字签名能够实现对原始报文的鉴别，这样就保证了消息来源的真实性和数据传输的完整性。

（3）数字签名提供的安全机制。

数字签名保证了信息传输的完整性、发送者的身份认证、防止交易中的抵赖发生，主要体现在如下三个方面。

① 完整性：这点由单向函数的不可逆的特性保证。如果信息在传输过程中遭到篡改或破坏，接收方 B 根据接收到的报文还原出来的消息摘要不同于用公钥解密得出的摘要，这样很好地保证了数据传输的安全性。

② 认证：由于公钥与私钥是一一对应的。因此 B 用发送方 A 的公钥解密出来的摘要，其值与重新计算出的摘要一致，则该消息一定是由发送方 A 发出。

③ 不可否认性：同样也是根据公钥与私钥一一对应的关系，由于只有 A 持有自己的私钥，其他人不能假冒，故 A 无法否认他发送过该消息。

3. 数据加解密及身份认证流程

现在 Alice 向 Bob 传送数字信息，为了保证信息传送的保密性、真实性、完整性和不可否认性，需要对要传送的信息进行数字加密和数字签名，其传送过程如下：

（1）Alice 准备好要传送的数字信息（明文）。

（2）Alice 对数字信息进行 HASH 运算，得到一个信息摘要。

（3）Alice 用自己的私钥（SK）对信息摘要进行加密得到 Alice 的数字签名，并将其附在数字信息上。

（4）Alice 随机产生一个加密密钥（DES 密钥），并用此密钥对要发送的信息进行加密，形成密文。

（5）Alice 用 Bob 的公钥（PK）对刚才随机产生的加密密钥进行加密，将加密后的 DES 密钥（数字信封）连同密文一起传送给 Bob。

（6）Bob 收到 Alice 传送过来的密文和加过密的 DES 密钥，先用自己的私钥（SK）对数字信封进行解密，得到 DES 对称密钥。

（7）Bob 用 DES 密钥对收到的密文进行解密，得到明文的数字信息，然后将 DES 密钥抛弃（即 DES 密钥作废）。

（8）Bob 用 Alice 的公钥（PK）对 Alice 的数字签名进行解密，得到信息摘要。

（9）Bob 用相同的 HSAH 算法对收到的明文再进行一次 HASH 运算，得到一个新的信息摘要。

（10）Bob 将收到的信息摘要和新产生的信息摘要进行比较，如果一致，说明收到的信息没有被篡改过，并且确认是 Alice 发送的。

其流程如图 3 - 4 所示。

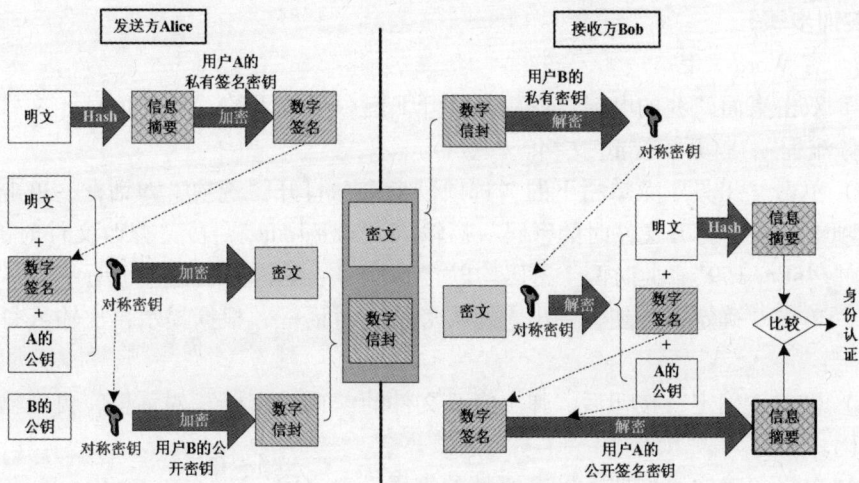

图 3-4　数据加解密及身份认证流程

任务 7　Windows 系统资源的安全管理

【实训目的】

了解并掌握 Windows 下文件访问权限、文件夹加密、常用文件类型加密等系统资源安全设置。

【预备知识】

(1) 掌握对称加密算法的原理；

(2) 了解 EFS（加密文件系统）的工作原理。EFS 加密是基于公钥策略的，对用户是透明的，也就是说，如果你加密了一些数据，那么你对这些数据的访问将是完全允许的，并不会受到任何限制。

【实训环境】

Windows XP 系统，Office 工具。

【实训说明】

针对系统中存储的重要文件资源，完成如下所要求的操作以达到信息加密的目的：

(1) 为 "F:\业务信息" 下的 Word 文档 "业务流程" 设置密码，其中打开密码为 "ywlc4edu"；修改密码为 "o4sEc*159"；

(2) 为 "F:\业务信息" 下的幻灯片 "业务方案" 设置密码，打开密码为 "ywfa4edu"，修改密码为 "o4sEc*159"；

(3) 利用 WinRAR 压缩 "F:\业务信息" 下的文件夹 "存档信息"，为压缩包设置密码 "o4sEc*159"，要求同时加密文件名，且压缩完毕后自动删除原文件夹；

(4) 利用 NTFS 文件系统属性，加密 "F:\业务信息" 文件夹，并将更改应用到其下的所有子文件夹及文件。

【实训步骤】

1. 加密 Word 文档

（1）双击桌面"我的电脑"图标，打开 F 盘根目录下的"业务信息"文件夹，双击"业务流程"，打开该 word 文档。

（2）单击"工具"菜单栏下的"选项"命令，打开"选项"对话框，单击"安全性"选项卡，在"打开文件时的密码"后输入"ywlc4edu"，在"修改文件时的密码"后输入"o4sEc*159"，此时两个密码均以"＊"号表示，如图 3 - 5 所示。

（3）单击"确定"按钮，弹出"确认密码"对话框，根据提示再次输入打开文件密码。

（4）单击"确定"按钮后，弹出修改文件的"确认密码"对话框，再次输入修改文件密码。

（5）单击"确定"按钮，word 文档的密码设置完成。

（6）单击"文件"菜单栏下的"保存"命令，然后关闭该文档。

2. 加密 PPT 文档

（1）打开"业务信息"文件夹中的 PPT 文档"业务方案"。

（2）按加密 word 文档的 4 个步骤设置该幻灯片的打开文件密码为"ywfa4edu"，修改文件密码为"o4sEc*159"，"确定"后再次确认输入密码，最后保存、关闭 PPT 文档。

3. 设置压缩选项，加密压缩文档

（1）在"业务信息"文件夹中，右键单击"存档信息"文件夹，在弹出的快捷菜单中单击"添加到压缩文件"命令，打开"压缩文件名和参数"对话框，如图 3 - 6 所示，在"常规"选项卡的"压缩选项"中勾选"压缩后删除源文件"。

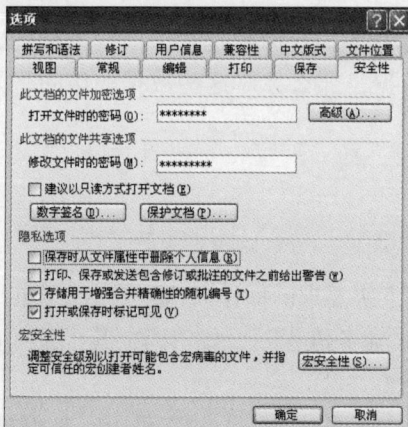

图 3 - 5　"安全性"选项卡中设置密码　　图 3 - 6　"压缩文件名和参数"对话框

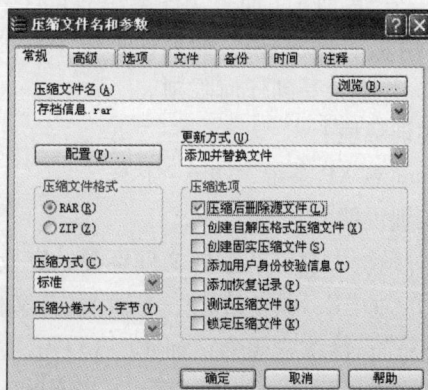

（2）单击"高级"选项卡，再单击"设置密码"按钮，弹出"带压缩密码"对话框，输入密码与密码确认为"o4sEc*159"，并单击"加密文件名"复选框。

（3）单击"确定"按钮，完成设置密码。

（4）单击"确定"按钮，将弹出"正在创建压缩文件"对话框。

4. 加密文件夹

（1）在"业务信息"文件夹的空白处单击右键，在弹出的快捷菜单中单击"属性"命令，打开"属性"对话框，单击"常规"选项卡中的"高级"按钮，在"高级"属性对话框中单击"加密内容以便保护数据"复选框。

（2）单击"确定"按钮，弹出"确认权限更改"对话框，默认选项为"将更改应用于该文件夹、子文件和文件"。

（3）单击"确定"按钮，完成设置。

任务8　掌握 PGP 邮件的加密算法

【实训目的】

（1）通过 PGP 软件的使用来实现和体验 PGP 对邮件、文件等的加密和传输；

（2）掌握 PGP 的主要功能。

【预备知识】

PGP（Pretty Good Privacy，更好的保护隐私）是一种在信息安全传输领域首选的加密软件，采用了非对称的"公钥"和"私钥"加密体系。由于美国对信息加密产品有严格的法律约束，因此限制了 PGP 的一些发展和普及，现在该软件的主要使用对象为情报机构、政府机构、信息安全工作者（例如较有水平的安全专家和有一定资历的黑客）。PGP 最初的设计主要是用于邮件加密，如今已经发展到了可以加密整个硬盘、分区、文件、文件夹、集成邮件等，甚至可以对 ICQ 的聊天信息实时加密。

1. PGP 的加密解密原理

PGP 是基于 RSA 公钥加密体系的，RSA 算法是一种基于大数不可能质因数分解假设的公钥体系。简单地说就是找两个很大的质数，一个公开即公钥，另一个不告诉任何人，即私钥。这两个密钥是互补的，就是说用公钥加密的密文可以用私钥解密，反过来也一样。

假设甲要寄信给乙，他们互相知道对方的公钥。甲用乙的公钥加密邮件寄出，乙收到邮件后就可以用自己的私钥解密出甲的原文。由于没有人知道乙的私钥，所以即使是甲本人也无法解密那封信，这就解决了信件保密的问题。另一方面，由于每个人都知道乙的公钥，他们都可以给乙发信，那么乙就无法确信是不是甲的来信。这时候就需要用数字签名来认证。

PGP 采用 MD5 单项散列算法，产生一个 128 位的二进制数作为"报文摘要"。甲用自己的私钥将 128 位的特征值加密，附加在邮件后，再用乙的公钥将整个邮件加密。当乙收到这份密文后，乙用自己的私钥将邮件解密，得到甲的原文和签名，乙的 PGP 也从原文计算出一个 128 位的特征值来和用甲的公钥解密签名所得到的数比较，如果符合就说明这份邮件确实是甲寄来的。这样两个安全性要求都得到了满足。

PGP 还可以只签名而不加密整个邮件，这适用于公开发表声明时，声明人为了证实自己的身份，可以用自己的私钥签名，收件人就能确认发信人的身份，也可以防止发信人抵赖自己的声明。这一点在商业领域有很大的应用前途，它可以防止发信人抵赖和信件被中途篡改。

2. PGP 的密钥管理机制

PGP 中的每个公钥和私钥都伴随着一个密钥证书。它一般包含以下内容：

（1）密钥内容：用长达百位的大数字表示的密钥；

（2）密钥类型：表示该密钥为公钥还是私钥；

（3）密钥长度：密钥的长度以二进制位表示；

（4）密钥编号：用以唯一标识该密钥；

（5）创建时间；

（6）用户标识：密钥创建人的信息，如姓名、电子邮件等；

（7）密钥指纹：为 128 位的数字，是密钥内容的提要，表示密钥唯一的特征；

（8）中介人签名：中介人的数字签名，声明该密钥及其所有者的真实性，包括中介人的密钥编号和标识信息。

PGP 把公钥和私钥存放在密钥环（Keyring）文件中，PGP 提供有效的算法查找用户需要的密钥。PGP 在多处需要用到口令，口令主要起到保护私钥的作用。由于私钥太长且无规律，所以难以记忆。PGP 把它用口令加密后存入密钥环，这样用户可以用易记的口令间接使用私钥。PGP 的每个私钥都有一个相应的口令加密。PGP 主要在 3 处需要用户输入口令：

（1）需要解开受到加密的信息时，PGP 需要用户输入口令，取出私钥解密信息。

（2）当用户需要为文件或信息签字时，用户输入口令，取出私钥加密。

（3）对磁盘上的文件进行传统加密时，需要用户输入口令。

密钥管理是 PGP 的关键，涉及密钥的产生、密钥环、密钥的注销，可导入、导出密钥等。

（1）密钥。

PGP 系统使用了四种类型的密钥：一次性会话对称密钥、公钥、私钥和基于口令短语的对称密钥。产生这些密钥可以确定三种单独的需求：需要一种方法来产生不可预测的会话密钥；允许用户拥有多个公钥/私钥对；每个 PGP 实体必须维护一份由自己的公钥/私钥对组成的文件，以及由相应的通信者的公钥组成的文件。

（2）密钥环。

密钥环就是 PGP 系统中每个用户所在节点要维护两个文件：私密密钥环（私钥环）和公开密钥环（公钥环）。

私钥环用作存储该节点用户自己的公钥/私钥对，其中部分字段的作用是：

UserID：通常是用户的邮件地址，也可以是一个名字，或者重用一个名字多次。

Private Key：用户自己的私密密钥，系统用 RSA 生成一个用于加密的新的公钥/私钥对中的私钥。

Public Key：用户自己的公开密钥，系统用 RSA 生成一个新的公钥/私钥对中的公钥。

KeyID：密钥标识符，定义这个实体公开密钥的低 64 位（KUa mod 264）。KeyID 同样需要 PGP 数字签名。

公钥环用作存储本节点知道的其他用户的一些经常通信对象的公钥。其中，UserID 是公钥的拥有者的邮件地址或名字，多个 UserID 可以对应一个公钥。公钥环可以用 UserID 或 KeyID 索引。

（3）会话密钥的产生。

作为明文输入的两个 64 位数据块，是从一个 128 位的随机数流中导出的。这些数基于用户的键盘输入。键盘输入时间和内容用来产生随机流。因此，如果用户以通常的步调敲击任意键，将会产生合理的随机性。

（4）消息加密。

使用 IDEA（或 CAST-128 或 3DES）加密，其过程如下：当系统用 RSA 生成一个新的公钥/私钥对时，要求用户输入口令短语。对该短语使用 MD5 生成一个 128 位的散列码后，销毁该短语。系统用其中 128 位作为密钥，用 IDEA 加密私钥，然后销毁这个散列码，并将加密后的私钥存储到私钥环中。当用户要访问私钥环中的私钥时，必须提供口令短语。PGP 将检索出加密的私钥，生成散列码，并解密私钥。用户选择一个口令短语用于加密私钥。

（5）发送消息的格式。

一个 PGP 报文包含三部分成员：密钥、签字和报文部分。

可实现剪贴板信息和当前窗口信息的加密、认证、加密并认证、解密等操作。可对文件进行加解密与安全删除操作。

PGP 加密磁盘。可在物理硬盘中划出一块区域，由 PGP 作为一个虚拟磁盘管理。使用时打开，使用完毕加密关闭。

3. PGP 应用系统组件

PGP 常用的版本是 PGP Desktop Professional（PGP 专业桌面版），它有邮件加密与身份确认、公钥和私钥加密、硬盘及移动盘全盘密码保护、网络共享资料加密、PGP 自解压文档创建、资料安全擦除等众多功能。

Internet 上有很多不同版本的 PGP 软件，本章以 PGP8.0 为例，介绍一下 PGP 的主要功能和使用方法。PGP8.0 是基于 Windows 平台的，包括三个主要的组件：

（1）PGPkeys：创建个人密钥对（公钥和私钥），获得和管理他人的公钥。

（2）PGPmail：加密发送给他人的邮件，解密他人发给自己的邮件。

（3）PGPdisk：可以加密硬盘的一部分，即使硬盘被偷走了，文件也丢不了。

PGP 系统的使用方法：

（1）在计算机上安装 PGP。安装 PGP 的具体方法详见实训步骤 1。

（2）创建密钥对。

（3）与别人交换公钥。

（4）验证从密钥服务器获得的他人的公钥。从密钥服务器获得他人的公钥后，需要对它的有效性进行验证，以保证它确实属于其拥有者，没有被人调换。

（5）开始使用 PGP 保证邮件和文件的安全。产生了密钥对并完成了公钥的交换，就可以用它进行邮件和文件的加密、签名、解密和验证了。

【实训环境】

一台带有浏览器、能够访问 Internet 的计算机，以及 PGP 软件。

【实训说明】

安装并按照如下要求配置和使用加密软件 PGP：

（1）以新用户的身份根据向导安装 PGP 软件，安装过程中选中 PGPdisk Volume Security 和 PGPmail for Microsoft Outlook Express 组件；

（2）按照密钥生成向导设置密钥密码（任意），以生成自己的密钥；

（3）从开始菜单中打开 PGPkeys，将本机的公钥通过邮件方式发送给自己信任的人；

（4）从 Outlook 中打开 o4sec500@ o4sec. com 发送的邮件，将此邮件附件中的公钥导入 PGPkeys；

（5）处理所导入的公钥，使此公钥可用、可信任；

（6）向导入的公钥的邮件地址发送一封加密邮件。

【实训步骤】

1. 安装 PGP 软件

（1）双击桌面"PGPSetup. exe"安装程序，屏幕显示安装界面。

（2）稍后弹出"PGP 安装向导"对话框，建议关闭当前的其他 Windows 应用程序，单击"Next"按钮。

（3）安装程序显示授权协议和 Read Me 文件，单击"Yes"按钮，表示接受协议，并单击"Next"按钮继续。

（4）安装程序进一步提示选择 User Type（用户类型），如果以前曾使用过 PGP，可导出已有的密钥，即单击"Yes, I already have keyrings"（是的，我已经有了密钥）单选按钮，导入密钥，开始使用；本实训要求以新用户身份使用 PGP，需要申请密钥。因此，单击"No, I'm a New User"（不，我是个新用户）单选按钮。

（5）单击"Next"按钮，选择 PGP 软件的安装位置，此处为默认设置。

（6）单击"Next"按钮，安装程序询问安装哪些软件的支持组件，分别单击 PGP-disk、Outlook、Outlook Express 复选框，如图 3 - 7 所示。

（7）单击"Next"按钮，确认安装信息后，再单击"Next"按钮，将提示需要重新启动计算机。

（8）单击"Finish"按钮。

2. 生成密钥对

（1）第一次安装 PGP 软件时，机器重新启动后，出现"PGP 软件注册"对话框，提示输入软件授权信息，如图 3 - 8 所示，手动输入购买 PGP 时的授权信息。

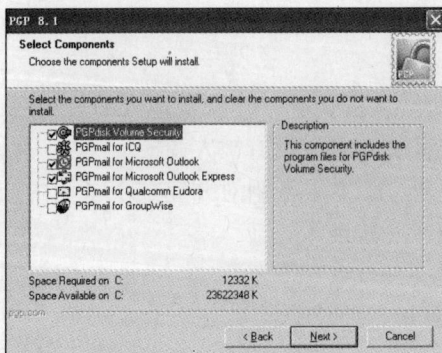

图 3 - 7　组件选择

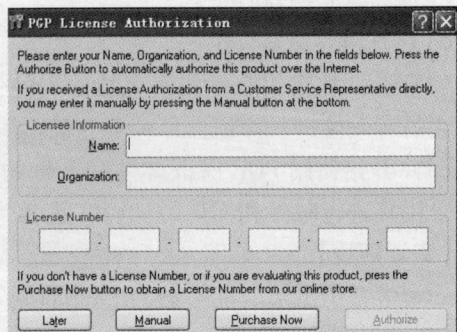

图 3 - 8　软件注册

（2）单击"Manual"按钮，再单击"Authorize"按钮，出现"PGP Key Generation

Wizard"（密钥生成向导）对话框，如图 3-9 所示。

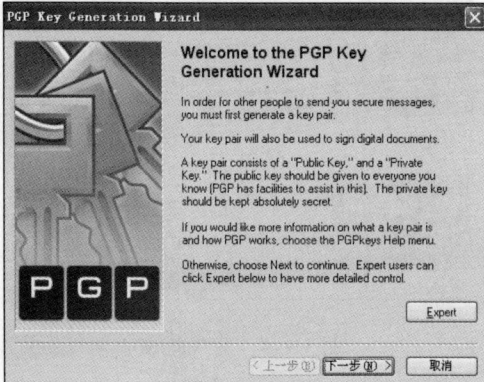

图 3-9 "密钥生成向导"对话框

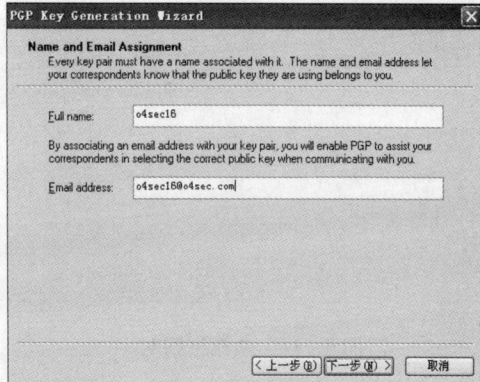

图 3-10 输入名称和邮件地址

（3）单击"下一步"按钮，在打开的对话框中输入名称"o4sec16"和邮件地址"o4sec16@ o4sec. com"作为密钥的证明，如图 3-10 所示。

（4）单击"下一步"按钮，出现如图 3-11 所示的对话框，在 Passphrase 后的空白处输入生成密钥所需的密码"o4sec＊159"，并在 Confirmation 后确认该密码，输入的密码在对话框中是隐藏的，如果要查看当前密码，可以单击取消"Hide Typing"复选框，如图 3-12 所示，此时可以看到输入的密码。

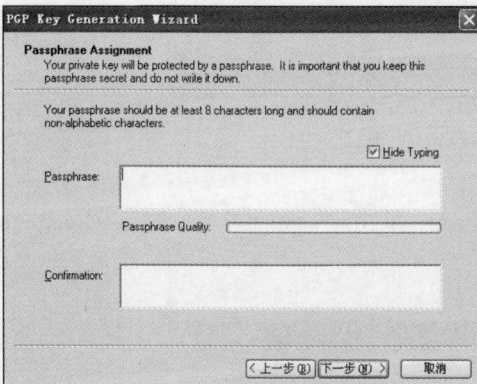

图 3-11 "设置口令"对话框

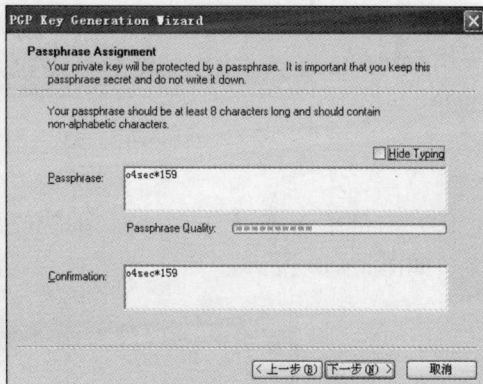

图 3-12 取消隐藏密码显示

（5）单击"下一步"按钮，生成公钥和私钥对，如图 3-13 所示。

（6）单击"下一步"按钮，提示完成向导，如图 3-14 所示，单击"完成"按钮。

学习单元三 数据加密技术

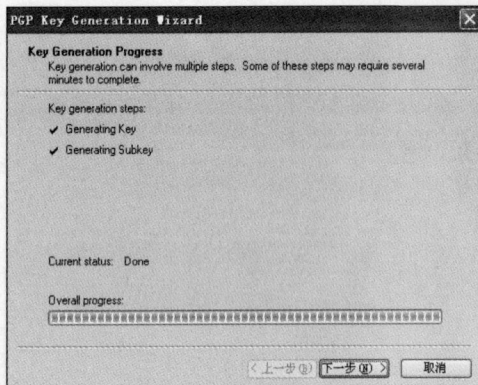

图 3 – 13　生成密钥对

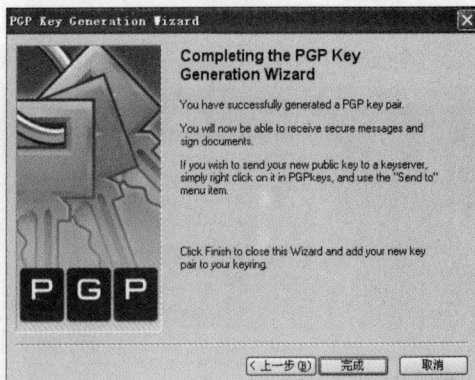

图 3 – 14　完成向导

3. 将本机的公钥通过电子邮件发送给受信任的人

（1）从开始→程序→PGP，选择 PGPkeys，打开"PGPKeys"窗口，看到刚申请的密钥信息，也可以将其左边的"+"展开，如图 3 – 15 所示。

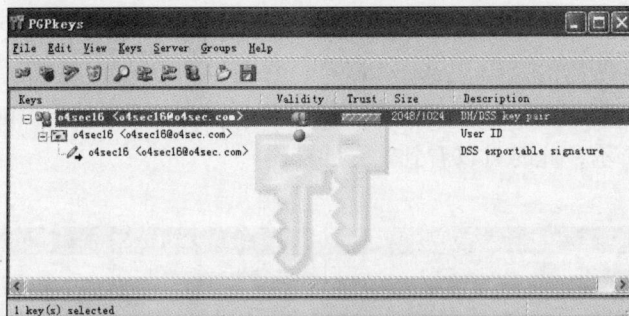

图 3 – 15　"PGPKeys"窗口

（2）右键单击该密钥，在弹出的快捷菜单中单击"send to"→"Mail Recipient"命令，如图 3 – 16 所示。

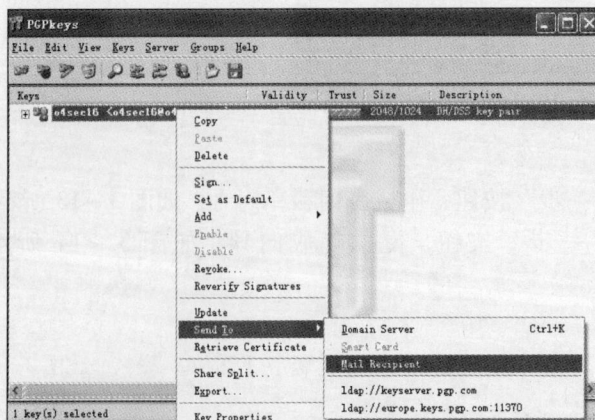

图 3 – 16　发送公钥

（3）在弹出的邮件窗口中可以看到附件"o4sec16.asc"为公钥，在收件人后输入 o4sec500@o4sec.com，如图 3-17 所示，然后单击"发送"按钮。

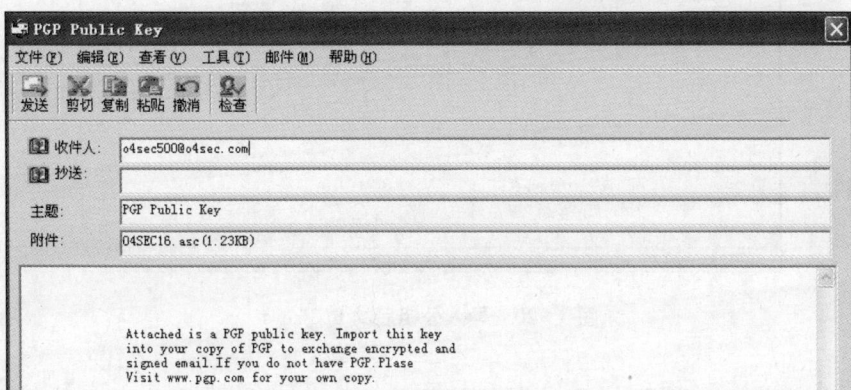

图 3-17　输入收件人地址

发送公钥的作用是接收方可以用该公钥对信息进行加密，当某个信息被加密后，如果想查看此信息，就必须提供与此公钥对应的私钥。

4. 将邮件附件中的公钥导入 PGPkeys

（1）从开始→程序→Outlook（或者双击桌面的"Outlook"图标），打开"Outlook"窗口，单击收件箱（或单击"发送/接收"按钮），然后双击 o4sec500@o4sec.com 发送的邮件，双击邮件附件（或右键单击邮件的附件，在弹出的快捷菜单中单击"打开"命令），弹出"打开附件警告"对话框，如图 3-18 所示。

（2）默认状态下，单击"确定"按钮，出现导入公钥对话框，如图 3-19 所示，单击"Import"按钮，将对方的公钥导入到自己的 PGP 管理器。

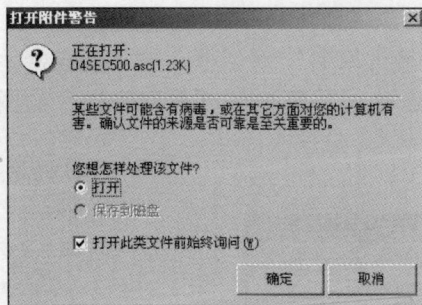

图 3-18　保存附件

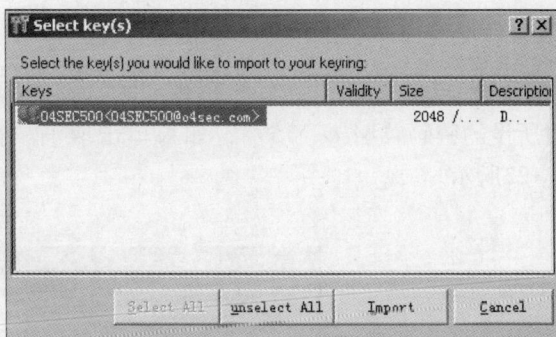

图 3-19　导入公钥

5. 在 PGP 管理器中，密钥 o4sec500@o4sec.com 对应的 Validity 与 Trusted 都显示的灰白色，表示刚导入的公钥是"不可用"与"不可信"的，如图 3-20 所示。下面步骤是处理接收到的公钥，使此公钥可用、可信任

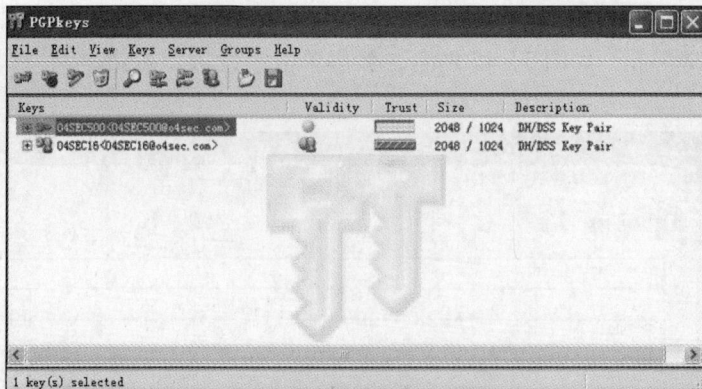

图 3 – 20　导入公钥后的 PGPkeys

（1）右键单击该公钥，在弹出的快捷菜单中单击"sign"命令，打开"PGP Sign Key"对话框，如图 3 – 21 所示。

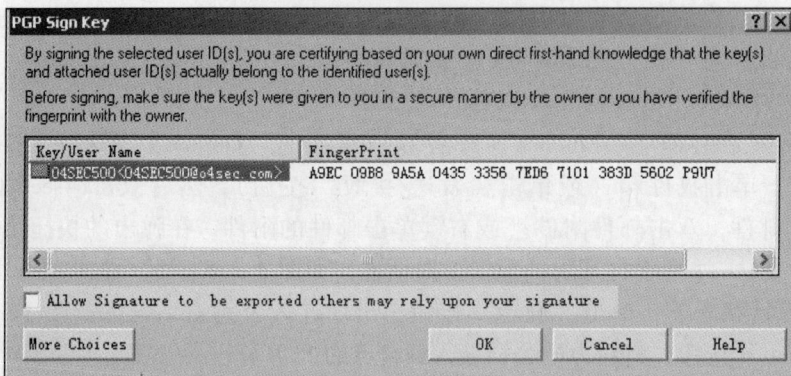

图 3 – 21　确认签名

（2）单击"OK"按钮，出现"为选择的密钥输入密码"对话框，输入生成密钥时所设的密码"o4sec＊159"，如果单击取消"隐藏键入"复选框可看到密码，如图 3 – 22 所示。

图 3 – 22　"为选择的密钥输入密码"对话框

（3）单击"确定"按钮，完成签名过程，经过签名的密钥才有可用性，此时在 PGPKeys 中可以看到 Validity 下方对应的圆球显示绿色，即为可用。

（4）右键单击该公钥，在弹出的快捷菜单中单击"Key Properties"命令，在打开的"属性"对话框中将 Untrusted 拖动到 Trusted。

（5）单击"关闭"按钮，回到"PGPKeys"管理器窗口，如图 3 - 23 所示，此时在 PGPKeys 中可以看到 Trusted 下方对应的长方块显示为灰色，表示可信任。

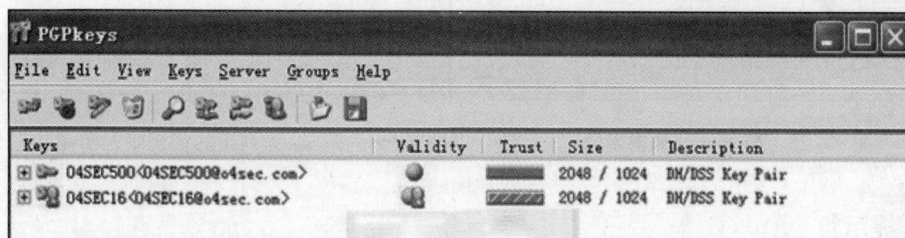

图 3 - 23　公钥可信任

6. 向导入的公钥的邮件地址发送一封加密邮件

（1）打开"Outlook"，单击"新邮件"按钮，打开新建邮件窗口，在收件人后输入刚才导入的密钥的邮件地址，即 o4sec500@ o4sec.com；然后输入邮件主题为"加密测试"，邮件信息为"测试一下！"

（2）单击"Encrypt Message"按钮，对邮件进行加密，如图 3 - 24 所示，单击"发送"按钮发送该新邮件。

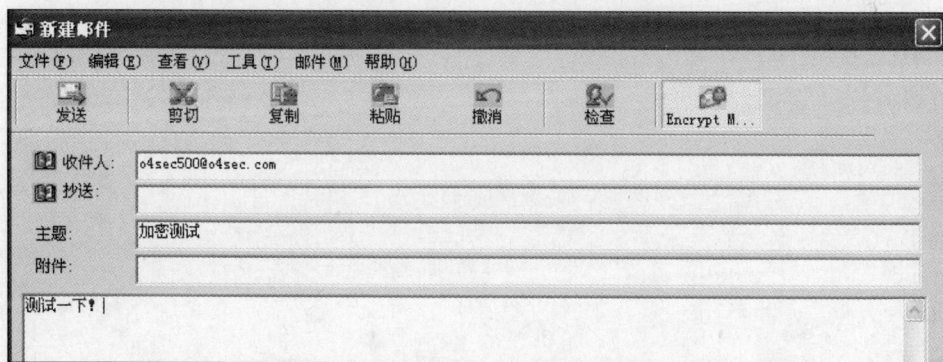

图 3 - 24　输入收件人地址并设置加密

（3）邮件发送出去的瞬间，可以看到邮件内容已经被加密，如图 3 - 25 所示。

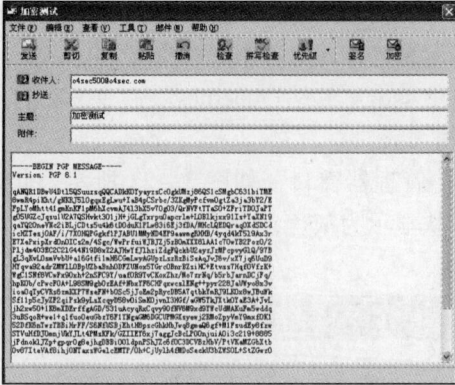

图 3-25　新邮件被加密发送

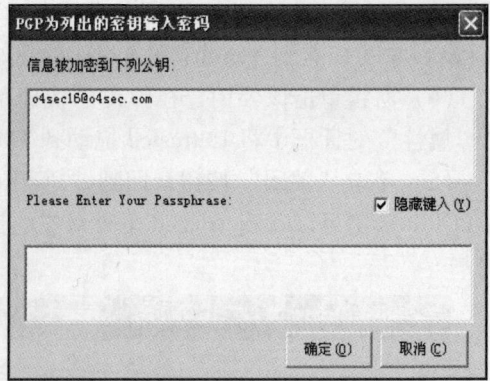

图 3-26　"PGP 为列出的密钥输入密码"对话框

【提示】

（1）如果输入的邮件地址不是密钥中的地址，比如输入 holand8@163. com，然后加密发送内容相同的邮件，将弹出"PGP 密钥服务器进程"对话框，单击"取消"按钮。弹出"收件人选择"对话框，双击加密用的公钥，再单击"确定"按钮，邮件将被发送到 holand8@163. com。

（2）收件人收到 o4sec16 发送的邮件后，通过 Outlook 打开邮件，只能看到加密后的信息，单击工具按钮"Decrypt PGP Message"进行解密，弹出"PGP 为列出的密钥输入密码"对话框，如图 3-26 所示，输入自己的私钥，单击"确定"按钮，这时就可以看到加密前的邮件内容了。

公钥基础设施 PKI

◆

【导读】

在网络应用中，公钥基础设施 PKI 是非常重要的安全技术，它与计算机证书技术息息相关。利用它不仅可以对重要的文件和邮件传输进行加密与数字签名，防止非法用户打开和使用重要文件与邮件，还可以对网络访问用户的身份进行识别。

【内容结构图】

```
                    ┌─ PKI的基本知识
                    │
                    ├─ 认证中心CA的基础知识
                    │
                    ├─ 证书和密钥的管理
                    │                          ┌─ 虚拟专用网络（VPN）
                    │                          │
                    │                          ├─ 安全电子邮件
                    ├─ PKI的应用 ──────────────┤
                    │                          ├─ Web安全
                    │                          │
                    │                          ├─ 应用编程接口（API）
   公钥             │                          │
   基础             │                          └─ 电子商务的应用
   设施 ────────────┤
   PKI              │                          ┌─ 个人数字证书的申请
                    ├─ 个人数字证书的申请和使用 ─┤
                    │                          ├─ IE浏览器的证书设置
                    │                          │
                    │                          └─ 数字证书的导出和导入
                    │
                    │                          ┌─ 利用Web浏览器申请独立根证书
                    ├─ 通过CA申请证书 ──────────┤
                    │                          └─ 建立独立从属CA证书服务器
                    │                             并申请根CA的证书
                    │
                    └─ 利用证书对Outlook邮件签名
```

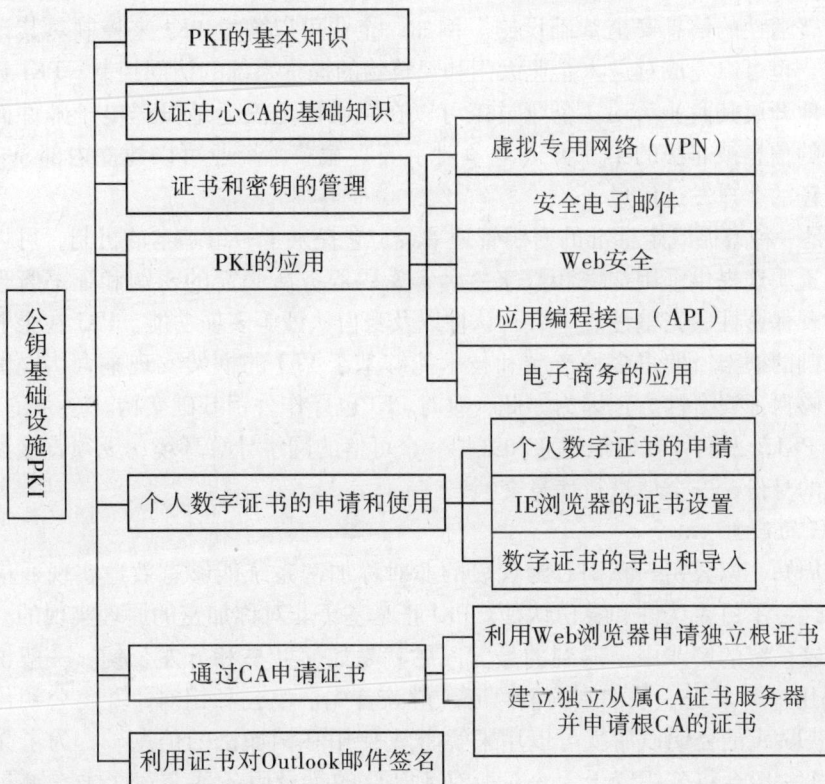

【知识与能力目标】

❈ 了解 PKI 的基本知识

❈ 掌握数字认证中心 CA 的概念

❈ 了解证书与密钥管理

❖ 了解 PKI 的应用
❖ 熟练掌握个人数字证书的申请和使用
❖ 能通过证书认证中心 CA 申请证书
❖ 能利用证书与 Outlook 签名邮件

任务 1　了解 PKI 的基本知识

PKI（Public Key Infrastructure，公钥基础设施）是利用公钥理论和技术建立的提供安全服务的基础设施，通过使用公开密钥技术和数字证书来确保系统信息安全并负责验证数字证书持有者身份的一种体系。PKI 技术是信息安全技术的核心，也是电子商务的关键和基础技术。

1. 基本概念

PKI 是在公钥密码理论和技术基础上建立起来的一种综合安全平台，通过第三方可信任机构——认证中心（Certificate Authority，CA），把用户的公钥和用户的其他标识信息，如姓名、E-mail、身份证号等绑定在一起，为网络用户、设备提供信息安全服务，具有普适性的信息安全基础设施。例如，企业可以建立 PKI 来控制对其计算机网络的访问，也可以完成对进入企业大门和建筑物的提货系统的访问控制。PKI 让个人或企业安全地开展其商业活动。企业员工可以在互联网上安全地发送电子邮件而不必担心其发送的信息被非法的第三方（竞争对手等）截获。企业可以建立内部 Web 站点，只对其信任的客户发送信息。

PKI 是一种遵循既定标准的密钥管理平台，它提供了一组基本的机制，可以为各种网络应用透明地提供采用加密和数字签名等密码服务所必需的密钥和证书管理，能够完整地实现保密性、完整性、不可否认性以及身份认证等多项功能。PKI 在企业中相当于一个基础的框架，使得多种产品和技术能够基于 PKI 的框架实现整合，提供不同的服务并能够保证安全性。正因为如此，有时 PKI 也译作公钥基础架构。

利用 PKI，人们可方便地建立和维护一个可信的网络计算环境，无须直接见面就能确认彼此的身份，安全地进行信息交换。

2. PKI 的产生

众所周知，以公钥—私钥对为代表的非对称加密系统能够有效地实现通信的保密性，完整性、不可否认性和身份认证。PKI 正是基于非对称加密的原理实现的。在使用非对称加密系统的实践中，遇到的最大问题就是如何共享和分发公钥。一般说来，用户 A 要向用户 B 发送一条加密的消息时，应该首先产生公私钥对，并将公钥传送给用户 B。B 获取 A 的公钥以后就可以用来解密 A 使用私钥加密的信息了。为了简化公钥的传送，A 一般会将公钥置于一个对所有人开放的目录服务器上。这样，如果 A 需要传送保密信息到多个人，只需要告诉这些人 A 的公钥存放的地址即可，这样可以节省建立多个点对点连接的资源。并且，目录服务器上任何合法的用户都可以获取 A 的公钥。但是，对于一个公共的服务器来说，可能遭受攻击，服务器上存储的某人的公钥可能被攻击者冒用或替换。如果通信的双方采用了假冒的公钥进行通信的加密，所传送的消息就可以被攻击者截取。

PKI 的产生就是为了验证公钥所有者的身份是否真实有效。两个相互不信任的人为了进行保密的通信，在 PKI 环境中，通信的一方需要申请一个数字证书。在此申请过程中，PKI 将会采用其他手段验证其身份。如果验证无误，那么 PKI 将创建一个数字证书，并由认证中心给出数字签名。当通信的另一方接收到数字证书，并根据数字签名判断出证书来自于他信任的认证机构，则他将确信收到的公钥确实来自需要进行通信的另一方。这种情况相当于第三方的认证机构为通信的双方提供身份认证的担保。因此也称为"第三方信任模型"。

3. PKI 的组成

PKI 是提供公钥加密和数字签名服务的系统或平台，目的是为了管理密钥和证书。一个机构通过采用 PKI 框架管理密钥和证书可以建立一个安全的网络环境。一个标准的 PKI 具备以下功能模块：

（1）认证中心（Certificate Authority，CA）。

CA 是 PKI 的核心执行机构，是 PKI 的主要组成部分，通常称它为认证中心。作为电子商务交易中受信任的第三方，CA 专门解决公钥体系中公钥的合法性问题，CA 中心为每个使用公开密钥的用户发放一个数字证书，数字证书的作用是证明证书中列出的用户名称与证书中列出的公开密钥相对应。CA 中心的数字签名使得攻击者不能伪造和篡改数字证书。

（2）注册中心（Registration Authority，RA）。

RA 是数字证书注册审批机构。RA 系统是 CA 的证书发放、管理的延伸。它负责证书申请者的信息录入、审核以及证书发放等工作；同时，对发放的证书完成相应的管理功能。发放的数字证书可以存放于智能卡、硬盘或闪存卡等介质中。RA 系统是整个 CA 中心得以正常运营不可缺少的一部分。

（3）证书库（Certificates Repository）。

证书生成后将统一存放在 CA 内部的一个固定位置，证书库是 CA 颁发证书和撤销证书的集中存放地，可供公众进行开放式查询。

证书库允许合法用户存取，但是用户无权修改证书库的内容。

（4）密钥备份及恢复。

密钥备份及恢复是密钥管理的主要内容，用户可能由于某些原因将解密数据的密钥丢失，从而使已被加密的密文无法解开。为避免这种情况的发生，PKI 提供了密钥备份与密钥恢复机制：当用户证书生成时，加密密钥即被 CA 备份存储；当需要恢复时，用户只需向 CA 提出申请，CA 就会为用户自动进行恢复。

（5）密钥和证书的更新。

一个证书的有效期是有限的，这种规定在理论上是基于当前非对称算法和密钥长度的可破译性分析。在实际应用中由于长期使用同一个密钥有被破译的危险，因此，为了保证安全，证书和密钥必须有一定的更换频度。为此，PKI 对已发的证书必须有一个更换措施，这个过程称为"密钥更新或证书更新"。

证书更新一般由 PKI 系统自动完成，不需要用户干预。即在用户使用证书的过程中，PKI 也会自动到目录服务器中检查证书的有效期，在有效期结束之前，PKI/CA 会自动启动更新程序，生成一个新证书来代替旧证书。

（6）证书历史档案。

由于密钥更新，每个用户都会拥有多个旧证书和至少一个当前新证书。这一系列旧证书和相应的私钥（签名私钥除外）组成了用户密钥和证书的历史档案。记录整个密钥历史是非常重要的。例如，某用户几年前用自己的公钥加密的数据或者其他人用自己的公钥加密的数据无法用现在的私钥解密，那么该用户就必须从他的密钥历史档案中，查找到几年前的私钥来解密数据。

（7）证书作废处理系统。

证书作废处理系统是 PKI 的一个必备组件。与日常生活中的各种身份证件一样，证书在有效期内也可能需要作废，终止使用，原因可能是密钥介质丢失或用户身份变更等，这将通过证书作废列表（CRL）来完成。

4. PKI 的作用

PKI 的作用因不同的应用环境有不同的体现。在广义的互联网应用方面，通过PKI，交易双方（可能是在线银行与其客户或者是雇主与其雇员）共同信任签发其数字证书的认证中心（CA）进行安全可信的商务交易。PKI 的作用综合起来主要有三方面。

（1）增加安全性。

可以通过 PKI 的智能卡等安全技术获得强大的身份验证，也可以通过使用 Internet 协议安全性来维护在公用网络上传输的数据的保密性和完整性，并使用 EFS（加密文件系统）维护已存储数据的保密性。

（2）简化管理。

利用 PKI 技术，单位可以颁发证书并将证书与其他技术一起使用，这样，就没有必要使用密码了。必要时可以吊销证书并发布证书吊销列表，可以使用证书来跨企业地建立信任关系，也可以利用"证书服务"与 Active Directory 目录服务和策略的集成，还可以将证书映射到用户账户。

（3）其他安全需要。

通过 PKI，可以在 Internet 这样的公用网络上安全地交换文件和数据。您可以通过使用安全/多用途 Internet 邮件扩展（S/MIME）实现安全的电子邮件传输，使用安全套接字层（SSL）或传输层安全性（TLS）实现安全的 Web 连接，还可以对无线网络实现安全增强功能。

任务 2　掌握认证中心 CA 的概念

1. CA 的基本知识

为保证网上数字信息的传输安全，除了在通信传输中采用更强的加密算法等措施之外，还必须建立一种信任及信任验证机制，即参加电子商务的各方必须有一个可以被验证的标识，这就是数字证书。数字证书是各实体（持卡人/个人、商户/企业、网关/银行等）在网上进行信息交流及商务交易活动中的身份证明。该数字证书具有唯一性，它将实体的公开密钥同实体本身联系在一起。为实现这一目的，必须使数字证书符合 X. 509 国际标准，同时数字证书的来源必须是可靠的。这就意味着应有一个网上各方都信任的机构，专门负责数字证书的发放和管理，确保网上信息的安全，这个机构就是 CA 认证机构。各级 CA 认证机构的存在组成了整个电子商务的信任链。如果 CA 不安全或发放的数字证书不具有权威性、公正性和可信赖性，电子商务就根本无从谈起。

CA 是整个网上电子交易安全的关键环节。它主要负责产生、分配并管理所有参与网上交易的实体所需的身份认证数字证书。每一份数字证书都与上一级的数字签名证书相关联，最终通过安全链追溯到一个已知的并被广泛认为是安全、权威、足以信赖的机构——根认证中心（根 CA）。

电子交易的各方都必须拥有合法的身份，即由 CA 签发的数字证书，在交易的各个环节，交易的各方都需检验对方数字证书的有效性，从而解决了用户信任问题。CA 涉及电子交易中各交易方的身份信息、严格的加密技术和认证程序。基于其牢固的安全机制，CA 可扩大到为一切有安全要求的网上数据传输服务。

数字证书认证解决了网上交易和结算中的安全问题，其中包括建立电子商务各主体之间的信任关系，即建立安全认证体系（CA）；选择安全标准（如 SET、SSL）；采用高强度的加、解密技术。其中安全认证体系的建立是关键，它决定了网上交易和结算能否安全进行。因此，数字证书认证中心机构的建立对电子商务的开展具有非常重要的意义。

2. CA 的职责

CA 负责管理 PKI 结构下的所有用户（包括各种应用程序）的证书，把用户的公钥和用户的其他信息捆绑在一起，在网上验证用户的身份；CA 还要负责用户证书的黑名单登记和黑名单发布。

CA 的主要职责体现在：

（1）验证并标识证书申请者的身份。对证书申请者的身份信息、申请证书的目的等问题进行审查，确保与证书绑定的身份信息的正确性。

（2）确保 CA 签名密钥的安全性。CA 的签名密钥具有较高的质量，一般由硬件产生，在使用中保证私钥不出密钥卡。

（3）管理证书信息资料。管理证书序号和 CA 标识，确保证书主体标识的唯一性，防止证书主体名字的重复。在证书使用中首先要确定并检查证书的有效期，保证不使用过期或已作废的证书，确保网上交易的安全。发布和维护证书作废列表（CRL），因某种原因证书要作废，就必须将其作为"黑名单"发布在证书作废列表中，以供交易时在线查询，降低交易风险。对已签发证书使用的全过程进行监视跟踪，做全程日志记录，以备发生交易争端时，提供公证凭据，参与仲裁。

由此可见，CA 是保证电子商务、电子政务、网上银行和网上证券等交易的权威性、可信任性和公正性的第三方机构。

3. CA 的功能

概括地说，CA 的功能有：证书发放、证书更新、证书撤销和证书验证。CA 的核心功能就是发放和管理数字证书，具体描述如下：

（1）接收验证最终用户数字证书的申请；

（2）证书的审批：确定是否接受最终用户数字证书的申请；

（3）证书的发放：向申请者颁发或拒绝颁发数字证书；

（4）证书的更新：接收、处理最终用户的数字证书更新请求；

（5）接收最终用户数字证书的查询、撤销；

（6）产生和发布证书作废列表（CRL）；

（7）数字证书的归档；

（8）密钥归档；

（9）历史数据归档。

CA 为了实现其功能，主要由以下三部分组成：

（1）注册服务器。

通过 Web Server 建立的站点，注册服务器可以为客户提供每日 24 小时的服务。因此，客户可在自己方便的时候在网上提出证书申请和填写相应的证书申请表，免去了排队等候等烦恼。

（2）证书申请受理和审核机构。

该机构负责证书的申请和审核。它的主要功能是接受客户证书申请并进行审核。

（3）认证中心服务器。

认证中心服务器是数字证书生成、发放的运行实体，同时提供发放证书的管理、证书作废列表（CRL）的生成和处理等服务。

任务3　了解证书和密钥的管理

密钥管理也是 PKI（主要指 CA）中的一个核心问题，主要是指密钥对的安全管理，包括密钥的产生、密钥的备份和恢复等。

1. 密钥的产生

密钥的产生（Creation）是密钥生命周期的起点，也是证书申请过程中最重要的第一步。其中产生的私钥由用户保留，公钥和其他信息则交给 CA 中心进行签名，从而产生证书。根据证书类型和应用的不同，密钥对的产生也有不同的形式和方法。对普通证书和测试证书，一般由浏览器或固定的终端应用来产生，这样产生的密钥强度较小，不适合应用于比较重要的安全网络交易。而对于比较重要的证书，如商家证书和服务器证书等，密钥对一般由专用应用程序或 CA 中心直接产生，这样产生的密钥强度大，适合应用于重要的应用场合。

根据密钥的应用不同，可能会有不同的产生地方。比如签名密钥可能在客户端或 RA 中心产生，而加密密钥则需要在 CA 中心直接产生。

密钥的产生方式分为集中式产生和分布式产生。选择密钥产生的方式通常出现在大型网络中或多个用户需要生成密钥时。因为用户可能处于不同的地理位置，用户网络的接入手段也存在多种情况。而密钥的生成过程需要高密度的 CPU 运算。集中式产生和分布式产生各有优缺点，应该视情况加以选择。

2. 密钥的存储和分发

密钥的存储（Restoration）通常是集中存储，在一个 CA 系统中只能够有唯一的密钥存储位置，而密钥的分发（Distribution）随系统基本结构的不同而不同。在 Kerberos 系统中，密钥的分发使用的是密钥分发中心（Key Distribution Center，KDC），而 PKI 中使用的是密钥交换算法（Key Exchange Algorithm，KEA）。

对于 KDC 来说，密钥的存储和分发基于一个单一服务或服务器。使用 KDC 的优点在于密钥的分发是自动的，无须人工干预，因此可以有效提高分发效率。但是 KDC 存在的缺点就是遇到 KDC 服务的单点故障，一旦 KDC 服务停止，整个密钥分发体系就不能工作；而一旦 KDC 被攻击，那么整个系统的安全性就不能得到保障。

KEA 的传输方式与 KDC 稍有不同。KEA 依靠一个保密会话来传送密钥。而为了建立这样一个保密会话，KEA 还需要重新生成并传送一个一次性短密钥。一旦所需传送的密钥成功传送，该会话就将终结。使用 KEA 时严禁同时传输公钥和私钥对。

无论如何，密钥的存储和分发是整个安全体系中最容易受到攻击的一环，尤其是私钥和私钥所在的物理媒介。而大部分私钥泄密事件主要原因归结于操作失误或用户的疏忽。

3. 密钥的更新

每一个由 CA 颁发的证书都会有有效期，密钥对生命周期的长短由签发证书的 CA 中心来确定，各 CA 系统的证书有效期限有所不同，一般为 2~3 年。

密钥的更新（Renewal）指的是密钥在到达有效期限或用户的私钥被泄漏时，合法用户可以重新向 CA 申请生成一个新密钥并进行使用。但是要求密钥更新的行为通常会被视为一种攻击手段而被拒绝，密钥更新仅应该在某些极端场合使用，如不可抗力导致的火灾、洪水、地震等损坏了用户的公/私钥对，且用户在短时间内无法重新进行身份认证或进行密钥恢复。

4. 密钥的备份和恢复

密钥的备份（Backup）指的是将密钥安全地存储在证书库或专用的密钥库中的方式。密钥恢复（Recovery）指的是恢复丢失密钥用户的密钥的过程。

密钥一般用口令进行保护，而口令丢失则是管理员最常见的安全疏漏之一。所以，PKI 产品必须对密钥进行备份，即使口令丢失，它也能够让用户在一定条件下恢复该密钥，并设置新的口令。例如，在某些情况下用户可能有多对密钥，至少应该有两个密钥：一个用于加密，一个用于签名。签名密钥不需要存档，因为用于验证签名的公钥（或公钥证书）广泛发布，即使签名私钥丢失，任何用于相应公钥的人都可以对已签名的文档进行验证。但 PKI 系统必须备份用于加密的密钥对，并允许用户进行恢复，否则，用于解密的私钥丢失将意味着加密数据的完全不可恢复。

密钥的备份和恢复通常一起考虑，一般采用双重控制作为备份和恢复的安全控制机制，双重控制指的是执行某项任务必须至少有两个人同时在场。PKI 系统通常允许多个人参与密钥备份和恢复的过程，密钥的恢复过程必须进行有效的记录和审计。

5. 密钥的挂起

密钥的挂起（Suspension）指的是临时暂停密钥的使用。如企业的雇员请假，此时该雇员的密钥可以进行挂起。密钥的挂起可以保证密钥在员工离开期间不会被盗取。密钥如果不挂起，则可能发生多次失败的认证或其他一些不正常的活动，给系统管理人员带来较大的麻烦。密钥的挂起与密钥的撤销类似，区别在于密钥的挂起是暂时性的，而密钥的撤销是永久性的。

6. 密钥的托管

密钥托管（Escrow）是一个仍存在争议的问题。密钥的托管通常可能与密钥的挂起或密钥的恢复的概念相混淆。密钥托管指的是将密钥的拷贝交由一个 CA 和用户同时认为可信的第三方机构（一般情况下是可信度较高的政府机构）进行保存。

密钥的托管在某种程度上会涉及将机密信息交予第三方保管。因此，涉及密钥托管的第三方对信息的保密仍在讨论中。

7. 密钥的撤销

密钥撤销（Revoke/Revocation）指的是证书过期之前就取消用户密钥的有效性。密钥撤销一般是用户发出撤销请求。用户出现以下一些情况时应该撤销证书：用户遗失存储有密钥的介质（智能卡、闪存卡或便携式计算机）；用户不恰当地使用软件导致密钥泄漏；用户行为不恰当导致密钥泄漏（如用户遭受社会工程学攻击）。还有一种情况是，用户的证书需要由系统管理人员进行主动撤销——当一个用户已经不再是企业雇员的时候，用户在企业内部 PKI 中使用的证书应该予以撤销，以防止冒充合法用户的行为。

在 CA 中必须维护一个证书撤销列表（Certificate Revocation List，CRL）。证书一旦撤销就将记入这个证书撤销列表。而验证证书的过程中，查看证书是否存在于证书撤销列表中是一项必须完成的任务。证书撤销列表的存储安全性应该与合法证书的存储安全处于同样的安全级别。不合法的修改证书撤销列表将可能导致欺骗或攻击行为的发生。同时，证书撤销列表必须定时进行更新，也可以实时更新，这样能更有效地保证用户能够获取有效的信息以保障安全，但是频繁的更新对于 CA 服务器的通信带宽是一个较严峻的挑战。

8. 密钥的销毁

密钥的销毁（Destruction）是密钥生命周期的最后一个阶段。密钥销毁的目的是为了确保销毁后没有人能够得到这个密钥。攻击者如果获取了一个旧密钥可能会将其用于攻击或获取攻击的线索。销毁的手段通常经过严格的规定，如对于存储在智能卡或闪存卡的密钥，将直接销毁物理介质；而软件存储的密钥将采用独特的软件删除手段进行消除。不过在现代的 PKI 系统中，密钥在过期后还需要保留一段时间，这样用户才能够使用以前用旧密钥加密的信息。

任务 4　了解 PKI 的应用

PKI 技术的广泛应用能满足人们对网络交易安全保障的需求。当然，作为一种基础设施，PKI 的应用范围非常广泛，并且处于不断发展之中，主要有下面几个应用。

1. 虚拟专用网络（VPN）

VPN 是一种架构在公用通信基础设施上的专用数据通信网络，利用网络层安全协议（尤其是 IPSec）和建立在 PKI 上的加密与签名技术来获得机密性保护。基于 PKI 技术的 IPSec 协议现在已经成为架构 VPN 的基础，它可以为路由器之间、防火墙之间或者路由器和防火墙之间提供经过加密和认证的通信。虽然它的实现会复杂一些，但其安全性比其他协议都完善得多。

通常，企业在架构 VPN 时都会利用防火墙和访问控制技术来提高 VPN 的安全性，这只解决了很少一部分问题，而一个现代 VPN 所需要的安全保障，如认证、机密、完整、不可否认以及易用性等都需要采用更完善的安全技术。就技术而言，除了基于防火墙的 VPN 之外，还可以有其他的结构方式，如基于黑盒的 VPN、基于路由器的 VPN、基于远程访问的 VPN 和基于软件的 VPN 等。现实中构造的 VPN 往往并不局限于一种单一的结构，而是趋向于采用混合结构方式，以达到最适合具体环境的理想效果。在实现上，VPN 的基本思想是采用秘密通信通道，用加密的方法来实现。具体协议一般有三种：PPTP、L2TP 和 IPSec。这部分内容将在学习单元六具体介绍。

如果缺乏 PKI 技术所支持的数字证书，VPN 也就缺少了最重要的安全特性。简单地说，数字证书可以被认为是用户的护照，使得用户有权使用 VPN，证书还为用户的活动提供了审计机制。缺乏数字证书的 VPN 对认证、完整性和不可否认性的支持相对而言要差很多。

由于 IPSec 是 IP 层上的协议，因此很容易在全世界范围内形成一种规范，具有非常好的通用性，而且 IPSec 本身就支持面向未来的协议——IPv6。总之，IPSec 还是一个发展中的协议，随着成熟的公钥密码技术越来越多地运用到 IPSec 中，相信在未来几年内，该协议会在 VPN 世界里扮演越来越重要的角色。

2. 安全电子邮件

作为 Internet 上最有效的应用，电子邮件凭借其易用、低成本和高效等优点已经成为现代商业中的一种标准信息交换工具。随着 Internet 的持续增长，商业机构或政府机构都开始用电子邮件交换一些秘密的或是有商业价值的信息，这就引发了一些安全方面的问题，包括：

（1）消息和附件可以在不为通信双方所知的情况下被读取、篡改或删除；

（2）没有办法可以确定一封电子邮件是否真的来自某人，也就是说，发信者的身份可能被人伪造。

前一个问题是安全，后一个问题是信任。正是由于安全和信任的缺乏使得公司、机构一般都不用电子邮件交换关键的商务信息，虽然电子邮件本身有着如此之多的优点。

其实，电子邮件的安全需求也是机密、完整、认证和不可否认，而这些都可以利用 PKI 技术来满足。具体来说，利用数字证书和私钥，用户可以对他所发的邮件进行数字签名，这样就可以获得认证、完整性和不可否认性，如果证书是由其所属公司或某一可信任第三方颁发的，收到邮件的人就可以信任该邮件的来源，无论他是否认识发邮件的人；另一方面，在政策和法律允许的情况下，用加密的方法就可以保障信息的保密性。

目前发展很快的安全电子邮件协议是 S/MIME（Secure Multipurpose Internet Mail Extensions，多用途网际邮件扩充协议），这是一个允许发送加密和有签名邮件的协议。该协议的实现需要依赖于 PKI 技术。

3. Web 安全

浏览 Web 页面是人们最常用的访问 Internet 的方式。一般的浏览也许并不会让人产生不妥的感觉，可是当您填写表单数据时，您有没有意识到您的私人敏感信息可能被一些居心叵测的人截获？如果要通过 Web 进行一些商业交易，该如何保证交易的安全呢？

一般来讲，Web 上的交易可能带来的安全问题有：

（1）诈骗。

建立网站是一件很容易的事，有人甚至直接拷贝别人的页面。因此伪装一个商业机构非常简单，然后它就可以让访问者填一份详细的注册资料，还假装保护个人隐私，而实际上就是为了获得访问者的隐私。调查显示，邮件地址和信用卡号的泄漏大多是这样。

（2）泄漏。

当交易的信息在网上"赤裸裸"地传播时，窃听者可以很容易地截取并提取其中的敏感信息。

（3）篡改。

截取了信息的人还可以做一些更"高明"的工作，他可以替换其中某些域的值，如姓名、信用卡号甚至金额，以达到自己的目的。

（4）攻击。

主要是对 Web 服务器的攻击，例如著名的 DDOS（Distributed Denial of Service，分布式拒绝服务攻击）。攻击的发起者可能是心怀恶意的个人，也可能是同行的竞争者。

为了透明地解决 Web 安全问题，最合适的入手点是浏览器。现在，无论是 Internet Explorer 还是 Netscape Navigator，都支持 SSL（Secure Sockets Layer，安全套接层）协议。这是一个在传输层和应用层之间的安全通信层，在两个实体进行通信之前，先要建立 SSL 连接，以此实现对应用层透明的安全通信。利用 PKI 技术，SSL 协议允许在浏览器和服务器之间进行加密通信。此外，服务器端和浏览器端通信时，双方可以通过数字证书确认对方的身份。需要注意的是，SSL 协议本身并不能提供对不可否认性的支持，这部分的工作必须由数字证书完成。

结合 SSL 协议和数字证书，PKI 技术可以满足 Web 交易多方面的安全需求，使 Web 上的交易和面对面的交易一样安全。

4. 应用编程接口（API）

协议标准是系统具有可交互性的前提和基础，它规范了 PKI 系统各部分之间相互通信的格式和步骤。而应用编程界面（接口）API（Application Programming Interfaces）则定义了如何使用这些协议，并为上层应用提供 PKI 服务。当应用需要使用 PKI 服务，如获取某一用户的公钥、请求证书废除信息或请求证书时，将都会用到 API。目前 API 没有统一的国际标准，大部分都是操作系统或某一公司产品的扩展，并在其产品应用的框架内提供 PKI 服务。

5. 电子商务的应用

PKI 技术是解决电子商务安全问题的关键，综合 PKI 的各种应用，我们可以建立一个可信任和足够安全的网络。在这里，我们有可信任的认证中心，典型的如银行、政府或其他第三方。在通信中，利用数字证书可消除匿名带来的风险，利用加密技术可消除开放网络带来的风险，这样，商业交易就可以安全可靠地在网上进行了。

网上商业行为只是 PKI 技术目前比较热门的一种应用，必须看到，PKI 还是一门处于发展中的技术。例如，除了对身份认证的需求外，现在又提出了对交易时间戳的认证需求。PKI 的应用前景也绝不仅限于网上的商业行为，事实上，网络生活中的方方面面都有 PKI 的应用天地，不只在有线网络，甚至在无线通信中，PKI 技术都已经得到了广泛的应用。

任务 5　个人数字证书的申请和使用

【实训目的】

（1）了解个人数字证书的申请和使用过程；

（2）了解 Windows XP 中 IE 浏览器的证书设置。

【预备知识】

（1）了解数字证书的原理；

（2）个人数字证书是颁发给个人用户的数字证书，用来向对方表明个人的身份，同时也可以用来实现安全电子邮件、安全个人登录、电子文档签名等多种安全应用；

（3）个人数字证书支持主流的浏览器产品（Microsoft IE 4.0、Netscape 4.0 等及其后续版本）和电子邮件客户端软件（包括 Microsoft Outlook、Outlook Express 等），个人数字证书可以存放于智能卡、USB 电子令牌等存储介质中。

【实训环境】

一台运行 Windows XP Professional 并带有浏览器、能够访问 Internet 的计算机。

实例 1　个人数字证书的申请

【实训说明】

（1）登录广东省数字认证中心网站：http://www.gdca.com.cn；

（2）了解该机构关于个人证书的申请流程。

【实训步骤】

（1）打开 IE 浏览器，在地址栏中输入 http://www.gdca.com.cn，回车后登录到"广东省数字认证中心"网站首页。

（2）单击首页菜单栏中的"客户服务"，弹出如图 4 - 1 所示的快捷菜单，可以在此单击各选项来查看其服务。

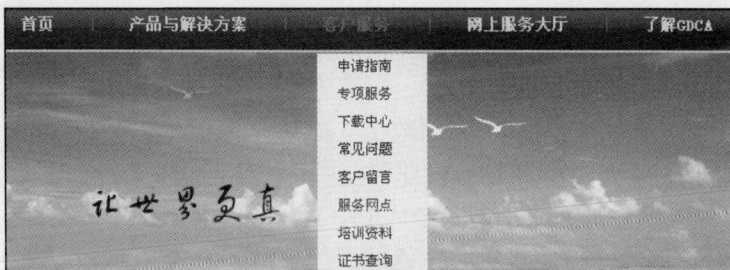

图 4 - 1　"客户服务"菜单项

（3）在快捷菜单中单击"下载中心"命令（或者直接在首页右侧单击"下载中心"按钮），其页面中间包括证书驱动下载、业务表格、安装操作手册和运营规范各项说明与申请表的下载。

（4）单击"业务表格"下的"个人数字证书申请表"链接，打开"个人数字证书申请表"下载页面，单击"个人数字证书申请表.doc"链接，弹出"文件下载"对话框，如图4-2所示。

图4-2 "文件下载"对话框

（5）单击"保存"按钮，将申请表下载保存到本机硬盘。

（6）打开刚下载的"个人数字证书申请表"，其内容包括如图4-3所示的填写表格和"用户需知"，以及"GDCA数字证书用户责任书"。

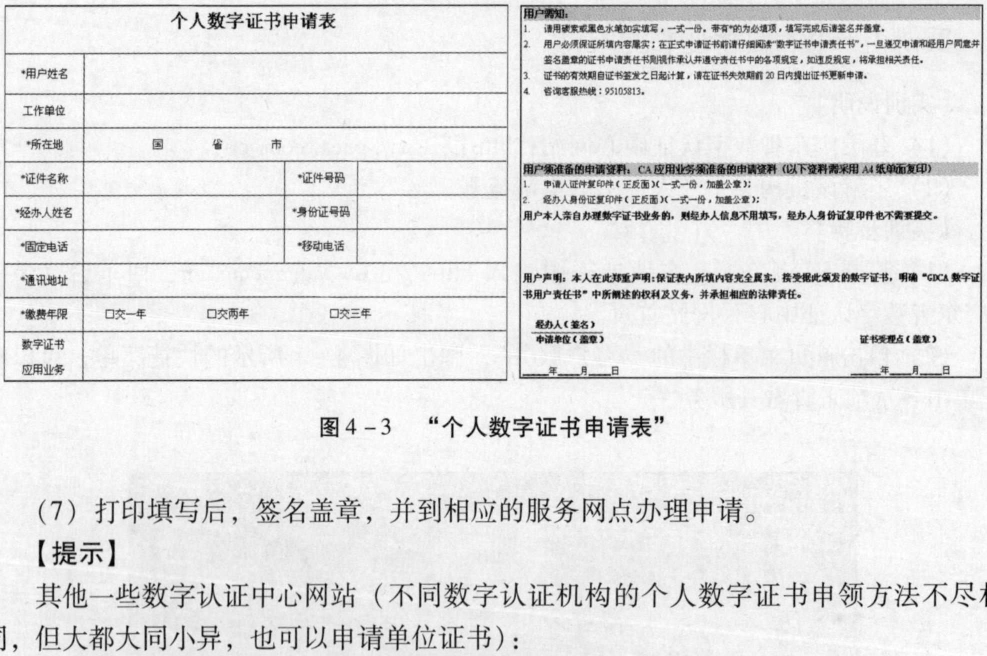

图4-3 "个人数字证书申请表"

（7）打印填写后，签名盖章，并到相应的服务网点办理申请。

【提示】

其他一些数字认证中心网站（不同数字认证机构的个人数字证书申领方法不尽相同，但大都大同小异，也可以申请单位证书）：

http://www.cfca.com.cn（中国金融认证中心）

http://www.bjca.com.cn/（北京数字证书认证中心）

http://www.sheca.com/default.aspx（上海市数字证书认证中心）

http://www.zjca.com.cn（浙江省数字认证中心）

实例2 了解 Windows XP 中 IE 浏览器的证书设置

【实训说明】

在本地机上查看已经拥有的数字证书。

【实训步骤】

（1）打开 IE 浏览器，在"工具"菜单中，单击"Internet 选项"命令，打开"Internet 选项"对话框，单击"内容"选项卡，如图 4-4 所示。

（2）单击"证书"按钮，打开"证书"对话框，如图 4-5 所示，可以看到本地计算机已经拥有的个人证书。

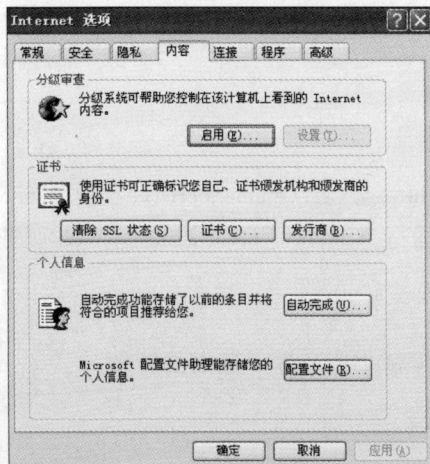

图 4-4 "Internet 选项"对话框

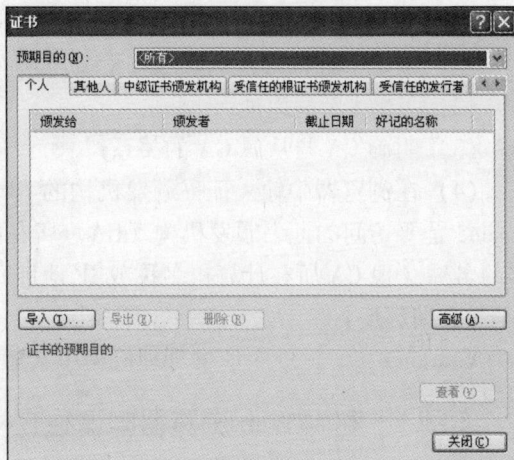

图 4-5 "证书"对话框

实例 3 数字证书的导出和导入

【实训说明】

（1）导入用户的数字证书；

（2）将已有的数字证书导出。

【实训步骤】

1. 数字证书的导入

图 4-5 中，单击"导入"按钮，打开"证书导入向导"对话框，在该向导中需要选择导入证书的存储区，可以由系统自动选择也可以由用户指定。系统默认该证书是用户自己的证书而存入"个人证书"中，而如果要导入的是对方的证书（这主要发生在要利用对方证书给对方发送加密邮件的时候），则应该指定存储位置为"其他人"。

2. 数字证书的导出

在"证书"对话框中，单击选择要导出的证书，然后单击"导出"按钮，打开"证书导出向导"对话框，通过该向导把已经安装好的数字证书导出作为一个文件保存；也可以单击"导入"按钮，通过"证书导入向导"把数字证书文件导入以形成数字证书。

任务6　通过证书认证中心 CA 申请证书

【实训目的】

掌握利用浏览器申请根证书的方法，掌握建立独立从属 CA 并申请根证书的方法。

【预备知识】

（1）了解 PKI 的原理；

（2）了解 CA 的原理；

（3）明确 CA 与从属 CA 的关系；

（4）在浏览器中输入证书颁发机构的 IP 地址 http：//servername/certsrv，其中 servername 是要访问的证书颁发机构（CA）所在的、运行 Windows Server 2003 的 Web 服务器的名称（根 CA 所在计算机名称或 IP 地址）。

【实训环境】

Windows server 2003 证书管理机构中文版，用于证书服务器对证书的管理。

实例1　利用 Web 浏览器申请独立根证书

【实训说明】

在本地计算机的 IE 中完成如下操作：

（1）根 CA 证书服务器 IP 地址：10.0.0.18；

（2）根 CA 证书服务器用户名、密码分别是：admin、adm@123；

（3）申请一个"电子邮件保护证书"；

（4）申请用户信息要求：

①姓名：name；

②电子邮件：name@mail.com；

③公司：corporation；

④部门：department；

⑤市/县：city；

⑥省：province；

⑦国家：cn。

【实训步骤】

（1）打开 IE 浏览器，在地址栏中输入证书服务器证书机构的 IP 地址 http：//10.0.0.18/certsrv。

（2）回车后，弹出如图 4-6 所示的对话框，输入根 CA 证书服务器的用户名 admin、密码 adm@123。

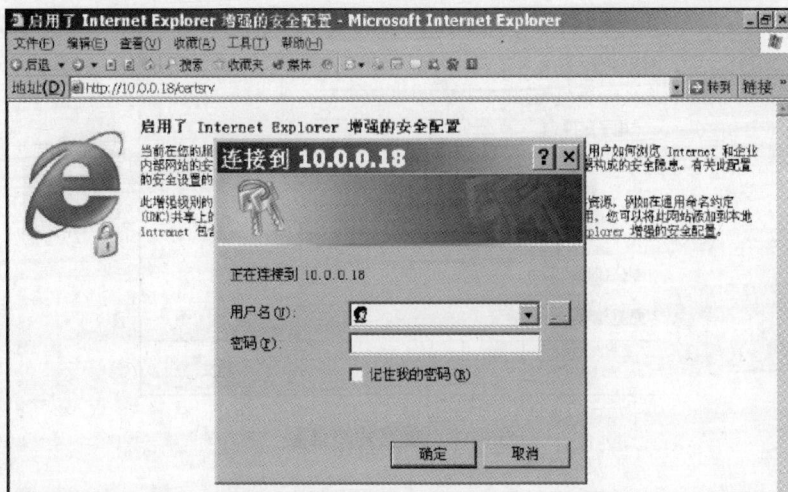

图4-6 初始界面

（3）单击"确定"按钮，进入证书申请网页的首页，如图4-7所示。

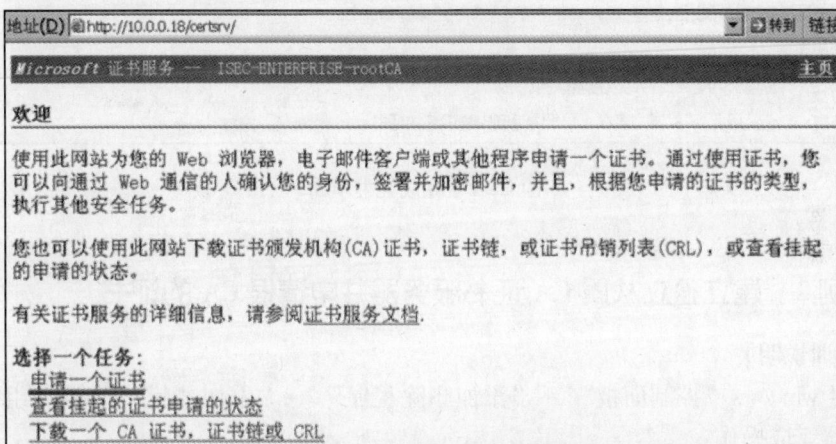

图4-7 证书申请界面

（4）单击"申请一个证书"链接，进入选择证书类型的页面，单击"电子邮件保护证书"链接，打开如图4-8所示的页面，填写申请用户信息，姓名：name；电子邮件：name@mail.com；公司：corparation；部门：department；市/县：city；省：province；国家：cn。

图 4-8 填写用户信息

（5）单击"提交"按钮，完成证书申请，如图 4-9 所示。

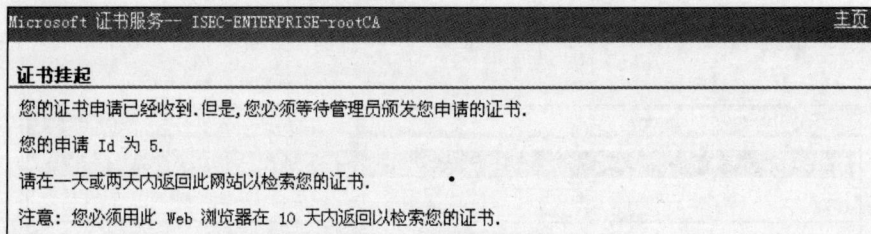

图 4-9 完成证书申请

实例 2 建立独立从属 CA 证书服务器并申请根 CA 的证书

【实训说明】

通过 windows "控制面板"→"添加删除程序"→"添加/删除 windows 组件"和 IE 浏览器完成操作：

1. 建立从属 CA 证书服务器

（1）建立独立从属 CA 证书服务器；

（2）根证书的名称为"ISEC – STANDALONE – subCA"；

（3）"证书数据库"和"证书数据库日志"的保存目录采用默认路径；

（4）CA 证书申请采用"将申请保存到一个文件"，文件名称采用默认。

2. 从属 CA 服务器向根 CA 服务器 10.0.0.18 申请证书

（1）通过 WEB 浏览器申请一个证书；

（2）要求使用 base64 编码的文件提交证书申请；

（3）证书模板：从属证书颁发机构；

（4）申请完成证书后，用 DER 编码下载证书链。

【实训步骤】

1. 建立从属 CA 证书服务器

（1）通过开始→设置→控制面板，在"控制面板"窗口中双击"添加删除程序"

选项，打开"添加删除程序"窗口，如图4-10所示。

（2）单击窗口左侧的"添加/删除 windows 组件"，打开"Windows 组件向导"对话框，如图4-11所示。

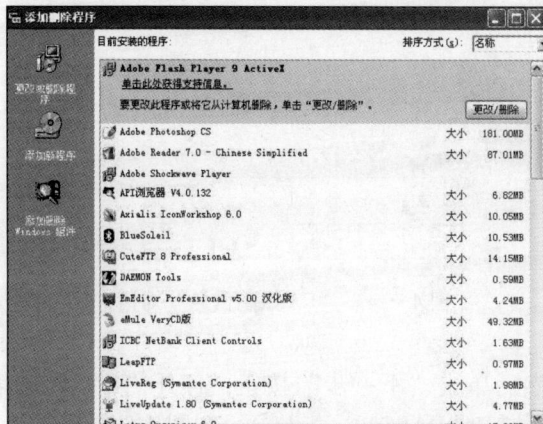

图4-10 "添加删除程序"窗口   图4-11 "Windows 组件向导"对话框

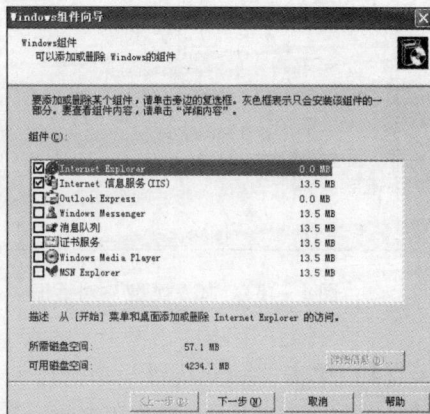

（3）单击组件列表框中的"证书服务"复选框，此时弹出一条如图4-12所示的"Microsoft 证书服务"警告信息，提示在安装了证书服务后，将无法再重命名计算机，并且计算机无法加入域或从中删除。

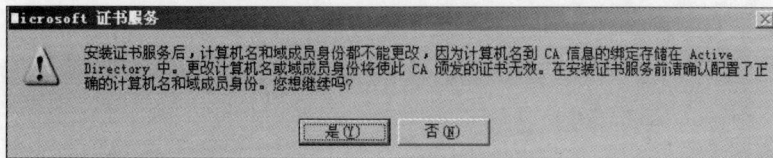

图4-12 "Microsoft 证书服务"警告提示对话框

（4）单击"是"按钮，然后单击"下一步"按钮，打开如图4-13所示的对话框，在这里要选择创建的证书颁发机构的类型。

通常，如果企业是单域网络，则首先要创建的当然是企业的根 CA，然后根据实际需要创建分支办公室、部门的企业从属 CA。如果不是在域控制器上部署企业证书颁发机构，而是用一台独立的服务器担当，则需配置独立的根 CA 或者独立的从属 CA。

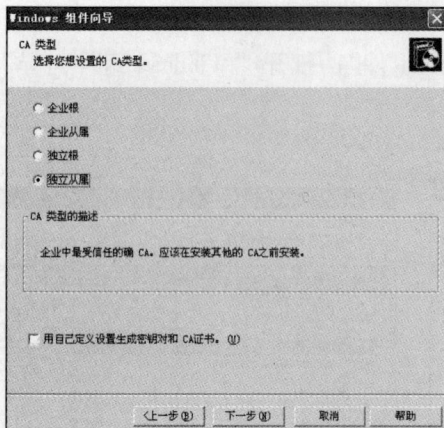

图 4 – 13　"CA 类型"对话框　　　　图 4 – 14　"CA 识别信息"对话框

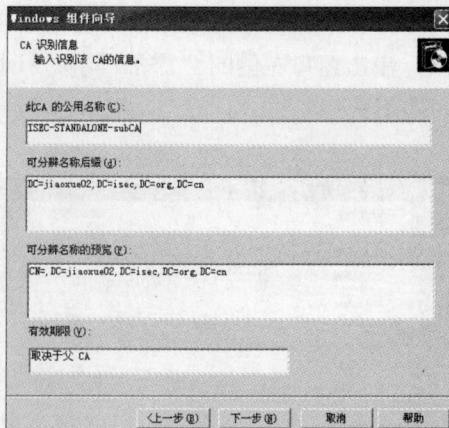

（5）单击"独立从属"单选按钮，然后单击"下一步"按钮，打开"CA 识别信息"对话框，输入 CA 的公用名称：ISEC – STANDALONE – subCA，如图 4 – 14 所示。

（6）单击"下一步"按钮，打开"证书数据库设置信息"对话框，可以设置证书数据库和数据日志存放的位置，本例不改变系统默认的数据存储位置。

（7）单击"下一步"按钮，如果尚未安装 Internet 信息服务器（IIS），系统会警告无法使用基于 Web 的证书注册，单击"确定"按钮，关闭警告提示框。如果 IIS 正在运行，系统会弹出"Microsoft 证书服务"警告对话框，提示暂时关闭该服务，如图4 – 15 所示。

图 4 – 15　"Microsoft 证书服务"警告对话框

（8）单击"是"按钮继续，打开"Windows 组件向导"对话框，如图 4 – 16 所示，提示设置申请文件的保存路径。

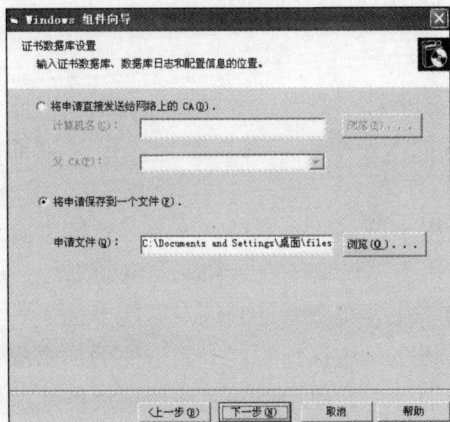

图 4-16　申请文件的保存路径

（9）单击"下一步"按钮，弹出"Microsoft 证书服务"提示对话框，提示"需要使用申请文件才能申请到父 CA 证书"，如图 4-17 所示。

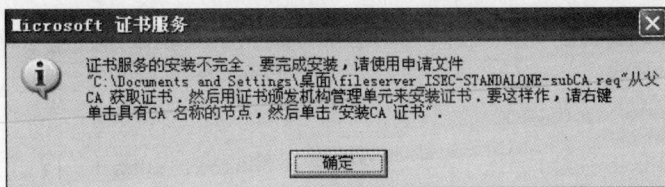

图 4-17　"Microsoft 证书服务"提示对话框

（10）单击"确定"按钮，在继续出现的向导对话框中，单击"完成"按钮。

2. 从属 CA 服务器向根 CA 服务器 10.0.0.18 申请证书

（1）打开 IE 浏览器，在地址栏中输入 http://10.0.0.18/certsrv。回车后，在弹出的对话框中输入根 CA 证书服务器的用户名 admin、密码 adm@123。

（2）单击"确定"按钮，进入证书申请界面，单击"申请一个证书"链接，进入选择证书类型的界面，单击"高级证书申请"链接，可以直接向企业 CA 提出申请、通过智能卡申请等。

（3）在高级证书申请界面，如图 4-18 所示，依据 CA 策略，单击"使用 base64 编码的 CMC 或 pkcs#10 文件提交一个证书申请"链接。

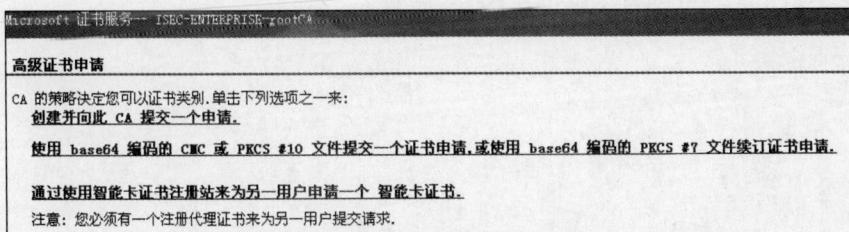

图 4-18　高级证书申请界面

【提示】

若选择"通过使用智能卡证书注册站来为另一个用户申请一个智能卡证书",如果系统提示接受智能卡签名证书,单击"是"按钮,在"智能卡证书注册站"网页的"证书模板"中执行以下操作之一:

①如果希望将智能卡用于 Windows 登录,单击"智能卡登录"。

②如果希望将智能卡用于 Windows 登录和安全电子邮件,单击"智能卡用户"。

③在"证书颁发机构"中,单击要让其颁发智能卡证书的 CA 的名称。

④在"加密服务提供程序"中选择智能卡制造商的加密服务提供程序(CSP)。

⑤在"管理员签名证书"中,单击将签署注册申请的注册代理证书。

⑥在"要注册的用户"中,单击"选择用户",然后选择相应的用户账户,并单击"注册"按钮。

⑦当系统提示时,将智能卡插入计算机上的智能卡读取器中,并单击"确定"按钮,然后在系统提示时输入智能卡的个人识别码(PIN)。

⑧(可选)如果正在设置的智能卡上有以前安装的证书,将显示一条信息,询问是否想要替换卡上现有的证书。单击"是"按钮。

⑨当在智能卡上安装好证书后,CA 网页将提供刚安装证书的查看选项,或者开始新的智能卡证书申请。

(4)进入提交证书申请界面。

(5)从桌面双击打开任务一中生成的申请文件信息,如图 4-19 所示。

图 4-19 申请文件中的内容

(6)将申请文件中的内容复制到提交证书申请界面中的"保存的申请"输入框中并选择证书模板为"从属证书颁发机构",如图 4-20 所示。

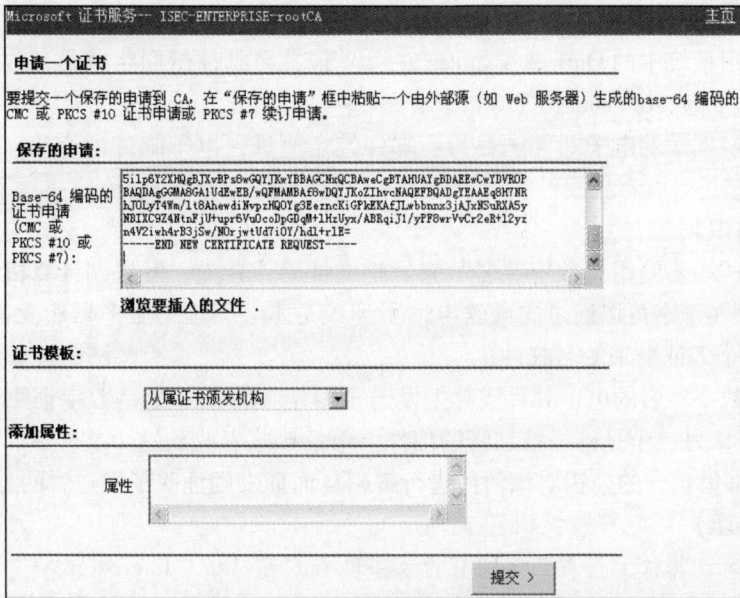

图 4 - 20　修改证书模板后的界面

（7）单击"提交"按钮，提示证书已颁发，如图 4 - 21 所示。

（8）单击"下载证书链"链接，弹出文件下载对话框，如图 4 - 22 所示。

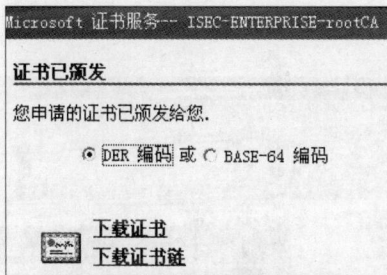

图 4 - 21　证书已颁发界面

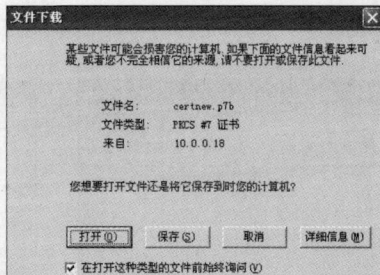

图 4 - 22　证书"文件下载"对话框

（9）单击"保存"按钮，保存证书后完成证书的申请。

任务 7　利用证书对 Outlook 邮件签名

【实训目的】

（1）了解数字证书包含的内容；

（2）掌握使用 Outlook Express 发送签名邮件。

【实训环境】

Windows server 2003 证书管理机构中文版，用于证书服务器对证书的管理；以及 Windows 自带的 Outlook Express。

【实训说明】

（1）利用系统中的 Outlook Express 发送一封签名邮件给同组成员，收件人电子邮件地址为 ice. ing@ 163. com；

（2）指定发送的电子邮件题目为：邮件签名测试，电子邮件内容为：本邮件已经经过签名，您是否能看到我？

【预备知识】

（1）发送端要使用"数字签名"来发送文件时，首先，发送端计算机必须有"个人数字证书"（证书可以通过向微软申请得到或是本公司证书服务器颁发得到），以便 Outlook 使用个人证书来签名邮件；

（2）带数字签名的电子邮件实际上发送了两个文件：一个是数字证书（包括数字签名和公钥），另一个是已经被加密的信件。信件接收者收到这个文件后，系统会自动使用数字证书里包含的公钥对该信件进行解密，而证书则证明了发送者的身份。

【实训步骤】

1. 在本地计算机上查看已经拥有的数字证书，可以在"Internet 选项"窗体中查看

（1）打开 IE 浏览器，在"工具"菜单中，单击"Internet 选项"命令，打开"Internet 选项"对话框，单击"内容"选项卡，如任务 5 中图 4 - 4 所示。

（2）单击"证书"按钮，打开"证书"对话框，可以看到本地计算机已经拥有的个人证书，如图 4 - 23 所示。

2. 发送带签名的电子邮件

（1）在 Windows 的"开始"菜单中单击打开 Outlook Express，如图 4 - 24 所示。

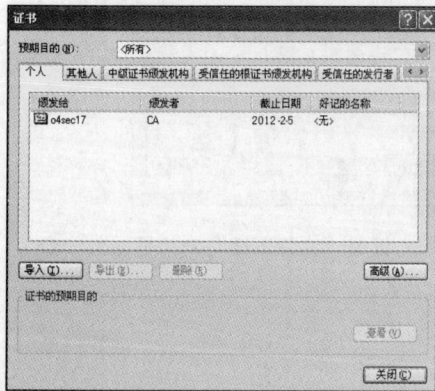

图 4 - 23　"证书"对话框

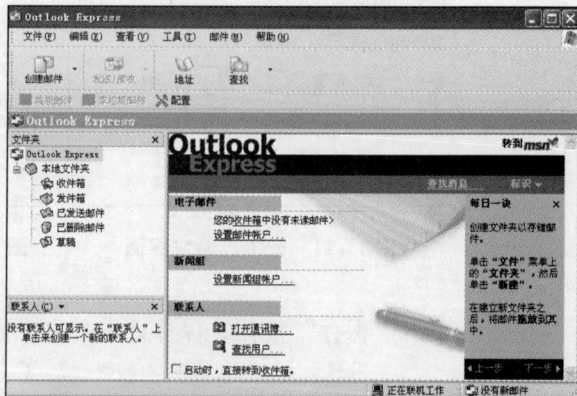

图 4 - 24　Outlook Express 主窗口

（2）单击"创建邮件"按钮，打开"新邮件"窗口。

（3）在"新邮件"窗口，在收件人后输入 ice. ing@ 163. com，指定发送的电子邮件主题为：邮件签名测试，电子邮件内容为：本邮件已经经过签名，您是否能看到我？

（4）单击格式工具栏中的"签名"按钮，此时在收件人右侧出现签名后的标志🧑，如图 4 - 25 所示。

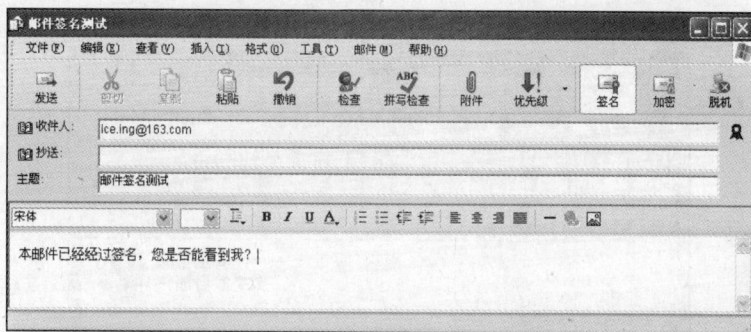

图 4 - 25　"邮件签名测试"窗口

（5）单击"发送"按钮，弹出"正在用您的专用交换密钥签名数据"对话框，如图 4 - 26 所示，确认利用证书签名，单击"确定"按钮。

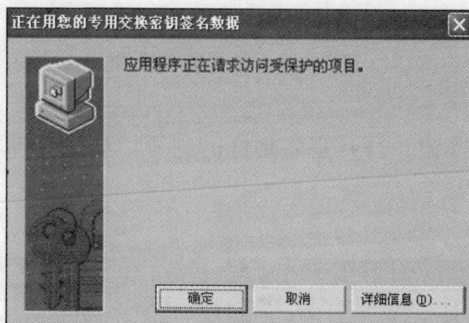

图 4 - 26　"正在用您的专用交换密钥签名数据"对话框

【实训效果】

（1）打开 Outlook Express，单击"发送/接收"按钮，窗口右侧显示接收到的签名邮件，如图 4 - 27 所示。

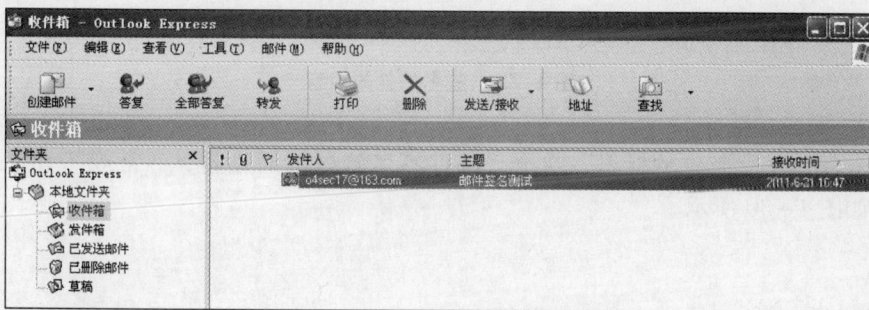

图 4 - 27　Outlook Express **收件箱**

（2）双击该邮件，打开接收到的"邮件签名测试"窗口，可以看到邮件签名提示，如图 4 - 28 所示。

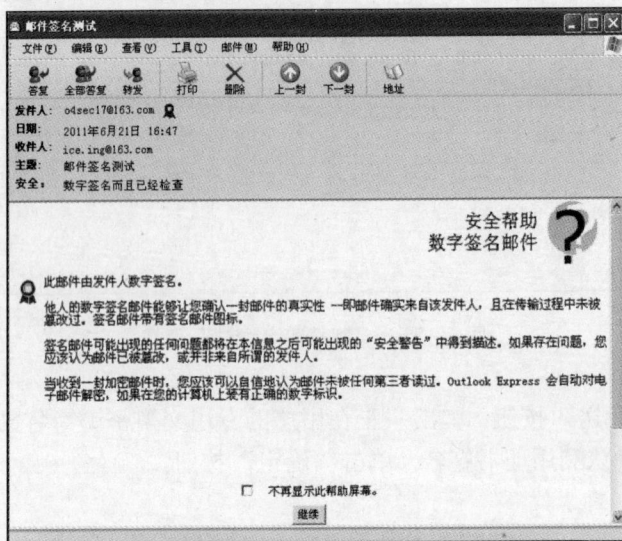

图 4 – 28　邮件签名提示

（3）单击"继续"按钮，打开签名邮件的内容，如图 4 – 29 所示，可以看到在发件人后的签名邮件的标志。

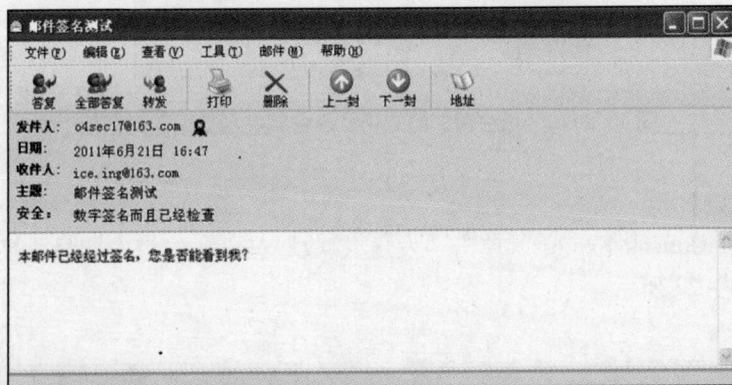

图 4 – 29　签名邮件的内容

（4）单击签名邮件的标志，弹出"邮件签名测试"对话框，"常规"和"安全"选项卡如图 4 – 30 所示。

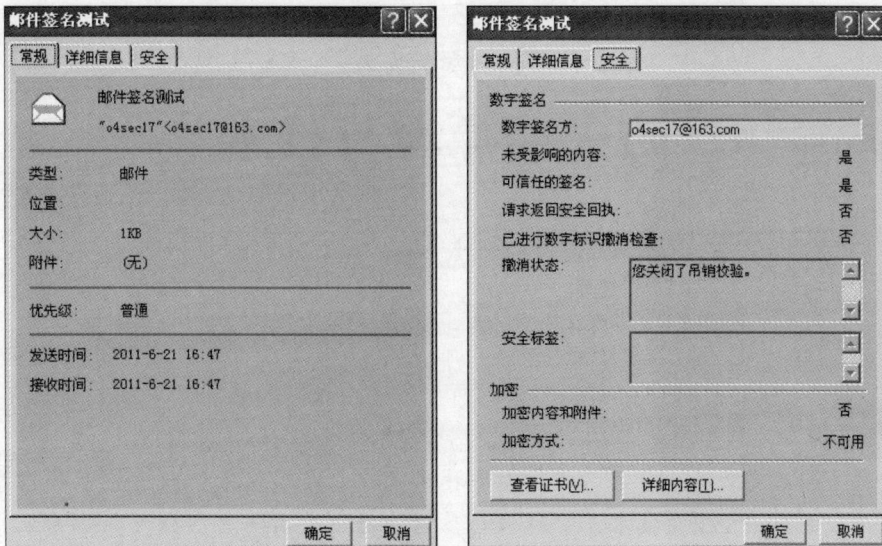

图 4-30 "邮件签名测试"对话框

（5）在"安全"选项卡中，单击"查看证书"按钮，弹出"查看证书"对话框，如图 4-31 所示。

（6）单击"签署证书"按钮，弹出"签名数字标识属性"对话框，如图 4-32 所示。

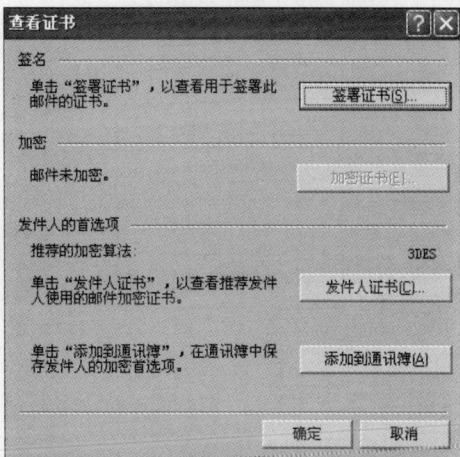

图 4-31 "查看证书"对话框

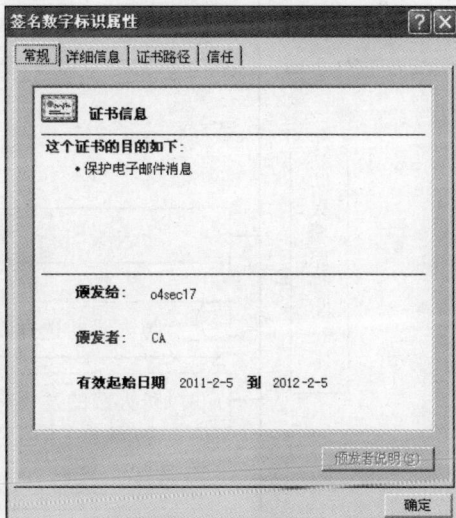

图 4-32 "签名数字标识属性"对话框

（7）单击"详细信息"选项卡，可以看到证书的详细信息。

（8）单击"证书路径"选项卡，在证书路径结构中，可以看到根 CA、从属 CA 的名称，如果要查看详细信息可双击证书标示。

防火墙原理与技术

【导读】

被称为网络安全第一道闸门的防火墙技术是建立在现代通信网络技术和信息安全技术基础上的应用型安全技术，它越来越多地应用于专用网络与公用网络的互联环境之中，尤其以接入 Internet 网络最甚。防火墙是我们见过最多、应用最广、最具有代表性的网络安全设备（也可以是软件），它能极大地提高一个内部网络的安全性，通过过滤不安全的服务而降低风险，并且实现内部网重点网段的隔离，从而限制局部重点或敏感网络安全问题对全局网络造成的影响。

【内容结构图】

```
                          ┌─────────────────┐
                          │  防火墙的基本原理  │
                          └─────────────────┘
                                                    ┌──────────────┐
                          ┌─────────────────┐  ┌──│ 基于软硬件的分类 │
                          │   防火墙的分类    │──┤   └──────────────┘
                          └─────────────────┘  └──┌──────────────┐
                                                   │ 基于技术的分类  │
  ┌────┐                                           └──────────────┘
  │防  │                                                ┌──────────────┐
  │火  │                                            ┌──│ 屏蔽路由器结构  │
  │墙  │                                            │   └──────────────┘
  │原  │                  ┌─────────────────┐      ├──┌──────────────┐
  │理  │────────────────│  防火墙的体系结构  │──────┤   │  双穴主机结构   │
  │与  │                  └─────────────────┘      ├──└──────────────┘
  │技  │                                            │   ┌──────────────┐
  │术  │                                            ├──│  屏蔽主机结构   │
  └────┘                  ┌─────────────────┐      │   └──────────────┘
                          │  防火墙的选择因素  │      ├──┌──────────────┐
                          └─────────────────┘      │   │  屏蔽子网结构   │
                                                    │   └──────────────┘
                          ┌─────────────────┐      └──┌──────────────┐
                          │  防火墙的发展趋势  │          │ 防火墙的组合结构 │
                          └─────────────────┘          └──────────────┘

                          ┌─────────────────┐
                          │ Windows XP防火墙的使用 │
                          └─────────────────┘

                          ┌─────────────────┐
                          │ ISA防火墙的使用和配置应用 │
                          └─────────────────┘

                          ┌─────────────────┐
                          │ 联想网御防火墙产品的应用 │
                          └─────────────────┘
```

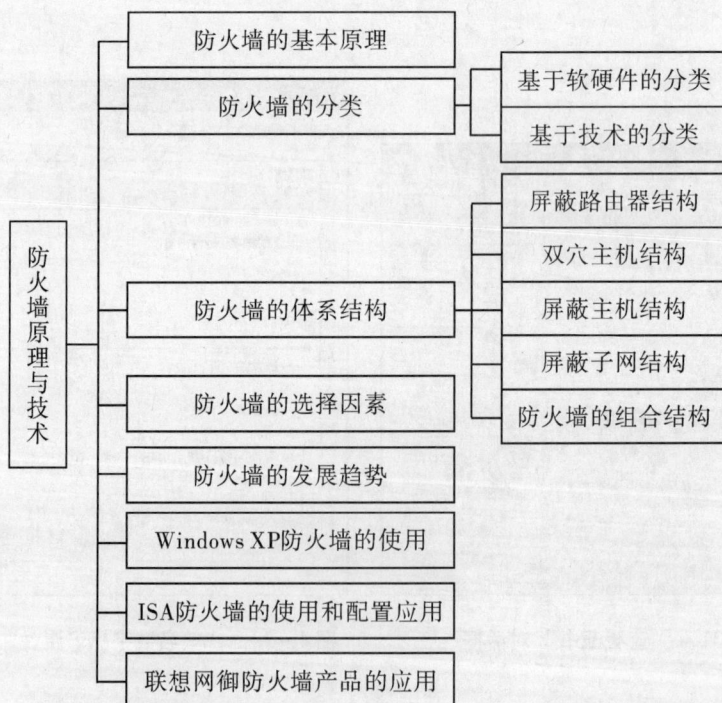

【知识与能力目标】

❖ 掌握防火墙的概念和功能

❖ 掌握防火墙技术及分类

❖ 掌握防火墙的体系结构
❖ 了解防火墙的选择原则和要求
❖ 了解防火墙的发展趋势
❖ 熟练掌握 Windows XP 防火墙的配置与应用
❖ 掌握 ISA 防火墙和联想网御防火墙的配置及应用

任务 1　掌握防火墙的基本原理

随着安全问题上的失误和缺陷越来越普遍，对网络的入侵成功的原因不仅可能在于高超的攻击手段，也有可能在于配置上的低级错误或不合适的口令选择。防火墙的作用就是防止不希望的、未授权的信息进出被保护的网络。作为第一道安全防线，防火墙已经成为世界上用得最多的网络安全产品之一。

1. 防火墙的定义

防火墙（Firewall）一词源于早期欧式建筑中，是为了防止火灾蔓延而在建筑物之间修建的矮墙。在网络中，防火墙主要用于逻辑隔离外部网络与受保护的内部网络，即设置在不同网络（如可信任的企业内部网和不可信的公共网）或网络安全域之间的一系列部件和组合。防火墙是不同网络或网络安全域之间信息的唯一出入口，它能根据企业的安全策略控制（允许、拒绝、监测）出入网络的信息流，且本身具有较强的抗攻击能力，它是提供信息安全服务、实现网络和信息安全的基础设施。

防火墙是一种非常有效的网络安全模型，通过它可以隔离风险域（即 Internet 或有一定风险的网络）与安全区域（局域网）的连接，同时不会妨碍人们对风险区域的访问。防火墙可以监控进出网络的通信量，仅让安全、核准了的信息进入，同时又抵制对企业构成威胁的数据。

在逻辑上，防火墙既是一个分离器，一个限制器，它是一个分析器，它有效地控制了内部网和 Internet 之间的任何活动，保证了内部网络的安全。从具体实际上来看，防火墙是一个独立的进程或一组紧密联系的进程，运用于路由器或服务器上，控制经过它们的网络应用服务及传输的数据。安全、管理、速度是防火墙的三大要素。

防火墙是一个由软件和硬件设备组合而成，在内部网和外部网之间、专用网与公共网之间的界面上构造的保护屏障。可以说：

（1）所有进出内部网络的通信流都应该通过防火墙。

（2）所有通过防火墙的通信流都必须有安全策略和计划的确认和授权。

（3）理论上说，防火墙是穿不透的。

2. 防火墙的主要功能

防火墙对通过它的网络通信进行扫描，能够过滤掉一些攻击，以免其在目标计算机上被执行。防火墙可以关闭不使用的端口，禁止特定端口的流出通信，禁止来自特殊站点的访问，从而防止来自不明入侵者的所有通信。防火墙的主要功能包括：

（1）防火墙是网络安全的屏障。

一个防火墙（作为阻塞点、控制点）能极大地提高一个内部网络的安全性，并通过过滤不安全的服务而降低风险。由于只有经过精心选择的应用协议才能通过防火墙，所以网络环境变得更安全。

（2）防火墙可以强化网络安全策略。

通过以防火墙为中心的安全方案配置，能将所有安全软件（如口令、加密、身份认证、审计等）配置在防火墙上。与将网络安全问题分散到各个主机上相比，防火墙的集中安全管理更经济。例如在网络访问时，一次一密口令系统和其他的身份认证系统完全可以不必分散在各个主机上，而集中在防火墙一身上。

（3）对网络存取和访问进行监控审计。

如果所有的访问都经过防火墙，那么，防火墙就能记录下这些访问并作出日志记录，同时也能提供网络使用情况的统计数据。当发生可疑动作时，防火墙能进行适当的报警，并提供网络是否受到监测和攻击的详细信息。

（4）防止内部信息的外泄。

通过利用防火墙对内部网络的划分，可实现内部网重点网段的隔离，从而限制了局部重点或敏感网络安全问题对全局网络造成的影响。再者，隐私是内部网络非常关心的问题，一个内部网络中不引人注意的细节可能包含了有关安全的线索而引起外部攻击者的兴趣，甚至因此而暴露了内部网络的某些安全漏洞。使用防火墙就可以隐蔽那些透漏内部细节如 Finger、DNS 等服务；阻塞有关内部网络中的 DNS 信息，这样一台主机的域名和 IP 地址就不会被外界所了解。

除了安全作用，防火墙还支持具有 Internet 服务特性的企业内部网络技术体系 VPN。通过 VPN，将企事业单位在地域上分布在全世界各地的 LAN 或专用子网有机地联成一个整体，省去了专用通信线路，为信息共享提供了技术保障。

3. 防火墙的局限性

尽管利用防火墙可以保护网络免受外部黑客的攻击，但其目的只是能够提高网络的安全性，不可能保证网络绝对安全。据专家统计，目前 70% 的攻击发生在应用层，而不是网络层。对于这类攻击，传统网络防火墙的保护效果不太理想，事实上仍然存在着一些防火墙不能防范的安全威胁：

（1）很难防范来自网络内部的攻击。

防火墙的基本防御原则是"防外不防内"，就是只对来自外部网络的通信进行检测，而对受保护的内部网络（或网段）中的用户通信不作任何防御。内部用户可以不经过防火墙而窃取数据、破坏硬件和软件，这类攻击占全部攻击的一半以上。

目前对于这类来自内部网络用户的威胁，只能要求加强内部管理，如加强主机安全管理和用户教育等。

（2）不能防范不经由防火墙的连接。

防火墙可以有效阻止通过它传输的信息，但是却不能阻止不通过它而传输的信息。

（3）防火墙不能防范感染了病毒的软件或文件的传输。

无论防火墙多么安全，用户都需要在每台主机上安装反病毒软件。

（4）防火墙不能防止数据驱动式攻击。

当有些表面看来无害的数据被邮寄或复制到 Internet 主机上并被执行而发起攻击时，就会发生数据驱动攻击。例如，一种数据驱动的攻击可以使一台主机修改与安全有关的文件，从而使入侵者下一次更容易入侵该系统。

任务 2　掌握防火墙的分类

按防火墙分类标准的不同，可将防火墙分为多种类型。防火墙技术根据实现的设备分为硬件防火墙、软件防火墙和芯片级防火墙。

因特网采用 TCP/IP 协议，在不同的网络层次上设置不同的屏障，构成不同类型的防火墙，因此，根据防火墙的技术原理分类，有包过滤技术防火墙和代理技术防火墙等。

根据实现防火墙的硬件环境不同，可将防火墙分为基于路由器的防火墙和基于主机系统的防火墙。包过滤防火墙可以基于路由器实现，也可基于主机系统实现；而代理防火墙只能基于主机系统实现。

根据防火墙的功能不同，可将防火墙分为 FTP 防火墙、Telnet 防火墙、E-mail 防火墙、病毒防火墙等各种专用防火墙。通常也将几种防火墙技术一起使用以弥补各自的缺陷，增加系统的安全性能。

上述的某些类别在功能上可能有重叠之处，但它们的主要特点是各不相同的。下面主要介绍基于软硬件的分类以及基于技术的分类。

1. 基于软硬件的分类

（1）软件防火墙。

软件防火墙运行于特定的计算机上，它需要客户预先安装好的计算机操作系统的支持，一般来说这台计算机就是整个网络的网关，俗称"个人防火墙"。

软件防火墙就像其他的软件产品一样需要先在计算机上安装并做好配置才可以使用，防火墙厂商中做网络版软件防火墙最出名的莫过于 Checkpoint。软件防火墙需要网管对所工作的操作系统平台比较熟悉。

（2）硬件防火墙。

这里说的硬件防火墙是指"所谓的硬件防火墙"。之所以加上"所谓"二字是针对芯片级防火墙说的，它们最大的差别在于是否基于专用的硬件平台。目前市场上大多数防火墙都是这种所谓的硬件防火墙，它们都基于 PC 架构，就是说，它们和普通的家庭用的 PC 没有太大区别。在这些 PC 架构计算机上运行一些经过裁剪和简化的操作系统，最常用的有老版本的 Unix、Linux 和 FreeBSD 系统。由于此类防火墙采用的是别人的内核，因此依然会受到 OS（操作系统）本身的安全性影响。

（3）芯片级防火墙。

芯片级防火墙基于专门的硬件平台，没有操作系统。专有的 ASIC 芯片使得它们比其他种类的防火墙速度更快，处理能力更强，性能更高。这类防火墙最出名的厂商有 NetScreen、Fortinet、Cisco 等，由于是专用 OS，因此防火墙本身的漏洞比较少，不过价格相对比较昂贵。

2. 基于技术的分类

（1）包过滤防火墙。

① 相关概念。

包是网络上的信息流动单位。网络上的数据包都是以包为单位进行传输的，数据被分割成一定大小的包，分为包头和数据部分，包头中含有源地址和目的地址等信息。路由器从包中读取目的地址并选择一条物理路线发送出去，包可能以不同的路线抵达目的地，当所有包抵达后会在目的地重新组装还原。

包过滤技术依据分包传输技术，使用包过滤技术的防火墙叫做包过滤（Packet Filter）防火墙，包过滤防火墙工作在 OSI 网络参考模型的网络层和传输层，根据数据包头源地址、目的地址、端口号和协议类型等标志确定是否允许通过。只有满足过滤条件的数据包才会被转发到相应的目的地，其余数据包则从数据流中丢弃，包过滤防火墙的工作原理如图 5－1 所示。

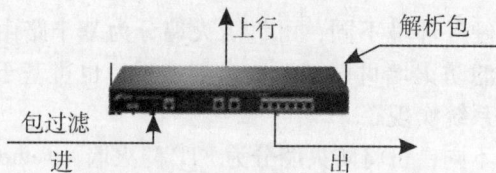

图 5－1　包过滤防火墙的工作原理

包过滤防火墙一般由屏蔽路由器（Screening Router，也称为过滤路由器）来实现，这种路由器在普通路由器基础上加入 IP 过滤功能来实现，这是防火墙最基本的构件。

② 过滤路由器与普通路由器的区别。

普通路由器只简单地查看每一数据包的目的地址，并选择数据包发往目标地址的最佳路径。当路由器知道如何发送数据包到目标地址，则发送该包；如果不知道如何发送数据包到目标地址，则返还数据包，通知源地址"数据包不能到达目标地址"。

过滤路由器将更严格地检查数据包，除了决定是否发送数据包到其目标外，还决定它是否应该发送。"应该"或"不应该"由站点的安全策略决定，并由过滤路由器强制执行。

③ 包过滤技术的发展。

• 第一代——静态包过滤（Static Packet Filter）防火墙

第一代包过滤防火墙与路由器同时产生，是防火墙的初级产品。它根据定义好的过滤规则审查每个数据包，以便确定其是否与某一条过滤规则匹配；过滤规则基于数据包的报头信息进行制定。报头信息中包括 IP 地址源地址、IP 地址目标地址、传输协议（TCP、UDP、ICMP 等）、TCP/UDP 目标端口、ICMP 消息类型等。

• 第二代——动态包过滤（Dynamic Packet Filter）防火墙

动态包过滤防火墙采用动态设置包过滤规则的方法，避免了静态包过滤所存在的问题，这种技术后来发展成为包状态检测（Stateful Inspection）技术，所以动态包过滤防火墙又称为状态检测防火墙，是传统包过滤上的功能扩展。

动态包过滤防火墙保持了简单包过滤防火墙的优点，性能比较好，同时对应用是透明的，安全性也有了大幅提升。这种防火墙摒弃了简单包过滤防火墙仅仅考察进出网络的数据包，不关心数据包状态的缺点，在防火墙的核心部分建立状态连接表，维护了连接，将进出网络的数据当成一个个的事件来处理。

动态包过滤防火墙的弱点也是明显的，过滤判别的依据只是网络层和传输层的有限信息，因而各种安全要求不可能充分满足；在许多过滤器中，过滤规则的数目是有限的，且随着规则数目的增加，性能会受到很大影响；由于缺少上下文关联信息，不能有效地过滤如 UDP、RPC（远程过程调用）一类的协议；另外，大多数过滤器中缺少审计和报警机制，它只能依据包头信息，而不能对用户身份进行验证，很容易受到"地址欺骗型"攻击。对安全管理人员素质要求高，建立安全规则时，必须对协议本身及其在不同应用程序中的作用有较深入的理解。因此，过滤器通常和应用网关配合使用，共同组成防火墙系统。

（2）应用代理技术。

① 相关概念。

代理是提供替代连接并充当服务的桥梁（网关）。代理服务器指代表内网用户向外网服务器进行连接请求的服务程序。当代理服务器得到一个客户的连接意图时，它们将核实客户请求，并经过特定的安全化的 Proxy 应用程序处理连接请求，将处理后的请求传递到真实的服务器上，然后接受服务器应答，并作进一步处理后，将答复交给发出请求的最终客户。代理服务器在外部网络向内部网络申请服务时发挥了中间转接的作用。

代理服务程序代理服务位于内部用户和外部服务之间，接受用户对 Internet 服务的请求，并按安全策略转发它们的实际的服务。代理服务器有两个主要部件：代理服务器和代理客户。代理客户端的用户面对的是代理服务器而不是因特网上真正的服务器。其实现过程如图 5 – 2 所示。

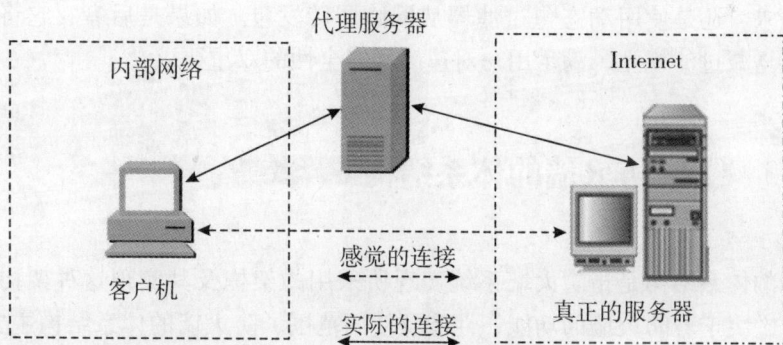

图 5 – 2　代理服务器的实现过程

代理服务的一大特点就是透明性。对于用户，代理服务器给用户一种直接使用"真正"服务器的感觉；对于真正的服务器，代理服务器给真正服务器一种在代理主机上直接处理用户请求的假象。

② 代理防火墙的优缺点。

代理防火墙的最突出的优点就是安全。由于每一个内外网络之间的连接都要通过 Proxy 的介入和转换，通过专门为特定的服务如 HTTP 编写的安全化的应用程序进行处理，然后由防火墙本身提交请求和应答，没有给内外网络的计算机以任何直接会话的机会，从而避免了入侵者使用数据驱动类型的攻击方式入侵内部网。包过滤类型的防火墙是很难彻底避免这一漏洞的。

代理防火墙的最大缺点就是速度相对比较慢。当用户对内外网络网关的吞吐量要求比较高（比如要求达到 75～100Mbps）时，代理防火墙就会成为内外网络之间的瓶颈。所幸的是，目前用户接入 Internet 的速度一般都远低于这个数字。在现实环境中，要考虑使用包过滤类型防火墙来满足速度要求的情况，大部分是高速网（ATM 或千兆位以太网等）之间的防火墙。

③ 代理技术的发展。

• 代理防火墙

代理防火墙属于第一代防火墙，也叫应用层网关（Application Gateway）防火墙。代理防火墙通过一种代理技术参与到一个 TCP 连接的全过程，从内部发出的数据包经过这样的防火墙处理后，就好像是源于防火墙外部网络一样，从而可以达到隐藏内部网结构的作用。这种类型的防火墙被网络安全专家和媒体公认为是最安全的防火墙。

• 自适应代理（Adaptive Proxy）防火墙

自适应代理技术是最近在商业应用防火墙中实现的一种革命性的技术。它可以结合代理类型防火墙的安全性和包过滤防火墙的高速度等优点，在不损失安全性的基础之上将代理型防火墙的性能提高 10 倍以上。组成这种类型防火墙的基本要素有两个：自适应代理服务器（Adaptive Proxy Server）与动态包过滤器（Dynamic Packet Filter）。

在自适应代理与动态包过滤器之间存在一个控制通道。在对防火墙进行配置时，用户仅仅将所需要的服务类型、安全级别等信息通过相应代理的管理界面进行设置就可以了。然后，自适应代理就可以根据用户的配置信息，决定是使用代理服务器从应用层代理请求，还是使用动态包过滤器从网络层转发包。如果是后者，它将动态地通知包过滤器增减过滤规则，满足用户对速度和安全性的双重要求。

任务3　了解防火墙的体系结构

防火墙的体系结构是指防火墙系统实现所采用的架构及其实现这种架构采用所运用的方法，它决定着防火墙的功能、性能及使用范围。防火墙的体系结构主要有四种：屏蔽路由器结构、双穴主机结构、屏蔽主机结构、屏蔽子网结构。

1. 屏蔽路由器结构

屏蔽路由器（Screening Router）也称为过滤路由器结构，是防火墙最基本的构件，如图 5-3 所示。它可以由厂家专门生产的路由器来实现，也可以用主机来实现。

屏蔽路由器作为内外连接的唯一通道，要求所有的报文都必须在此通过检查。路由器上可以安装基于 IP 层的报文过滤软件，实现报文过滤功能。许多路由器本身带有报文过滤配置选项，但一般比较简单。

单纯由屏蔽路由器构成的防火墙的危险带包括路由器本身及路由器允许访问的主机。其缺点是一旦被攻陷后很难发现，而且不能识别不同的用户。所以屏蔽路由器构成的防火墙并不安全，一般不会使用这种结构。

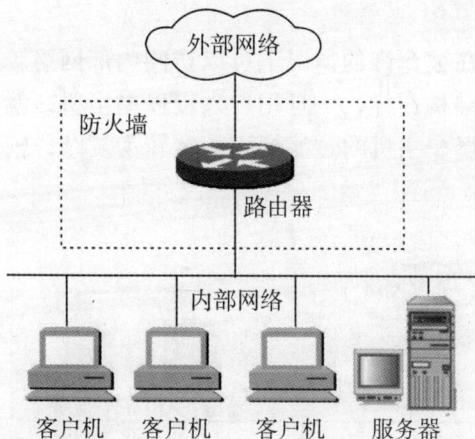

图 5-3　屏蔽路由器结构　　　　　　图 5-4　双穴主机结构

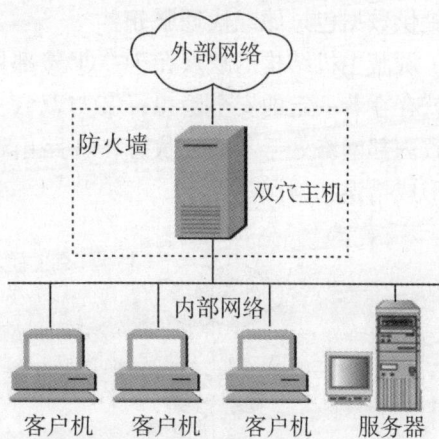

2. 双穴主机结构

双穴主机（Dual Homed Gateway）又称堡垒主机，是一台至少配有两个网络接口的主机，可以充当与这些接口连接的网络之间的路由器，在网络之间发送数据包。

双穴主机结构体系的配置是用一台装有两块网卡的堡垒主机做防火墙，两块网卡各自与内部网络和外部网络相连，一个典型的双穴主机体系结构如图 5-4 所示。堡垒主机上运行着防火墙软件，可以转发应用程序，提供服务等。

双穴主机体系结构防火墙的优点在于网络结构比较简单，由于内、外网络之间没有直接的数据交互而较为安全；堡垒主机的系统软件可用于维护系统日志、硬件拷贝日志或远程日志，这对于日后的检查很有用；内部用户账号的存在可以保证对外部资源进行有效控制；由于应用层代理机制的采用，可以方便地形成应用层的数据与信息过滤。

双穴主机的弱点在于，用户访问外部资源较为复杂，如果用户需要登录到主机上才能访问外部资源，则主机的资源消耗较大；用户机制存在着安全隐患，并且内部用户无法借助于该体系结构访问新的服务或者特殊服务；一旦入侵者侵入堡垒主机并使其只具有路由器功能，则任何网上用户均可以随便访问内网，导致内部网络处于不安全状态。

3. 屏蔽主机结构

屏蔽主机结构（Screened Host Gateway）又称为主机过滤结构，是指通过一个单独的路由器和内部网络上的堡垒主机共同构成防火墙，主要通过数据包过滤实现内、外网络的隔离和对内网的保护。

屏蔽主机结构比双穴主机结构提供更好的安全保护区，同时也更具有可操作性，而且这种防火墙投资少，安全功能扩充容易，因而目前应用比较广泛。如图 5-5 所示，过滤路由器与外部网相连，再通过堡垒主机与内部网连接，堡垒主机与过滤路由器一起构成该结构的防火墙。

相对于双穴主机结构，屏蔽主机结构的优点在于：①比双穴主机结构具有更高的安全特性；②内部网络用户访问外部网络较为方便、灵活；③由于堡垒主机和屏蔽路由器的同时存在，使得堡垒主机可以从部分安全事务中解脱出来，从而可以更高的效率提供数据包过滤或代理服务。

屏蔽主机结构的缺点在于：①外部用户在被允许的情况下可以访问内部网络，这样就存在着一定的安全隐患；②与双穴主机结构一样，一旦用户入侵堡垒主机，就会导致内部网络处于不安全状态；③路由器和堡垒主机的过滤规则配置较为复杂，较容易形成错误和漏洞。

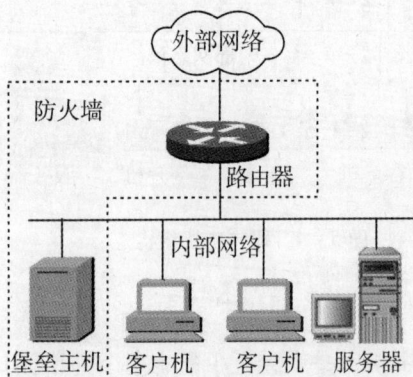

图 5 - 5　屏蔽主机结构　　　　图 5 - 6　屏蔽子网结构

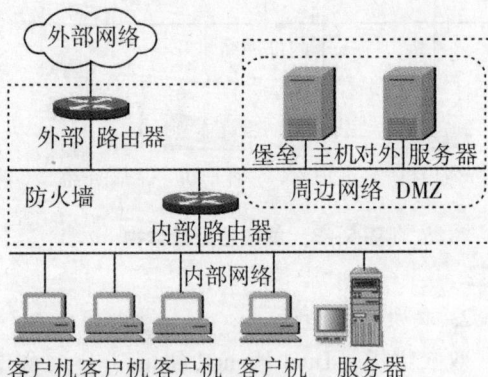

4. 屏蔽子网结构

在防火墙的双穴主机结构和屏蔽主机结构中，主机都是最主要的安全缺陷，一旦主机被入侵，则整个内部网络都处于入侵者的威胁之中，为解决这种安全隐患，出现了屏蔽子网（Screened Subnet）结构。

屏蔽子网结构，也称为子网过滤结构，是在内部网络和外部网络之间建立一个被隔离的子网，用两台分组过滤路由器将这一子网分别与内部网络和外部网络分开，两个过滤路由器都连接到周边网络上，一个位于周边网络与内部网之间，另一个位于周边网络与外部网之间。一个典型的屏蔽子网体系结构如图 5 - 6 所示，它提供了比较完善的网络安全保障和较灵活的应用方式。

屏蔽子网结构的防火墙比较复杂，主要由四个部分组成：周边网络、外部路由器、内部路由器和堡垒主机。

（1）外部路由器既可保护周边网络又能保护内部网，是屏蔽子网结构的第一道屏障。外部路由器的任务是阻隔来自外部网上伪造源地址进来的任何数据包。这些数据包自称来自内部网，其实它们来自外部网。

（2）内部路由器用于隔离周边网络和内部网络，是屏蔽子网结构的第二道屏障。内部路由器的主要功能是保护内部网免受来自外部网与参数网络的侵扰，其上设置了针对内部用户的访问过滤规则，对内部用户访问周边网络和外部网络进行限制。

（3）堡垒主机位于周边网络，可以向外部用户提供 WWW、FTP 等服务，接受来自外部网络用户的服务资源访问请求。同时堡垒主机也可以向内部网络用户提供 DNS、电子邮件、WWW 代理、FTP 代理等多种服务，提供内部网络用户访问外部资源的接口。

（4）周边网络相当于一个应用网关，是指在安全、可信的内部网络与非安全、不可信的外部网络之间另加的一个安全保护层，通过周边网络将堡垒主机与外部网隔开，减少堡垒主机被侵袭影响的几率。

如果入侵者仅仅侵入到参数网络的堡垒主机，他只能偷看到参数网络的信息流而看不到内部网的信息，参数网络的信息流仅往来于外部网和堡垒主机。没有内部网主机间的信息流（重要和敏感的信息）在参数网络中流动，所以即使堡垒主机受到损害也不会破坏内部网的信息流。

屏蔽子网体系结构的缺点在于：①构建屏蔽子网体系结构的成本较高；②屏蔽子网体系结构的配置较为复杂，容易出现配置错误导致的安全隐患。

5. 防火墙的组合结构

除了经典的四种体系结构之外，防火墙还存在着多种经典结构的变化形式，这些变化形式主要是针对屏蔽子网体系结构的扩展，在不同的网络环境和不同的安全需求下的运用。建造防火墙时，一般很少采用单一的结构，通常是多种结构的组合。这种组合主要取决于网管中心向用户提供什么样的服务，以及网管中心能接受什么等级的风险。采用哪种技术还取决于经费、投资的大小或技术人员的技术、时间等因素。组合的体系结构主要包括以下形式：

（1）使用多堡垒主机；

（2）合并内部路由器与外部路由器；

（3）合并堡垒主机与外部路由器；

（4）合并堡垒主机与内部路由器；

（5）使用多台内部路由器；

（6）使用多台外部路由器；

（7）使用多个参数网络；

（8）使用双穴主机与屏蔽子网。

任务 4　如何选择防火墙

设计和选用防火墙时，要明确哪些数据是必须保护的，这些数据的被侵入会导致什么样的后果，网络不同区域需要什么等级的安全级别，然后根据安全级别确定防火墙的安全标准。防火墙可以是软件或硬件模块，并集成于网桥、网关和路由器等设备之中。在选择防火墙的时候，必须充分考虑如下因素：

1. 防火墙自身的安全性

大多数人在选择防火墙时都将注意力放在防火墙如何控制连接以及防火墙支持多少种服务，但往往忽略了一点：防火墙也是网络上的主机设备，也可能存在安全问题。防火墙如果不能确保自身安全，则防火墙的控制功能再强，也终究不能完全保护内部网络。

在防火墙主机上执行的除了防火墙软件外，所有的系统和程序也大都来自于操作系统本身的原有程序。当防火墙上所执行的软件出现安全漏洞时，防火墙本身也将受到威胁。如当黑客取得对防火墙的控制权后，他将为所欲为地修改防火墙的访问规则，进而侵入更多的系统。所以防火墙自身应是高度安全的。

2. 考虑特殊的需求

企业安全政策中往往有些特殊需求不是每一个防火墙都会提供的，这方面常会成为选择防火墙的考虑因素之一，常见的需求如下：

（1）IP 地址转换（IP Address Translation）。

进行 IP 地址转换有两个好处：其一是隐藏内部网络真正的 IP，使黑客（Hacker）无法直接攻击内部网络；另一个好处是可以让内部使用保留的 IP，这对许多 IP 不足的企业是有益的。

（2）虚拟企业网络（VPN）。

VPN 在防火墙与防火墙、防火墙与移动客户机间对网络传输的内容加密，建立一个虚拟通道，让两者感觉是在同一个网络上，可以安全且不受拘束地互相存取信息。这对总公司与分公司之间或公司与外出的员工之间需要直接联系，又不愿花费大量金钱另外申请专线或用长途电话拨号连接时，将会非常有用。

（3）双重 DNS。

当内部网络使用没有注册的 IP 地址，或是防火墙进行 IP 地址转换时，DNS 也必须经过转换，因为，同样的一个主机在内部的 IP 与给予外界的 IP 将会不同，有的防火墙会提供双重 DNS，有的则必须在不同主机上各安装一个 DNS。

（4）特殊控制需求。

有时候企业会有特殊的控制需求，如限制特定使用者才能发送 E-mail，FTP 只能 GET 档案不能 PUT 档案，限制同时上网人数，限制使用时间或 Block Java、ActiveX 等，依需求不同而定。

（5）病毒扫描功能。

大部分防火墙都可以与防病毒防火墙搭配实现扫毒功能，有的防火墙则可以直接集成扫毒功能，差别只是扫毒工作是由防火墙完成，还是由另一台专用的计算机完成。

3. 选择防火墙的原则

当我们在规划网络时，不能不考虑整体网络的安全性，而谈到网络安全，就不能忽略防火墙的功能。防火墙产品往往有上千种，如何在其中选择最符合需要的产品，是消费者最关心的事。在选购防火墙软件时，应该考虑以下几点：

（1）防火墙应该是一个整体网络的保护者；

（2）防火墙必须能弥补其他操作系统的不足；

（3）防火墙应该为使用者提供不同平台的选择；

（4）防火墙应能向使用者提供完善的售后服务；

（5）防火墙应该向使用者提供完整的安全检查功能：防火墙未必能有效地杜绝所有的恶意封包；绝对的安全性仍必须依靠使用者的观察及改进。

4. 防火墙系统的部署需要兼顾的因素

在实际的网络中，保障网络安全与提供高效灵活的网络服务是矛盾的。从网络服务的可用性、灵活性和网络性能考虑，网络结构和技术实现应该尽可能简捷，不引入额外的控制因素和资源开销。但从网络安全保障考虑，则要求对网络系统提供服务的种类、时间、对象、地点甚至内容有尽可能多的了解和控制能力，实现这些附加的安全功能不可避免地要耗费有限的网络资源或限制网络资源的使用，从而对网络系统的性能、服务的使用方式和范围产生显著影响。此外，保障网络安全常常还涉及额外的硬件、软件投入及网络运行管理中的额外投入，由此可见，保障网络的安全是有代价的。对安全性的追求可以是无限的，但费用也会随之增长，这要求我们在部署防火墙系统时，要找到一个适当的平衡点。通常防火墙系统的部署需要兼顾安全性与方便性、安全性与性能因素要求，在它们之间寻找理想的平衡点，以实现经济效益的最大化。

任务5　了解防火墙的发展趋势

网络安全是通过技术与管理相结合来实现的，良好的网络管理加上优秀的防火墙技术是提高网络安全性能的最好选择。随着新的攻击手段的不断出现，以及防火墙在用户的核心业务系统中占据的地位越来越重要，用户对防火墙的要求越来越高。

为适应 Internet 的发展，未来防火墙技术的发展趋势为：

（1）智能化：防火墙将从目前的静态防御策略向人工智能的智能化方向发展；

（2）高速度：防火墙必须在运算速度上做相应的升级，才不至于成为网络的瓶颈；

（3）并行体系结构：分布式并行处理的防火墙是防火墙的另一发展趋势；

（4）多功能：未来网络防火墙将在保密性、包过滤、服务、管理和安全等方面增加更多更强的功能；

（5）专业化：电子邮件防火墙、FTP 防火墙等针对特定服务的专业化防火墙将作为一种产品门类出现；

（6）防病毒：现在许多防火墙都内置了病毒和内容扫描功能。

综上所述，未来防火墙技术会全面考虑网络的安全、操作系统的安全、应用程序的安全、用户的安全和数据的安全等。

任务6　Windows XP 防火墙的应用

【实训目的】

在 Windows XP 中配置简易防火墙（IP 筛选器），完成后，能够在本机实现对 IP 站点、端口、DNS 服务器屏蔽，实现防火墙功能。

【预备知识】

了解 Windows XP 防火墙的功能。

【实训环境】

一台运行 Windows XP Professional 并带有浏览器、能够访问 Internet 的计算机。

【实训说明】

（1）打开或关闭 Windows 防火墙；

（2）启用安全记录；

（3）查看安全日志说明。

【实训步骤】

1. 打开或关闭 Windows 防火墙

（1）在 Windows 的"开始"菜单中单击"控制面板"，选择"网络和 Internet 连接"，单击"Windows 防火墙"，打开"Windows 防火墙"对话框，如图 5 - 7 所示。

（2）在"常规"选项卡中设置为"启用（推荐）"（缺省状态）。

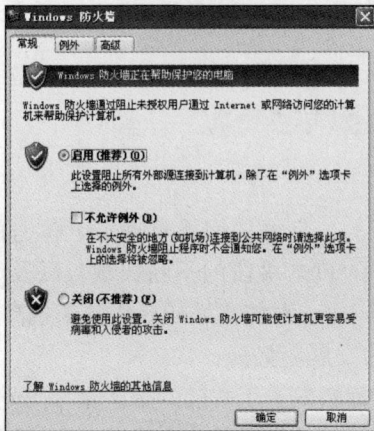

图 5 - 7　"Windows 防火墙"对话框　　　图 5 - 8　"高级"选项卡

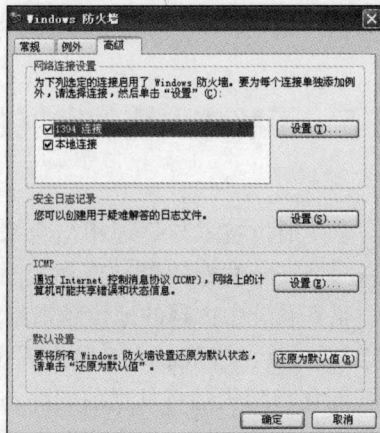

2. 启用安全记录

（1）点击"高级"选项卡，如图 5 - 8 所示。

（2）在其中的"安全日志记录"选项组中点击"设置"按钮，打开"日志设置"对话框，如图 5 - 9 所示。

（3）点击下面的选项之一。

若要启用对不成功的入站连接尝试的记录，需选中"记录被丢弃的数据包"复选框。

若要启用对成功的出站连接的记录，需选中"记录成功的连接"复选框。

（4）点击"确定"，完成操作。

3. 查看安全日志说明

（1）打开如图 5 - 9 的日志设置，单击"另存为"按钮，在对话框中进行浏览查看。

（2）右键单击 pfirewall. log，然后在弹出的快捷菜单中单击"打开"命令。

防火墙日志的默认名称是 pfirewall. log，其存放位置在 Windows 文件夹中。但必须选中"记录被丢弃的数据包"或"记录成功的连接"复选框，才能使 pfirewall. log 文件出现在 Windows 文件夹中。

如果超过了 pfirewall. log 可允许的最大大小（4 096KB），则日志文件中原有的信息将转移到一个新文件中，并用文件名 pfirewall. log. old 进行保存。新的信息将保存在所创建的第一个文件（名为 pfirewall. log）中。

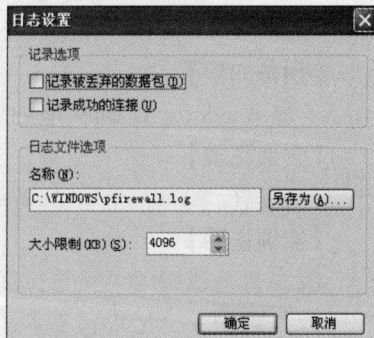

图 5 - 9　日志设置

任务 7　ISA 防火墙的使用和配置应用

【实训目的】

通过对 ISA 的操作熟悉防火墙的基本工作原理及应用。

【预备知识】

1. 了解 ISA 防火墙

ISA（Internet Security and Acceleration）Server 是构建在 Microsoft Windows Server 2003 和 Windows 2000 Server 操作系统安全、管理和目录上的 Web 缓存服务器，实现基于策略的网际访问控制、加速和管理。

ISA Server 提供直观而强大的管理工具，包括 Microsoft 管理控制台管理单元、图形化任务板和逐步进行的向导。利用这些工具，ISA Server 能将执行和管理一个坚固的防火墙并将缓存服务器所遇到的困难减至最小。

ISA Server 提供一个企业级 Internet 连接解决方案，它不仅包括特性丰富且功能强大的防火墙，还包括用于加速 Internet 连接的可伸缩的 Web 缓存。根据组织网络的设计和需要，ISA Server 的防火墙和 Web 缓存组件可以分开配置，也可以一起安装。

ISA 目前的版本有 ISA2000、ISA2004、ISA2006、ISA2008，是一款微软出品的著名路由级网络防火墙。ISA Server 是一个拥有自己的软件开发工具包和脚本示例的高扩展性平台，可以利用它根据自身业务需要量身定制 Internet 安全解决方案。

2. ISA 防火墙的主要功能

（1）确保 Internet 连接的安全性。将网络和用户连接到 Internet 会引入安全性和效率问题。

（2）快速的 Web 访问。Internet 提高了组织的工作效率，这是以内容可访问、访问速度快且成本合理为前提的。

（3）统一管理。通过组合防火墙和高性能的 Web 缓存功能，ISA Server 2004 提供了有助于降低网络复杂度和减少成本的公共管理基础结构。

（4）可扩展的平台。ISA Server 2004 能实现高度的可扩展性。可用于 ISA 服务器的其他资料有：全面的软件开发人员工具包（SDK）、大型的第三方附加解决方案选集，以及可扩展的管理选件。使用 ISA 服务器管理组件对象模型（COM），可以扩展 ISA 服务器的功能。管理对象还允许通过 ISA 服务器管理完成的所有任务的自动化，这意味着 ISA 服务器管理员可以通过使用管理对象来自动完成所有任务。

3. ISA 防火墙的工作原理

防火墙的 ISA 服务器可以保护三种类型的客户端：防火墙客户端、SecureNAT 客户端（没有安装"防火墙客户端软件"的计算机）和 Web 代理客户端，图 5-10 为 ISA 的工作模型，各种客户端的区别如表 5-1 所示。

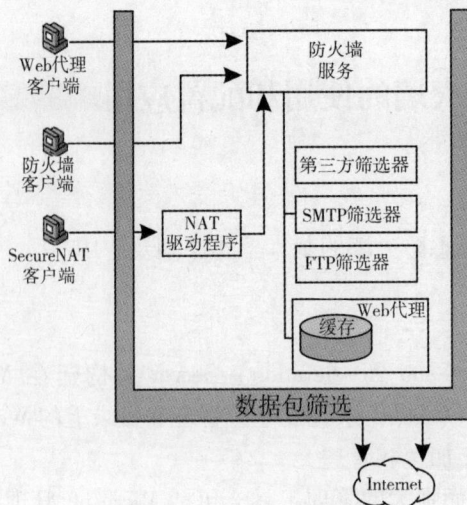

图 5 – 10   ISA 的工作模型

表 5 – 1   各种客户端的区别

功能	Secure 客户端	防火墙客户端	Web 代理客户端
安装	是，需要对网络配置进行一些修改	是	否，需要配置 Web 浏览器
操作系统支持	支持 TCP/IP 的所有操作系统	仅限 Windows 平台	所有平台，但采用的是 Web 应用程序方式
协议支持	使用语多连接协议的应用程序筛选器	所有 Windsock 应用程序	HTTP、安全 HTTP（HTTPS）和 FTP
用户级身份验证支持	是，仅限 VPN 客户端	是	是

【实训环境】

ISA2004 中文标准版、可扩展的企业防火墙和 Web 缓存服务器。

实例 1   建立防火墙策略，允许其访问相应服务

【实训说明】

通过 ISA 服务器管理，新建如下所要求的防火墙策略：

（1）建立一条新防火墙策略，命名为"allowed"；

（2）通过添加协议，允许 ISA 服务器及其管理的内部主机通过域名方式访问外部网络 HTTP 80 端口发布的 Web 服务、收发邮件所利用的 POP3 及 SMTP 服务、FTP 服务；

（3）除此之外，还需创建一个新协议命名为"http8080"，通过添加此协议，访问外部网络通过 8080 端口发布的 Web 服务。

【实训步骤】

（1）打开 ISA 服务器管理，单击左侧"防火墙策略"，出现如图 5–11 所示的窗口。

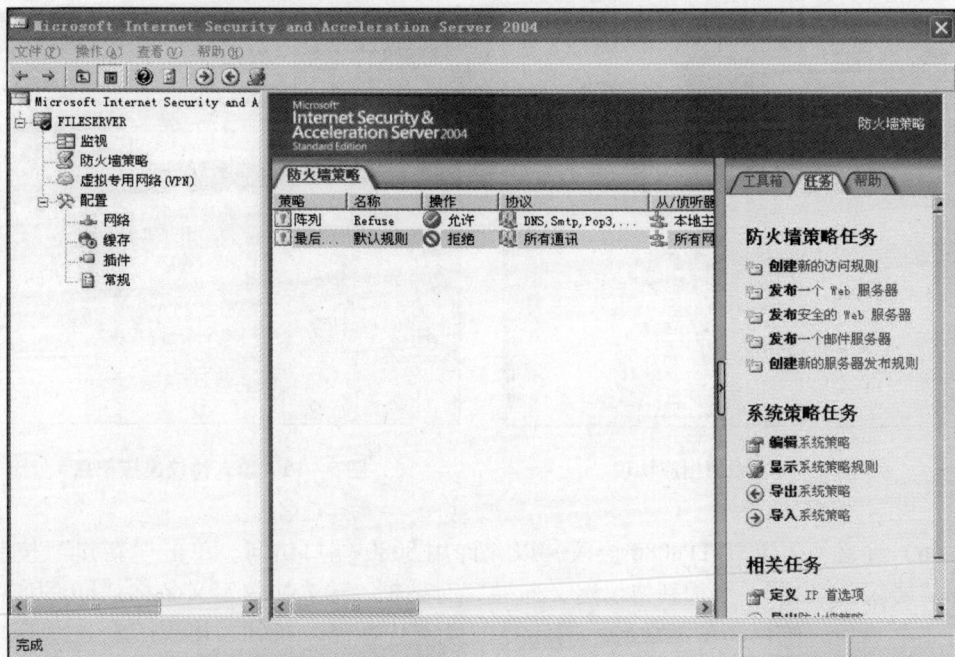

图 5–11　"ISA 服务器管理"窗口

（2）单击窗口右侧"任务"选项卡，单击"创建新的访问规则"，弹出"新建协议定义向导"对话框，输入规则名称"allowed"，如图 5–12 所示。

（3）单击"下一步"按钮，单击"允许"单选按钮。

（4）单击"下一步"按钮，选择下拉菜单中的"所选的协议"，点击"添加"，出现"添加协议"对话框，如图 5–13 所示。

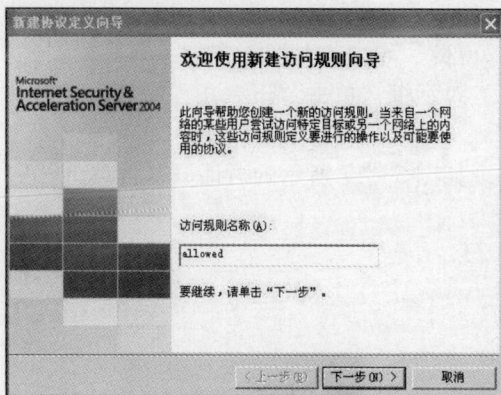

图 5–12　"新建访问规则向导"对话框

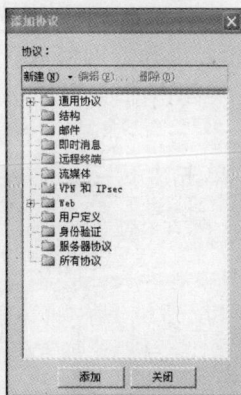

图 5–13　"添加协议"对话框

（5）展开"通用协议"，选择 HTTP、SMTP 及 POP3，分别点击"添加"按钮，为了能正常浏览网页，再添加 DNS 协议。展开"Web"，选择 FTP 并点击"添加"，如图5－14 所示。

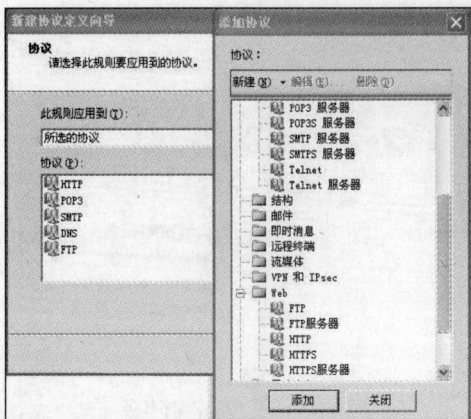

图 5－14　添加相应协议

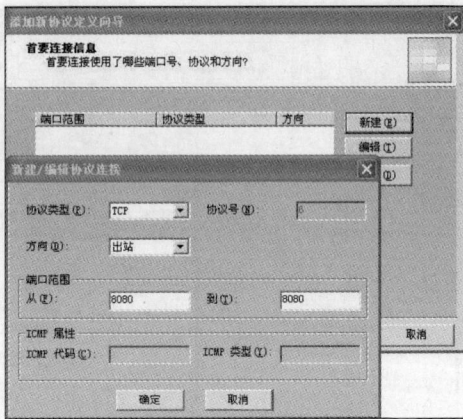

图 5－15　填入协议连接信息

（6）还必须新建 HTTP8080 协议，以允许用 8080 端口访问。单击"新建"按钮，选择"协议"，出现"添加新协议定义向导"对话框，输入协议定义名称"http8080"，单击"下一步"按钮，在继续显示的向导中点击"新建"按钮，出现"新建/编辑协议连接"对话框，如图 5－15 所示，输入相应的参数，端口范围从 8080 到 8080。

（7）单击"确定"按钮，再单击"下一步"按钮，在向导的"是否使用辅助连接？"中选择"否"，单击"下一步"按钮，出现如图 5－16 所示的对话框，单击"完成"按钮。

（8）http8080 创建完毕后，展开"用户定义"，将新创建的 http8080 添加到"所选的协议"中。

（9）关闭"添加协议"对话框，单击"下一步"按钮，出现"访问规则源"对话框，单击"添加"按钮，在"添加网络实体"对话框中，展开"网络"，选择"本地主机"、"内部"，分别单击"添加"按钮。

（10）关闭"添加网络实体"对话框，单击"下一步"按钮，出现"访问规则目标"对话框，展开"网络"，选择"外部"，单击"添加"按钮。

（11）关闭当前"添加网络实体"对话框，单击"下一步"按钮，出现"用户集"对话框。

（12）单击"下一步"按钮，出现如图 5－17 所示的对话框，再点击"完成"。

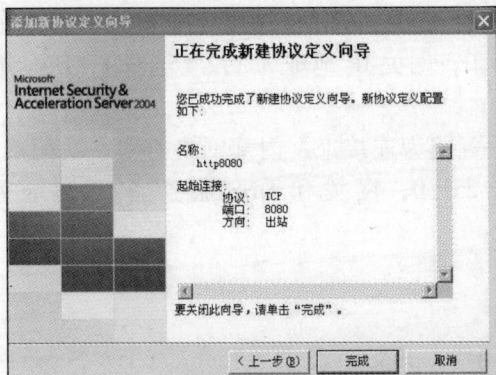

图 5-16 完成新建 http8080 向导   图 5-17 完成向导

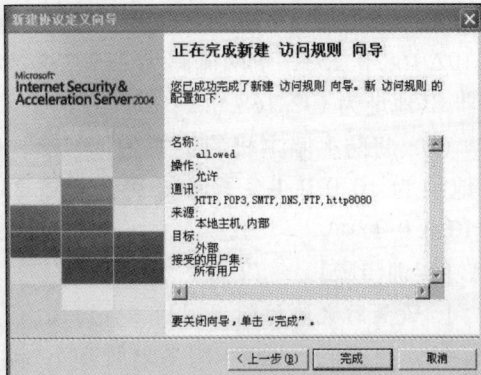

（13）"防火墙策略"中出现刚刚新建的规则，单击上方的"应用"按钮，再单击"确定"按钮，如图 5-18 所示，完成对配置的更改，此时在 ISA 服务器以及内部网络上可以正常访问网站。

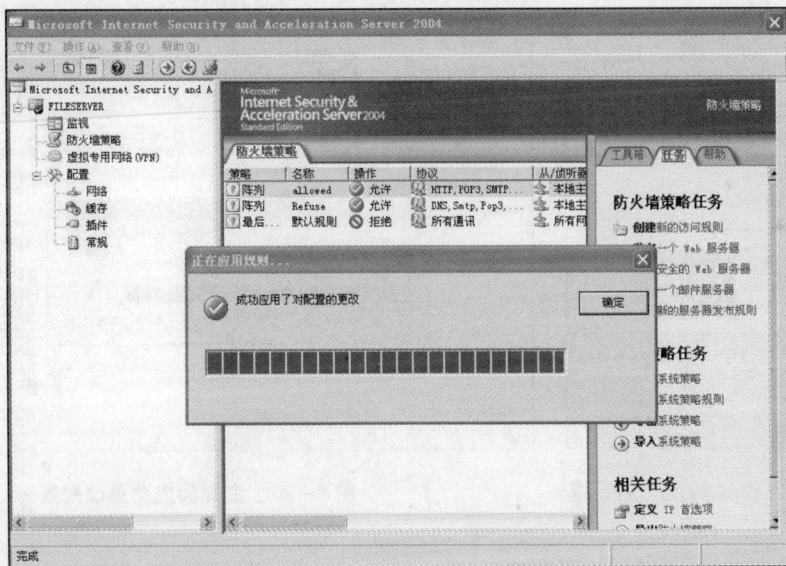

图 5-18 主界面中新建的策略

实例 2 设置内外网地址以及访问策略的开放时间

【实训说明】

ISA 防火墙连接外部网络为 192. 168. 0. 0/24 网段，其管理的内部网络为 10. 0. 0. 0/24 网段，根据要求完成以下操作：

（1）将 ISA2004 防火墙中名称为"Refuse"的访问规则的工作时间设定为周一到周五（9：00-17：00）；

（2）将 ISA2004 防火墙中"内部网络"地址范围修改为 10. 0. 0. 1-10. 0. 0. 254；

（3）将防火墙主机的"本地连接"设置成为连接外部网络的网络适配器，IP地址为192.168.0.158，子网掩码为255.255.255.0；网关IP地址为192.168.0.1，DNS服务器IP地址为192.168.0.2；

（4）将防火墙主机的"本地连接2"设置成为连接ISA内部网络的网络适配器，IP地址为10.0.0.1，子网掩码为255.255.255.0，网关和DNS服务器IP地址都为10.0.0.1。

【实训步骤】

1. 设置防火墙访问规则的工作时间

（1）打开"ISA2004服务器管理"，路径为：开始→程序→Microsoft ISA Server→ISA服务器管理。

（2）单击"ISA2004服务器管理"窗口左侧的"防火墙策略"，在窗口右侧右键单击"Refuse"规则，在弹出的快捷菜单中单击"属性"命令，打开"Refuse属性"对话框，如图5-19所示，单击"计划"选项卡，在"计划"后的下拉菜单中选择"工作时间"。

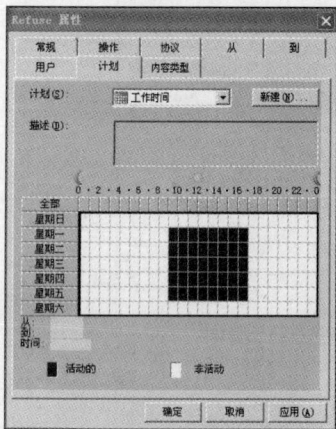

图5-19　"Refuse属性"对话框

图5-20　主界面成功更改配置

（3）单击"确定"按钮，回到"ISA服务管理器"窗口，点击窗口中部上方的"应用"按钮。出现图5-20所示的界面，单击"确定"按钮。

2. 设置防火墙内部网络的地址范围

（1）展开"ISA2004管理器"窗口左侧"配置"，单击"网络"，在界面中间找到ISA2004指定的内部IP地址段，如图5-21所示。单击右键，在弹出的快捷菜单中单击"属性"命令，打开"内部属性"对话框，单击"地址"选项卡，选中IP地址，如图5-22所示。

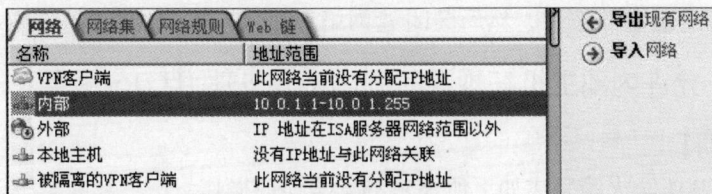

图 5-21 选择"内部"

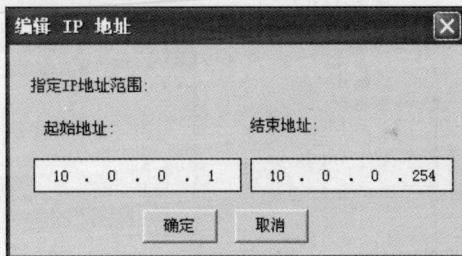

（2）单击"编辑"按钮，打开"编辑 IP 地址"对话框，输入起始地址 10.0.0.1 和结束地址 10.0.0.254，如图 5-23 所示。

（3）单击"确定"按钮，回到"ISA2004 服务管理器"窗口。

（4）单击"应用"按钮，再单击"确定"按钮，完成防火墙的配置修改。

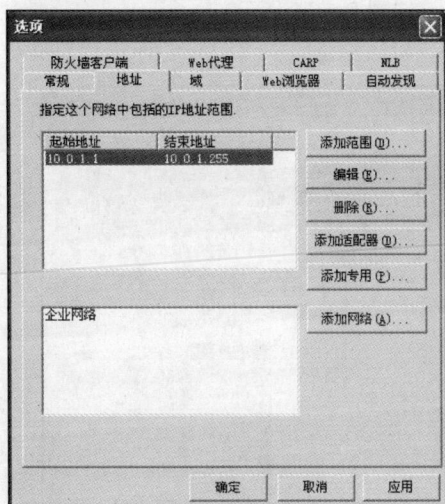

图 5-22　内部属性"选项"对话框　　　图 5-23　"编辑 IP 地址"对话框

3. 设置内部网络地址范围。

（1）桌面右键单击"网上邻居"，在弹出的快捷菜单中单击"属性"命令，打开外部网络连接的属性，右键单击"本地连接"，在弹出的快捷菜单中单击"属性"命令，打开"属性"对话框，点选"Internet 协议（TCP/IP）"，单击"属性"按钮，打开"Internet 协议属性"对话框，指定企业网 IP 为 192.168.0.158，子网掩码为 255.255.255.0，默认网关为 192.168.0.1，首选 DNS 服务器为 192.168.0.2。

（2）单击"确定"按钮，回到"本地连接"属性对话框。

（3）单击"确定"按钮，回到"网络和拨号连接"窗口。右键单击"本地连接 2"，在弹出的快捷菜单中单击"属性"命令，打开"属性"对话框，点选"Internet 协议（TCP/IP）"，再单击"属性"按钮，打开"Internet 协议属性"对话框，指定财务部网络 IP 为 10.0.0.1，子网掩码为 255.255.255.0，默认网关为 10.0.0.1，首选 DNS 服务器为 10.0.0.1。

（4）单击"确定"按钮，回到"本地连接 2"属性对话框。

（5）单击"确定"按钮，然后关闭"网络和拨号连接"窗口。

实例 3 允许内部主机在规定时间内访问外部 HTTPS 服务

【实训说明】

运用 ISA2004 防火墙完成如下所要求的安全访问操作：

（1）新建计算机 insidehost 地址为 192.168.1.100 和 outsidehost 地址为 211.1.1.1；

（2）建立一条新的防火墙策略，命名为"allow HTTPS"，添加适当的协议使内部主机 insidehost 能够访问外部主机 outsidehost 发布的 HTTPS 服务；

（3）规定用户只能在周一到周五的工作时间（9：00—17：00）访问外部网络。

【实训步骤】

1. 新建计算机 insidehost 和 outsidehost

（1）打开"ISA2004 服务器管理"窗口，单击左侧的"防火墙策略"，再单击窗口右侧"工具箱"选项卡，打开"网络对象"栏，如图 5-24 所示。

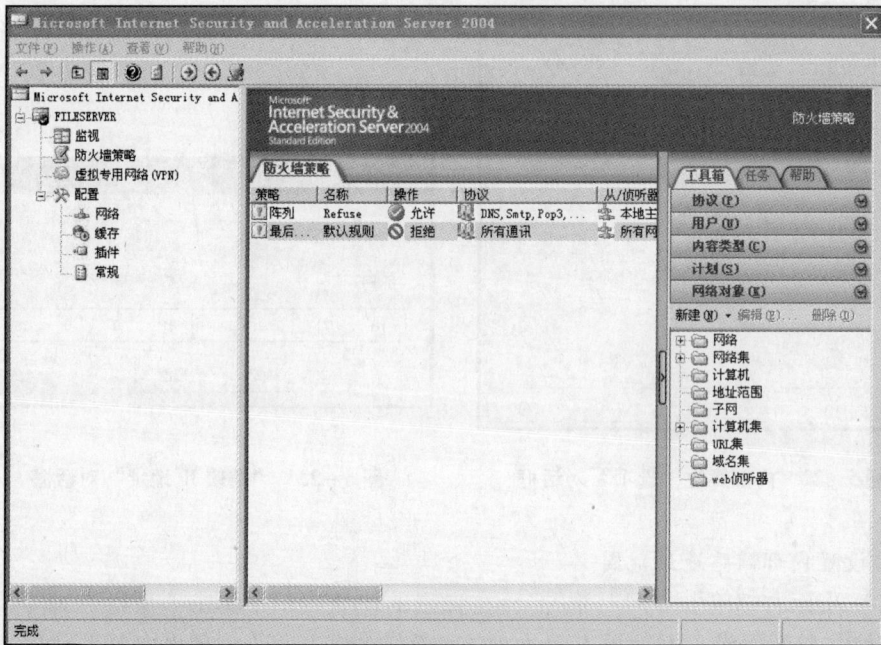

图 5-24 "ISA2004 服务器管理"窗口中的"工具箱"选项卡

（2）右键单击"计算机"，在弹出的下拉菜单中单击"新建计算机"命令，打开"新建计算机规则元素"对话框，如图 5-25 所示，分别新建名称为 insidehost、计算机 IP 地址为 192.168.1.100 和名称为 outsidehost、计算机 IP 地址为 211.1.1.1。

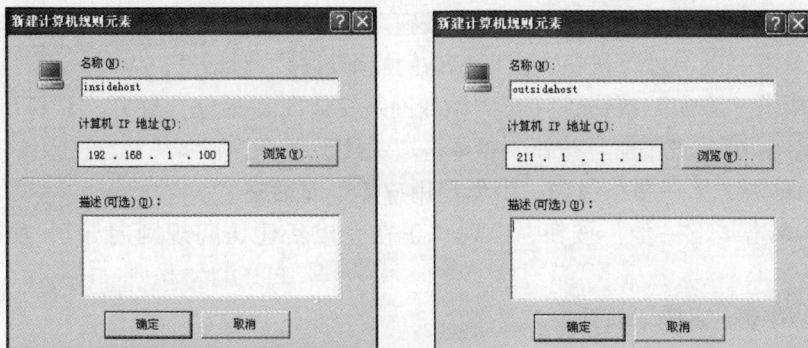

图 5 –25 新建 insidehost 和 outsidehost

（3）单击"确定"按钮，此时"ISA2004 服务器管理"窗口右侧的网络对象如图 5 – 26 所示。

2. 新建防火墙策略，并添加适当的协议使内部主机能够访问外部主机

（1）单击窗口右侧"任务"选项卡，单击"创建新的访问规则"，打开"新建协议定义向导"对话框，输入规则名称"allow HTTPS"，如图 5 – 27 所示。

（2）单击"下一步"按钮，单击"允许"单选按钮。

（3）单击"下一步"按钮，选择下拉菜单中的"所选的协议"，单击"添加"按钮，打开"添加协议"对话框。

（4）展开"通用协议"，单击 HTTPS。

（5）单击"添加"按钮，再关闭"添加协议"对话框，此时"新建协议定义向导"对话框如图 5 – 28 所示。

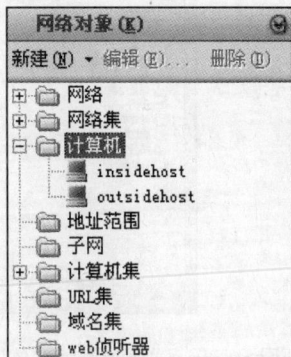

图 5 – 26 网络对象的计算机

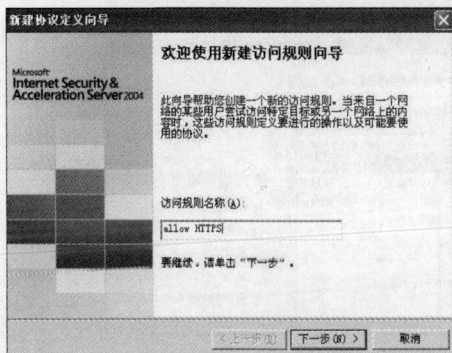

图 5 – 27 "新建协议定义向导"对话框

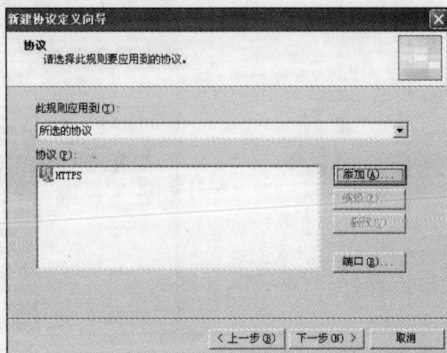

图 5 – 28 "新建协议定义向导"添加协议后的对话框

（6）单击"下一步"按钮，出现"访问规则源"对话框，单击"添加"按钮，在"添加网络实体"对话框中，展开"计算机"，如图 5 – 29 所示。

（7）单击 insidehost，单击"添加"按钮。

（8）单击"下一步"按钮，出现"访问规则目标"对话框。

（9）单击"添加"按钮，打开"添加网络实体"对话框，展开"计算机"，单击 outsidehost，并单击"添加"按钮，再单击"关闭"按钮。

（10）单击"下一步"按钮，出现"用户集"对话框。

（11）单击"下一步"按钮，出现"正在完成新建访问规则向导"，如图 5 - 30 所示。

（12）单击"完成"按钮。

图 5 - 29　"添加网络实体"对话框　　　　图 5 - 30　完成向导

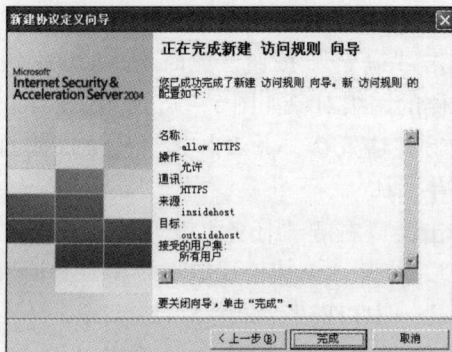

3. 设置访问外部网的时间

（1）在"ISA2004 服务器管理"窗口中，右键单击刚刚创建的"allow HTTPS"规则，在弹出的快捷菜单中单击"属性"命令，如图 5 - 31 所示。

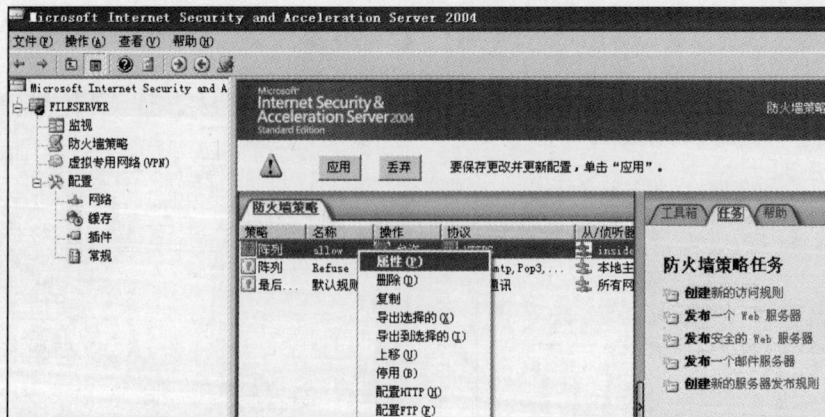

图 5 - 31　选择 allow HTTPS 的属性

（2）在打开的"allow HTTPS 属性"对话框中，单击"计划"选项卡，在"计划"后的下拉菜单中单击"工作时间"（同图 5 - 19 所示）。

（3）单击"确定"按钮，回到"ISA 服务管理器"窗口，单击窗口中部上方，如图 5-32 中的"应用"按钮。

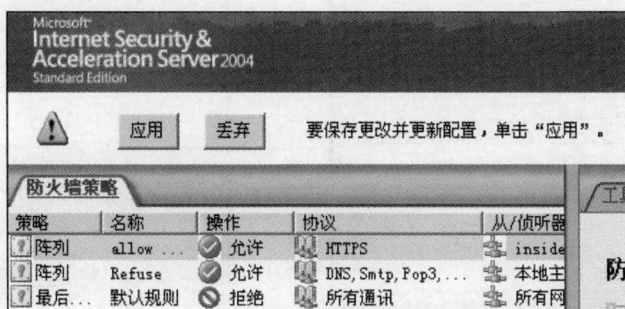

图 5-32　应用按钮

（4）成功应用了对配置的更改后，单击"确定"按钮。

实例 4　限制内部主机访问特定站点

【实训说明】

通过配置 ISA2004 防火墙，完成如下要求的操作：

（1）新建计算机主机"client1"，设置 IP 地址为 192.168.1.100；

（2）新建 URL 集"*.sina.com"，设置此 URL 包含站点 sina.com 的全部相关子站点；

（3）新建防火墙访问规则"forbid sina"，禁止内部主机 client1 访问外部网络的 sina.com相关站点；

（4）设置此规则的有效时间为工作时间；

（5）当用户在工作时间访问 sina.com 的任何站点时，则将其链接指向 http://www.google.com。

【实训步骤】

1. 新建计算机主机，并设置 IP 地址

（1）打开"ISA2004 服务器管理"，单击窗口左侧的"防火墙策略"，再单击窗口右侧的"工具箱"选项卡，并点击"网络对象"栏。单击"新建"按钮，在弹出的下拉菜单中单击"计算机"，打开"新建计算机规则元素"对话框，输入名称为 client1，IP 为 192.168.1.100，如图 5-33 所示。

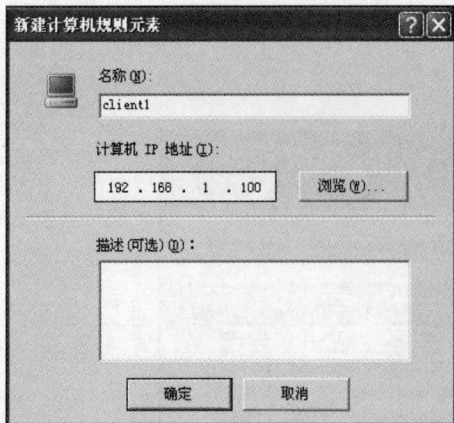

图 5 – 33   新建计算机主机

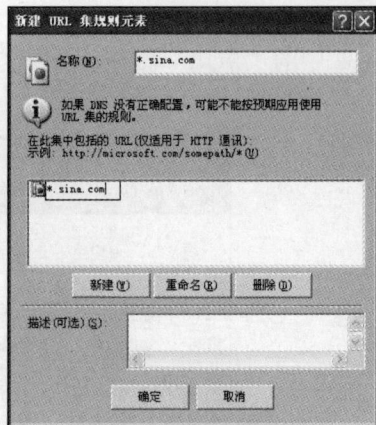

图 5 – 34   新建 URL 集

（2）单击"确定"按钮，回到"ISA2004 服务器管理"窗口。

2. 新建 URL 集

（1）右键单击窗口右侧的"URL 集"，在弹出的快捷菜单中单击"新建 URL 集"，打开"新建 URL 集规则元素"对话框，输入名称为"*. sina. com"，再单击"新建"按钮，输入"*. sina. com"，如图 5 – 34 所示。

（2）单击"确定"按钮。

3. 新建防火墙访问规则

（1）在"ISA2004 服务器管理"窗口右侧，单击"任务"选项卡，并单击"防火墙策略任务"中的"创建新的访问规则"，打开"新建协议定义向导"对话框，如图5 – 35 所示，输入规则名称为 forbid sina。

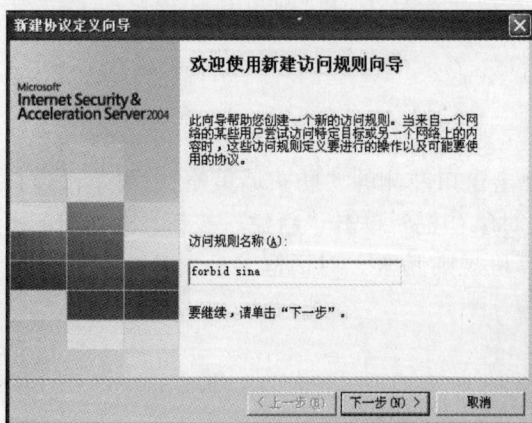

图 5 – 35   设置规则名称

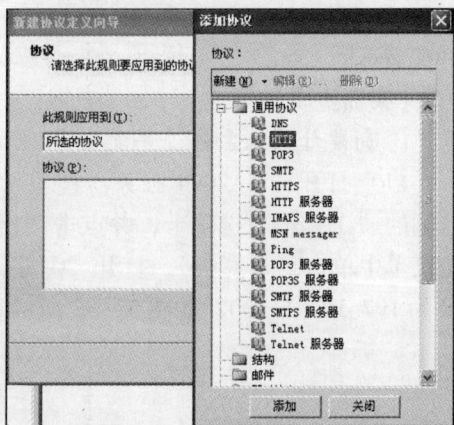

图 5 – 36   添加"HTTP"协议

（2）单击"下一步"按钮，选择"拒绝"单选按钮。

（3）单击"下一步"按钮，在"此规则应用到"下拉菜单中选择"所选的协议"。单击"添加"按钮，打开"添加协议"对话框，展开"通用协议"，单击"HTTP"，如图 5 –36 所示。

（4）单击"添加"按钮，再单击"关闭"按钮。

（5）单击"下一步"按钮，在向导的"访问规则源"中单击"添加"按钮，打开"添加网络实体"对话框，展开"计算机"，单击"client1"，如图 5 –37 所示。

（6）单击"添加"按钮，再单击"关闭"按钮，此时的"新建协议定义向导"对话框如图 5 –38 所示。

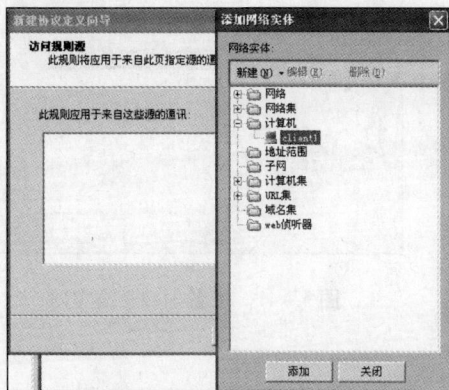

图 5 –37　添加计算机

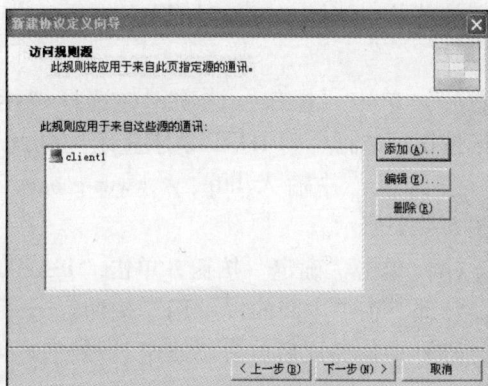

图 5 –38　添加 client1 完成

（7）单击"下一步"按钮，在向导的"访问规则目标"对话框中，单击"添加"按钮，打开"添加网络实体"对话框，展开"URL 集"，单击"*.sina.com"，如图 5 –39 所示。

（8）单击"添加"按钮，再单击"关闭"按钮，此时的"新建协议定义向导"对话框如图 5 –40 所示。

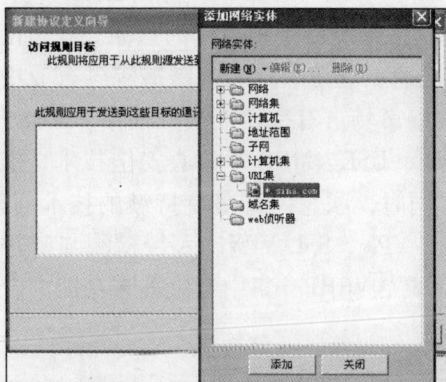

图 5 –39　添加 URL 集

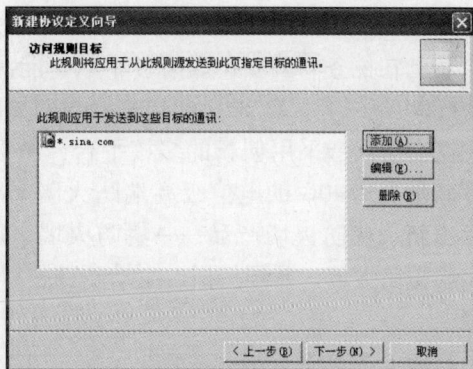

图 5 –40　添加 *.sina.com 完成

（9）单击"下一步"按钮，在继续显示的向导对话框中，单击"下一步"按钮，完成规则的创建。

（10）单击"完成"按钮。

4. 设置规则的有效时间及访问的站点

（1）在"ISA2004 服务器管理"窗口的中间，右键单击防火墙策略"forbid sina"，在弹出的快捷菜单中单击"属性"命令，打开"forbid sina 属性"对话框。

（2）单击"计划"选项卡，在"计划"后的下拉菜单中选择"工作时间"（同图 5 - 19 所示）。

（3）单击"操作"选项卡，选择"拒绝"单选按钮，选择"将 HTTP 请求重定向到此 Web 页"复选框，并输入 http：// www. google. com，如图 5 - 41 所示。

（4）单击"确定"按钮，单击"ISA2004 服务器管理"窗口中间的"应用"按钮。

（5）应用完成后单击"确定"按钮。

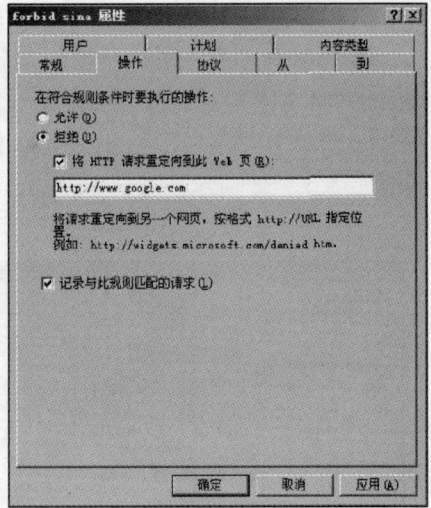

图 5 - 41　设置 HTTP 重定向

任务 8　联想网御防火墙产品的应用

【实训目的】

通过对联想网御防火墙产品的操作，熟悉该防火墙的基本工作原理及应用。

【预备知识】

1. 了解联想网御防火墙

联想网御防火墙分为 KingGuard 系列、SuperV 系列、PowerV 系列和 SmartV 系列，共计 80 余款，可为各种规模的企业和政府机构网络系统提供相适应的产品。联想网御防火墙已在税务、公安、政府、军队、能源、交通、电信、金融、制造等各行业中部署 40 000 台以上。自 2001 年以来联想网御防火墙市场占有率始终名列前茅。2008 年，联想网御防火墙采用创新的多核平台，结合 VSP、USE、MRP 等核心安全技术，推出了吞吐量高达 40G 的电信级高端防火墙产品。同时，联想网御坚持持续的技术创新，研发出新一代防火墙产品——集防火墙、IPSEC VPN、SSL VPN、入侵检测与防护系统、虚拟防火墙、漏洞扫描、主动防御、绿色上网、VRRP、集中管理等多功能综合防火墙。

2. 联想网御防火墙的功能

联想网御防火墙能够屏蔽端口扫描、防止地址欺骗、抗拒绝服务攻击、检测/阻断系统入侵、隔离蠕虫/网络病毒、阻断木马/后门、隔离混合攻击、防止数据窃听和篡改等，是一款对多种威胁统一管理的多功能安全网关，其在访问控制、VPN、入侵防御与检测、完全内容检测和关联互动 5 个方面的具体功能如表 5 - 2 所示。

表 5 – 2　联想网御防火墙的功能

	具体功能		
访问控制	阻断非法访问	子网间安全隔离	基于用户访问控制
VPN	保障数据的完整性	对数据加密	远程安全接入
入侵防御与检测	阻断拒绝服务攻击	阻断各种扫描攻击	隔离网络蠕虫病毒
完全内容检测	HTTP 页面过滤 限制 P2P 流量	邮件内容过滤 阻断非法插件	
关联互动	与 IDS 的联动	与内网管理软件的联动	

3. 联想网御防火墙的特色

（1）基于智能的 VSP（Versatile Secure Platform）通用安全平台；

（2）采用高效的 USE（Uniform Secure Engine）统一安全引擎；

（3）基于 MRP 多重冗余协议可靠性体系；

（4）基于应用的内容识别控制；

（5）可信架构主动云防御技术。

【实训环境】

联想网御防火墙。

实例 1　网御透明模式下包过滤规则维护

【实训目的】

通过本实验内容的学习，可以掌握利用联想网御防火墙实现透明模式下包过滤规则的维护操作方法。

【实训说明】

防火墙连到工作站的端口为 Fe3，连接服务器的端口为 Fe4，两端口桥接后的 IP 地址为 192.168.1.254。其中工作站的 IP 地址为 192.168.1.100，服务器的 IP 地址为 192.168.1.200。联想网御本地 Web 管理地址为 https：//10.1.5.254：8889，管理员账号和口令均为 administrator。

（1）配置防火墙端口桥接参数，同时要求关闭 STP 并启用端口，配置 Fe3 \ Fe4 端口为透明模式并开启端口；

（2）取消包过滤缺省允许的策略，以禁止内外网之间各种网络服务的任意访问；

（3）通过新建安全规则，允许工作站 192.168.1.100 访问服务器 192.168.1.200 的 HTTP 服务。

【实训步骤】

1. 配置防火墙端口桥接参数。

（1）打开 IE 浏览器，在地址栏中输入 https：//10.1.5.254:8889，进入"联想网御管理"登录窗口，输入管理员账号和口令均为 administrator，如图 5 – 42 所示。

图 5-42　"联想网御管理"登录窗口

（2）单击"确定"按钮，进入"联想网御管理"首页窗口，如图 5-43 所示。

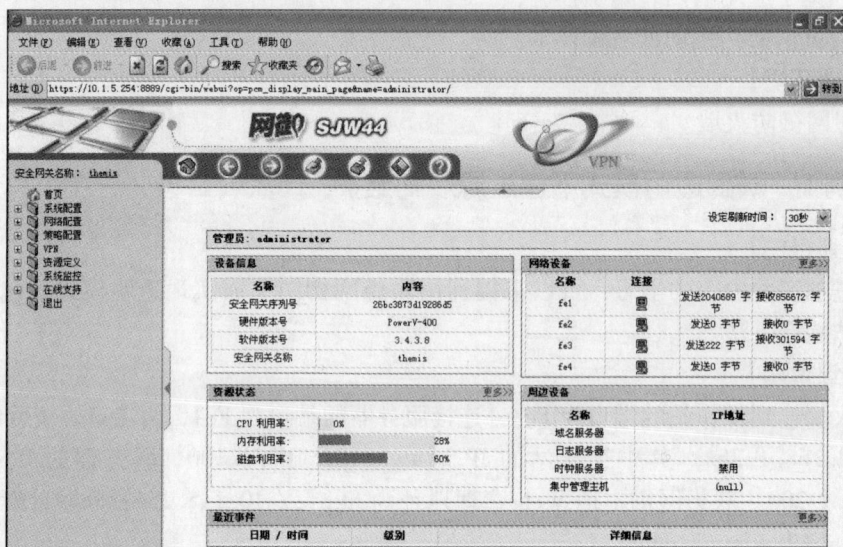

图 5-43　"联想网御管理"首页窗口

（3）展开窗口左侧的"网络配置"，单击"网络设备"；在窗口右侧，单击"桥接设备"按钮，并单击设备对应的 （修改）按钮，打开"网络设备维护"对话框，如图 5-44 所示，单击取消"开启 STP"复选框，单击"启用设备"复选框，设定 IP 地址为 192.168.1.254。

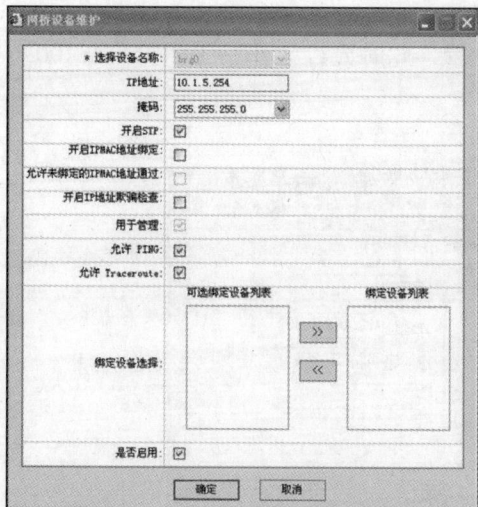

图 5-44　"网络设备维护"对话框　　　图 5-45　"物理设备维护"对话框

（4）单击"确定"按钮，回到"联想网御管理"页面窗口。

（5）单击"物理设备"按钮，分别编辑接口 fe3 和 fe4。

① 单击 fe3 对应的■（修改）按钮，打开"物理设备维护"对话框，设置其"工作模式"为"透明模式"，选择"启用"复选框，如图 5-45 所示。

② 单击"确定"按钮，完成对 fe3 接口的操作。

③ 同样编辑接口 fe4。

（6）物理设备设置完成，点击"桥接设备"，此时 fe3 和 fe4 接口已经被自动绑定，如图 5-46 所示。

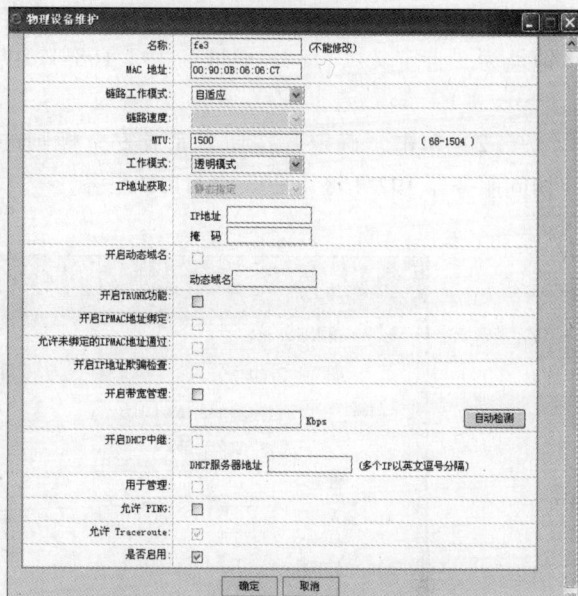

设备名	IP地址/掩码	开启STR	绑定设备列表	是否启用	操作
brg0	10.1.5.254/255.255.255.0	✔	fe3,fe4,	✔	■

图 5-46　物理设备设置完成后的桥接设备

2. 取消包过滤缺省允许的策略

（1）在"联想网御管理"页面窗口，展开左侧的"策略配置"，单击"安全选项"，在窗口右侧单击取消"包过滤缺省允许"复选框。

（2）单击"确定"按钮，完成修改配置，此时禁止内外网之间各种网络服务的任意访问。

3. 新建安全规则

（1）在"联想网御管理"页面窗口，展开左侧的"策略配置"，单击"安全规则"，在窗口右侧单击"包过滤规则"，再单击"添加"按钮，打开"包过滤规则维护"对话框，如图 5-47 所示，设置源地址为"自定义"，其 IP 地址为

192.168.1.100，掩码为255.255.255.0，"动作"后单击"允许"单选按钮；设置目的地址为"自定义"，其 IP 地址为 192.168.1.200，掩码为 255.255.255.0，服务选择为 http。

（2）单击"确定"按钮，完成安全规则的设置，此时允许工作站 192.168.1.100 访问服务器 192.168.1.200 的 HTTP 服务。

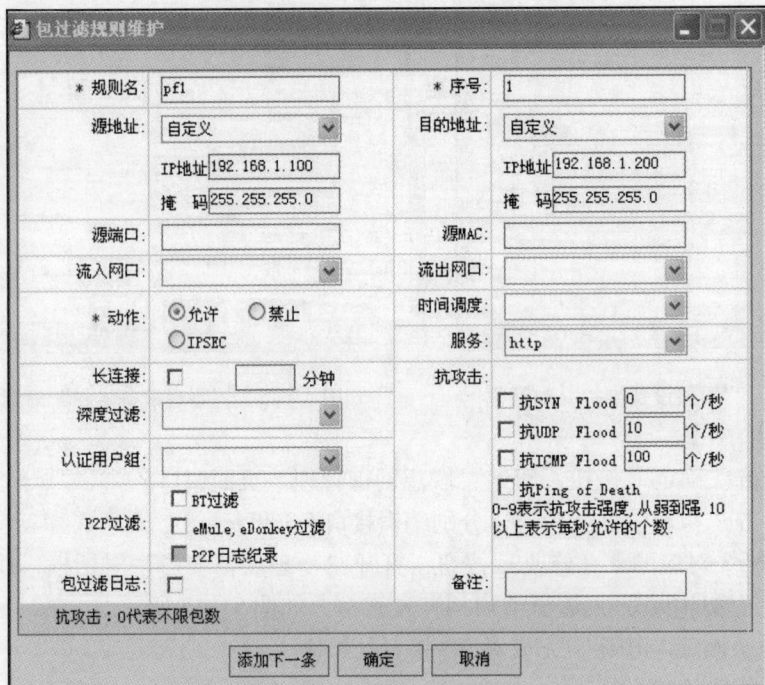

图 5-47 "包过滤规则维护"对话框

实例 2 网御网络地址转化配置

【实训目的】

通过本实验内容的学习，可以掌握联想网御防火墙的 IP 映射规则配置，并结合包过滤规则，实现针对网络服务的有效防护。

【实训说明】

防火墙连入公网的端口 Fe2 的 IP 地址为 211.100.100.1/24，连接 DMZ 区域的端口为 Fe3，IP 地址为 192.168.1.1/24。DMZ 区内服务器"Server2"的 IP 地址为 192.168.1.100，外网客户机的 IP 地址为 211.100.100.2，内网客户机的 IP 地址为 10.1.5.200。联想网御本地 Web 管理地址为 https://10.1.5.254:8889，管理员账号和口令均为 administrator。

（1）设定防火墙 Fe2 和 Fe3 端口参数并启用端口；

（2）配置资源定义，设定服务器"Server2"的 IP 地址为 192.168.1.100；

（3）添加端口映射规则，将内网服务器"Server2"映射到外网，映射的公开地址为 211.100.100.1，并为内外网主机提供 FTP 服务；

（4）添加包过滤规则，允许任意主机访问 Server2 服务器提供的网络服务。

【实训步骤】

1. 设置防火墙的端口

（1）打开浏览器，在地址栏中输入 https：//10. 1. 5. 254：8889，出现"联想网御管理"登录窗口，输入管理员账号和口令均为 administrator，单击"确定"按钮，进入"联想网御管理"首页窗口。

（2）在页面窗口左侧，展开"网络配置"，单击"网络设备"，在窗口右侧单击"物理设备"按钮，分别对 fe2 和 fe3 进行配置。

① 点击 fe2 对应的"修改"按钮，打开"物理设备维护"对话框，设置 IP 地址为 211. 100. 100. 1，掩码为 255. 255. 255. 0，并单击"启用接口"复选框，单击"确定"按钮，完成对 fe2 的配置。

② 同样编辑 fe3，设置其 IP 地址为 192. 168. 1. 1，掩码为 255. 255. 255. 0，并单击"启用接口"复选框，单击"确定"按钮。

（3）物理设备设置完成，可以看到如图 5 - 48 所显示的界面。

设备名	IP地址/掩码	工作模	IP地址获取	开启TRUNK	开启带宽	是否启	操作
fe1	10. 1. 5. 254/255. 255. 255. 0	路由模式	静态指定	✕	✕	✔	📝
fe2	211. 100. 100. 1/255. 255. 255.	路由模式	静态指定	✕	✕	✔	📝
fe3	192. 168. 1. 1/255. 255. 255. 0	路由模式	静态指定	✕	✕	✔	📝
fe4	/	路由模式	静态指定	✕	✕	✕	📝

图 5 - 48　物理设备设置完成后的界面

2. 配置资源定义

（1）在"联想网御管理"页面窗口左侧，展开"资源定义"，再展开"地址"，单击"服务器地址"，在窗口右侧单击"添加"按钮，打开"服务器地址维护"对话框，如图 5 - 49 所示，设定名称为 server2，服务器 IP 地址为 192. 168. 1. 100。

（2）单击"确定"按钮，完成服务器地址的添加。

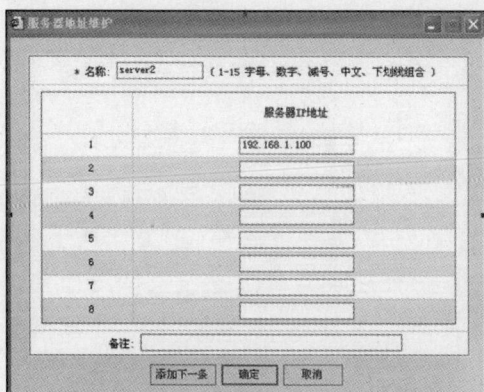

图 5 - 49　"服务器地址维护"对话框　　　图 5 - 50　"IP 映射规则维护"对话框

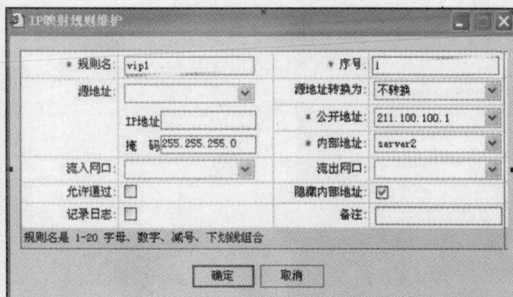

3. 添加端口映射规则

（1）在"联想网御管理"页面窗口左侧，展开"策略配置"，单击"安全规则"，在窗口右侧单击"IP 映射规则"，再单击"添加"按钮，打开"IP 映射规则维护"对话框，选择公开地址为 211.100.100.1，内部地址为 server2，单击"隐藏内部地址"复选框，如图 5-50 所示。

（2）单击"确定"按钮，完成 IP 映射规则的设定。

4. 添加包过滤规则

（1）在"联想网御管理"页面窗口左侧，单击"包过滤规则"，再单击"添加"按钮，打开"包过滤规则维护"对话框，选择源地址为 any，目的地址为 server2。

（2）单击"确定"按钮，完成包过滤规则的配置，此时允许任意主机访问 Server2 服务器提供的网络服务。

VPN 技术

◆

【导读】

随着企业的发展壮大与国际化，每家企业的分支机构越来越多，网络基础设施互不兼容的现象也更为普遍。以前各分支机构互访通常采用租用专线，这样的连接方式需要支付昂贵的通信费，又缺乏灵活性。VPN技术的成功引入可以从根本上满足企业用户的低通信费和高灵活性的双重需求，更重要的是它可以提供能与专用线路相媲美的通信安全保障，是一种非常廉价、安全、灵活自如的远程网络接入解决方案。

【内容结构图】

```
                          ┌─────────────────────────┐
                          │       VPN的概念           │
                          ├─────────────────────────┤
        ┌──────────────┐  │   VPN的组成及基本通信步骤   │
        │ VPN技术的基础知识 ├──┤                         │
        └──────────────┘  │    VPN连接的优势           │
                          ├─────────────────────────┤
                          │    VPN的安全技术           │
                          └─────────────────────────┘

        ┌──────────────┐
        │   VPN隧道技术   │
        └──────────────┘
                          ┌─────────────────────────┐
                          │     IPSec协议概述         │
                          ├─────────────────────────┤
        ┌──────────────┐  │    IPSec协议的安全体系     │
        │  IPSec安全协议  ├──┤                         │
        └──────────────┘  │    IPSec密钥交换与管理     │
VPN技术                    ├─────────────────────────┤
                          │    IPSec的工作模式        │
                          ├─────────────────────────┤
                          │    IPSec安全策略          │
                          └─────────────────────────┘

        ┌──────────────┐
        │   VPN的分类     │
        └──────────────┘

        ┌──────────────┐
        │   VPN的选择     │
        └──────────────┘

  ┌──────────────────────────────┐
  │  建立路由和远程访问并设置日志选项   │
  └──────────────────────────────┘

  ┌──────────────────────┐
  │   利用ISA服务器配置VPN   │
  └──────────────────────┘

  ┌──────────────────────────┐
  │  联想网御企业级VPN系统的使用   │
  └──────────────────────────┘
```

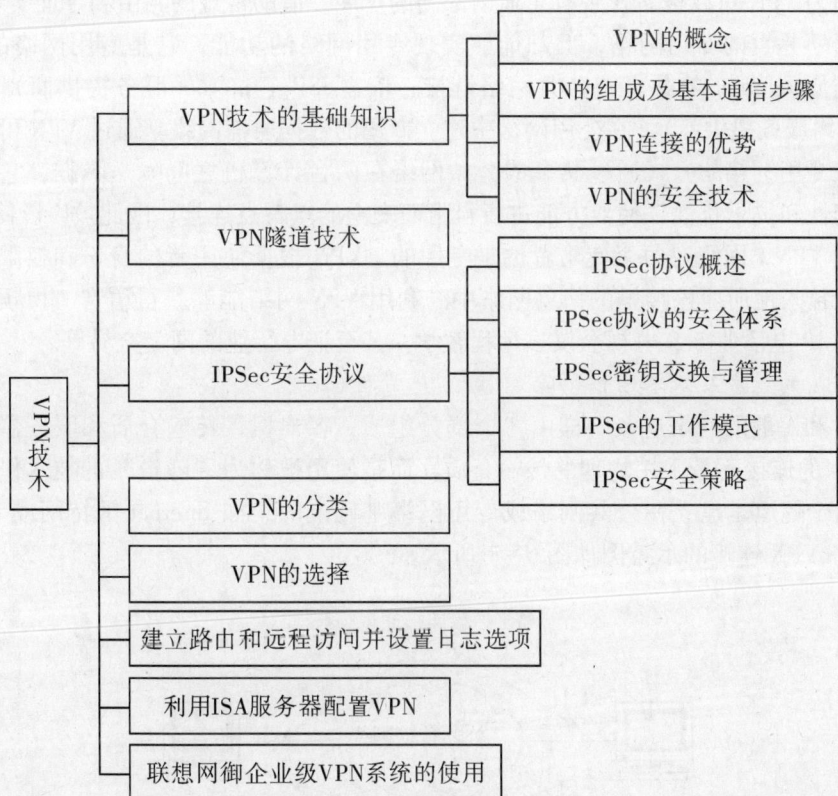

【知识与能力目标】

❋ 掌握 VPN 技术的基础知识

❖ 了解 VPN 隧道技术
❖ 了解 IPSec 安全协议
❖ 了解 VPN 的分类
❖ 了解如何选择合适的 VPN
❖ 熟练掌握 VPN 服务器的配置
❖ 熟练操作利用 ISA 服务器的配置 VPN
❖ 熟练使用联想网御服务器企业级 VPN 系统

任务1 掌握 VPN 技术的基础知识

1. 什么是 VPN

虚拟专用网（Virtual Private Network）简称 VPN，是建立在公共网络平台上的虚拟专用网络。顾名思义，虚拟，是因为 VPN 的任意两个节点之间的连接并没有传统专网所需的端到端的物理链路，而是架构在公用网络服务商所提供的网络平台（如 Internet、ATM、Frame Relay 等）之上的逻辑网络，用户数据在逻辑链路中实现传输；专用，是因为它可以在 LAN、WAN 等相互之间的网络通道里共享信息，为某一企业、团体服务；网络，是因为 VPN 可以被看作现有企业内部网的扩展，借助常规的路由和寻址实现。

VPN 不是真的专用网络，但却能够实现专用网络的功能，它是专用网络的延伸，包含了类似 Internet 的共享或公共网络链接，依靠 ISP（Internet 服务提供商）和其他 NSP（网络服务提供商），在公用网络中建立专用的数据通信网络。通过 VPN 可以以模拟点对点专用链接的方式通过共享或公共网络在两台计算机之间发送数据，它具有良好的保密性和抗干扰性，使双方能进行自由而安全的点对点连接，因此被广泛使用。

通过 VPN，网络对每个使用者也是专用的。VPN 根据使用者的身份和权限，直接将使用者接入他所应该接触的信息网络中。利用 VPN 网络能够获得语音、视频方面的服务，如 IP 电话业务、电视会议、远程教学，甚至证券行业的网上交易等。

2. VPN 的组成及基本通信步骤

VPN 和一般的网络连接一样由三个部分组成：客户机、传输介质和服务器。不同的是 VPN 的连接不是采用物理的传输介质，而是使用被称为"隧道"的技术作为传输介质，这个隧道是建立在公共网络或专用网络基础上的，如 Internet 因特网或专用 Intranet 等。VPN 连接的示意图如图 6-1 所示。

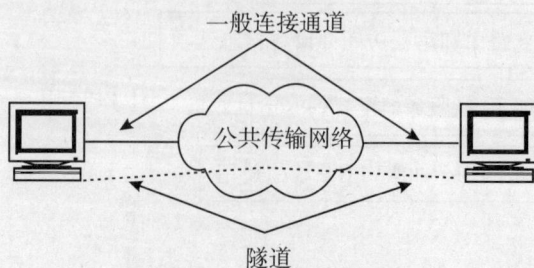

图 6-1　VPN 的连接示意图

要实现 VPN 连接，企业内部网络中必须配置一台基于 Windows NT 或 Windows 2000 Server/Server 2003（目前 Windows 系统是最为普及，也是对 VPN 技术提供最全面支持的一种操作系统）的 VPN 服务器，VPN 服务器一方面连接企业内部专用网络（LAN），另一方面连接到 Internet 或其他专用网络，这就要求 VPN 服务器必须拥有一个公用的 IP 地址。当客户机通过 VPN 连接与专用网络中的计算机进行通信时，先由 ISP 将所有的数据传送到 VPN 服务器，然后再由 VPN 服务器负责将所有的数据传送到目标计算机。在 VPN 隧道中通信能确保通信通道的专用性，并且传送的数据是经过压缩、加密的，所以 VPN 通信具有专用网络的通信安全性。

整个 VPN 通信过程可以简化为以下四个通用步骤：

（1）客户机向 VPN 服务器发出请求；

（2）VPN 服务器响应请求并向客户机发出身份询问，客户机将加密的用户身份验证响应信息发送到 VPN 服务器；

（3）VPN 服务器根据用户数据库检查该响应，如果账户有效，VPN 服务器将检查该用户是否具有远程访问权限，如果该用户拥有远程访问的权限，VPN 服务器接受此连接；

（4）VPN 服务器将在身份验证过程中产生的客户机和服务器公有密钥用来对数据进行加密，然后通过 VPN 隧道技术进行封装、加密，传输到目的内部网络。

实际的 VPN 网络结构要比图 6-1 所示的结构复杂许多，主要体现在加入了许多 VPN 专用设备，如 VPN 路由器、交换机或者防火墙。这些专用设备的加入可以大大加强网络的数据交换或者网络安全性能，就像常见的 LAN 一样，在较完善的 LAN 中通常不仅包括工作站、传输介质（如双绞线）和服务器，还可能包括集中器、交换机、路由器和防火墙等。

3. VPN 连接的优势

目前，VPN 作为一种新型的远程网络技术正在被许多企业用户所接受，并且在许多大型企业中得到普及，这主要是因为 VPN 给用户带来了以下几个方面好处。

（1）降低成本。

这是 VPN 网络技术最为重要的一个优势，也是它取胜传统的专线网络的关键所在。通过公用网来建立 VPN，可以节省大量的通信费用，而不必投入大量的人力和物力去安装和维护 WAN 设备和远程访问设备。行业调查公司的研究报告显示，拥有 VPN 的企业与采用传统租用专线的远程接入服务器或 Modem 池和拨号线路的企业相比，能够节省 30% 到 70% 的开销。开销的降低发生在移动通信费用的节省、专线费用的节省、设备投资的节省、支持费用的节省四个领域之中。

（2）传输数据安全可靠。

VPN 产品均采用加密及身份验证等安全技术，保证连接用户的可靠性及传输数据的安全保密性。对于敏感的数据，可以通过 VPN 服务器将高度敏感的数据服务器物理地进行分隔，只有企业 Intranet 上拥有适当权限的用户才能通过远程访问建立与 VPN 服务器的 VPN 连接，并且可以访问敏感部门网络中受到保护的资源。

（3）容易扩展。

如果企业想扩大 VPN 的容量和覆盖范围，只需与新的 NSP 签约，建立账户，或者与原有的 NSP 重签合约，扩大服务范围。VPN 路由器还能对工作站自动进行配置。

（4）安全的 IP 地址。

因为 VPN 是加密的，VPN 数据包在因特网中传输时，因特网上的用户只看到公用的 IP 地址，看不到数据包内包含的专有网络地址，因此远程专用网络上指定的地址是受到保护的。

除了以上优势，借助 VPN，企业可以随意与合作伙伴联网，可以完全掌握着自己网络的控制权；随着网络接入技术的发展，新型的 VPN 技术还可以支持诸如 ADSL、Cable Modem、光纤以太网，甚至无线局域网（WLAN）之类的网络连接技术。

4. VPN 的安全技术

安全问题是 VPN 的核心问题。目前，VPN 的安全保证主要是通过防火墙技术、路由器配以隧道技术、加密协议和安全密钥来实现的，可以保证企业员工安全地访问公司网络。

黑客为了侵入员工的家用计算机，需要探测 IP 地址。有统计表明，使用拨号连接的 IP 地址几乎每天都受到黑客的扫描。因此，如果在家办公人员具有一条诸如 DSL（数字用户线路）的不间断连接链路（通常这种连接具有一个固定的 IP 地址），会使黑客的入侵更为容易。拨号连接在每次接入时都被分配不同的 IP 地址，虽然它也能被侵入，但相对要困难一些。一旦黑客侵入了家庭计算机，他便能够远程运行员工的 VPN 客户端软件。因此，必须有相应的解决方案堵住远程访问 VPN 的安全漏洞，使员工与网络的连接既能充分体现 VPN 的优点，又不会受到安全方面的威胁。在个人计算机上安装个人防火墙是极为有效的解决方法，它可以使非法侵入者不能进入公司网络。当然，还有一些提供给远程工作人员的实际解决方法：

（1）所有远程工作人员必须被批准使用 VPN；

（2）所有远程工作人员需要有个人防火墙，它不仅能够防止计算机被侵入，还能记录连接被扫描的次数；

（3）所有的远程工作人员应具有入侵检测系统，提供对黑客攻击信息的记录；

（4）监控安装在远端系统中的软件，并将其限制只能在工作中使用；

（5）IT 人员需要对这些系统进行与办公室系统同样的定期性预定检查；

（6）外出工作人员应对敏感文件进行加密；

（7）安装要求输入密码的访问控制程序，如果输入密码错误，则通过 Modem 向系统管理员发出警报；

（8）当选择 DSL 供应商时，应选择能够提供安全防护功能的供应商。

任务 2　了解 VPN 隧道技术

VPN 的核心是被称为"Tunneling"（隧道）的技术。隧道允许 VPN 的数据流经路由通过 IP 网络，而不管生成该数据流的是何种类型的网络或设备。VPN 的操作独立于其他的网络协议，通过跨越基于 IP 协议的公网和专网（如 Internet、网络服务提供商的 IP 专用网，也可以是企业内部网）建立起一条专用通道来实现公网私用。

1. VPN 隧道基础

VPN 通道的建立有赖于"隧道"技术。隧道技术是一种通过使用互联网络的基础设施在网络之间传输数据的方式。VPN 隧道对要传输的数据用 IP 协议进行封装，使数据穿越公共网络。整个数据包的封装和传输过程称为挖隧道。被封装的数据包在公共互联网络上传输时所经过的逻辑路径称为隧道。一旦到达网络终点，数据将被解包并转发到最终目的地。图 6－2 所示的是数据在 VPN 隧道中传输的流程，包括数据封装、传输和解包。

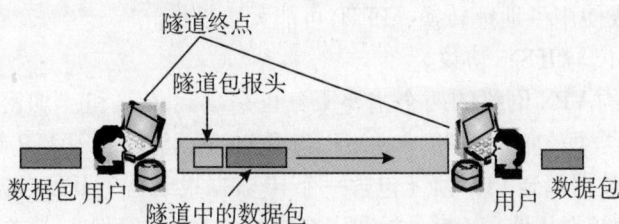

图 6－2　数据在 VPN 隧道中的传输

2. VPN 隧道协议

三种最常见的实现隧道的技术是：点对点隧道协议（Point－to－Point Tunneling Protocol，PPTP）、第二层隧道协议（Layer2 Tunneling Protocol，L2TP）、IP 安全协议（IPSec）。

（1）PPTP 协议。

PPTP 是由微软提出的 VPN 标准，运行于 OSI 的第二层，是 PPP（Point-to-Point Protocol，点对点协议）的扩展，将 PPP 帧封装成 IP 数据包，以便在基于 IP 的互联网上传输。PPTP 没有加密、认证等安全措施，安全的加强通过使用微软的 MS－CHAP 实现认证，使用微软的 MPPE 实现加密。

MS－CHAP（Microsoft Encrypted Challenge Handshake Authentication Protocol，微软加密挑战握手认证协议）是一种认证机制，验证用户在 Windows NT 域的有效性；MPPE（Microsoft Point－to－Point Encryption，微软点对点加密技术）是一种加密方法，使用 RSA RC4 加密算法，提供强加密级别（128bit 密钥）和标准加密级别（40bit 密钥）。在缺省情况下，加密密钥在每个数据包中都改变，有效防止穷举攻击。PPTP 协议允许对 IP、IPX 或 NetBEUI 数据流进行加密，然后封装在 IP 报头中通过企业 IP 网络或公共因特网络发送。

PPTP 协议的数据封装格式如图 6－3 所示。PPTP 客户机或 PPTP 服务器在接收到 PPTP 数据包后，将做如下处理：处理并去除数据链路层报头和报尾；处理并去除 IP 报头；处理并去除 GRE 和 PPP 报头；如果需要的话，对 PPP 有效载荷即传输数据进行解密或解压缩；对传输数据进行接收或转发处理。

		PPP帧	
		PPP报头	加密PPP有效载荷（IP数据报，IPX数据报）
IP报头	GRE报头	PPP报头	加密PPP有效载荷（IP数据报，IPX数据报）

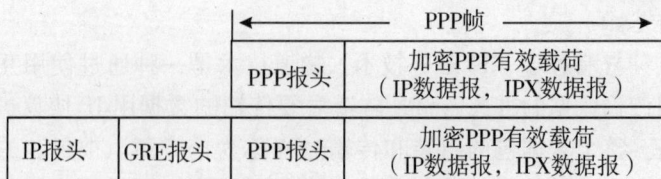

图 6-3　PPTP 协议的封装

Windows 中集成了 PPTP Server 和 Client，适合中小企业支持少量移动工作者。如果有防火墙的存在或使用了地址转换，PPTP 可能无法工作。

（2）L2TP 协议与 IPSec 协议。

L2TP 协议下的 VPN 网络的两个主要服务也是"封装"和"加密"。对基于 IPSec 安全协议的 L2TP 数据包的封装包含 L2TP 和 IPSec 两层封装。L2TP 封装是使用 L2TP 头文件和 UDP 头数据包装 PPP 帧（包含一个 IP 数据报或一个 IPX 数据报），如图 6-4 所示。而 IPSec 封装则是使用 IPSec 封装安全措施负载量（ESP）头文件和尾文件，提供消息完整性和身份验证的 IPSec 身份验证尾文件，以及最后的 IP 头数据包装 L2TP 结果消息。在 IP 头文件中，是与 VPN 客户机和 VPN 服务器对应的源和目标 IP 地址，如图 6-5 所示。

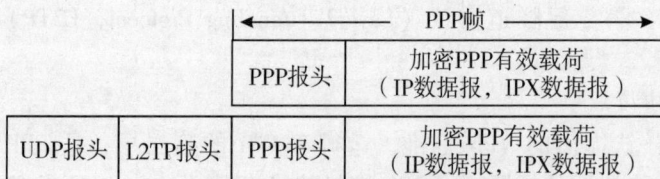

		PPP帧	
		PPP报头	加密PPP有效载荷（IP数据报，IPX数据报）
UDP报头	L2TP报头	PPP报头	加密PPP有效载荷（IP数据报，IPX数据报）

图 6-4　L2TP 协议的封装

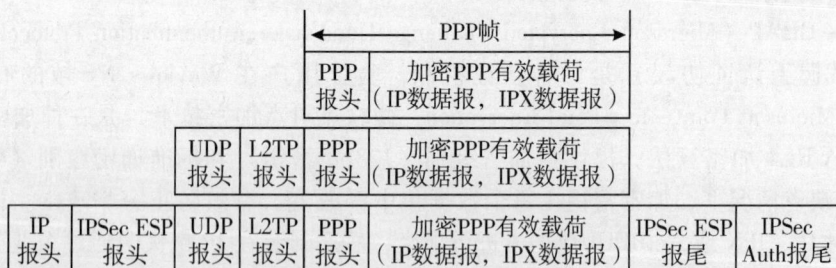

			PPP帧		
			PPP报头	加密PPP有效载荷（IP数据报，IPX数据报）	
	UDP报头	L2TP报头	PPP报头	加密PPP有效载荷（IP数据报，IPX数据报）	
IP报头	IPSec ESP报头	UDP报头	L2TP报头	PPP报头	加密PPP有效载荷（IP数据报，IPX数据报）　IPSec ESP报尾　IPSec Auth报尾

图 6-5　IPSec 协议的封装

基于 L2TP 协议下的"加密"是通过使用在 IPSec 身份验证过程中生成的密钥，使用 IPSec 加密机制加密 L2TP 消息。

（3）PPTP 与 L2TP 比较。

从以上介绍可以看出，PPTP 和 L2TP 都使用 PPP 协议对数据进行封装，然后添加附加报头用于数据在因特网络上的传输。尽管两个协议非常相似，但是仍存在以下几方面的不同。

● PPTP 要求连接的公网或专网为 IP 网络。L2TP 只要求隧道媒介提供面向数据包的点对点的连接。L2TP 可以在 IP（使用 UDP）、帧中继永久虚拟电路（PVCs）、x. 25 虚拟电路（VC）或 ATMVC 网络上使用。

- PPTP 只能在两端点间建立单一隧道。L2TP 支持在两端点间使用多隧道。使用 L2TP，用户可以针对不同的服务质量创建不同的隧道。

- L2TP 提供报头压缩，当压缩报头时，系统开销（overhead）占用 4 个字节，而 PPTP 协议下要占用 6 个字节。

- L2TP 可以提供隧道验证，而 PPTP 则不支持隧道验证。但是当 L2TP 或 PPTP 与 IPSec 共同使用时，可以由 IPSec 提供隧道验证，不需要在第二层协议上验证隧道。

任务 3　了解 IPSec 安全协议

从 PPTP 和 L2TP 两种 VPN 隧道协议方式可以看出，安全的 VPN 访问通信是由第二层隧道协议（L2TP）和 IPSec 结合在一起实现的。两者彼此分工协作，L2TP 协议专用来建立数据传输的隧道，IPSec 协议专用来保护数据，为数据传输提供安全加密措施。因为 PPTP 协议自身不提供加密服务，不建议使用 PPTP 协议建立 VPN 连接，这样 L2TP 协议的 VPN 连接方式就显得更加重要了，而且是目前主要的一种 VPN 连接方式。这种连接方式之所以成功，主要归功于 IPSec 这一 IP 安全协议。

1. IPSec 协议概述

IPSec，即 IP 层安全协议，是由 IETF（Internet Engineering Task Force，Internet 工程任务组）的 IPSec 工作组制定的 IP 网络层安全标准，集成到 IPv6 中，通过对 IP 报文的封装以实现 TCP/IP 网络上数据的安全传送，是基于 IP 通信环境下一种端到端的保证数据安全的机制。

IPSec 隧道模式允许对 IP 负载数据进行加密，然后封装在 IP 报头中通过企业 IP 网络或公共 IP 因特网络（如 Internet）发送。IPSec 保证了支持 IPSec 协议的所有产品之间的互操作性。IPSec 协议以标准加密技术为基础，使用 DES 和其他分组加密算法来加密数据；键值哈希算法（HMAC，MD5，SHA）来认证数据包；验证公钥有效性的数字证书技术。

IPSec 适合大规模 VPN 使用，需要认证中心（CA）来进行身份认证和分发用户的公共密钥。

2. IPSec 协议的安全体系

IPSec 协议覆盖了定义 IPSec 技术的一般性概念、安全需求、定义和机制，提供了强大的安全、加密、认证和密钥管理功能。IPSec 的安全体系结构如图 6 - 6 所示。

学习单元 六　VPN 技术

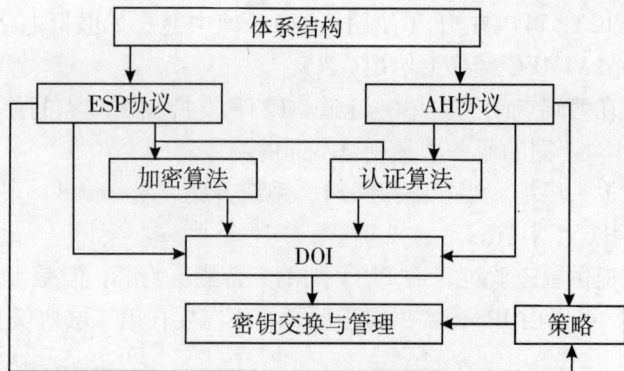

图 6 - 6 IPSec **安全体系结构**

其安全体系包括三个基本协议：AH（Authentication Header，认证报头）协议为 IP 包提供信息源验证和完整性保证；ESP（Encapsulation Security Payload，封装安全载荷）协议提供加密机制；密钥管理协议提供双方交流时的共享安全信息。AH 协议和 ESP 协议规定了认证和加密算法：认证算法描述了怎样将不同的认证算法用于 AH 和 ESP 可选的认证选项，为 AH 和 ESP 提供身份认证和消息完整性保护；加密算法描述了怎样将不同的加密算法用于 ESP 中，为 ESP 提供机密性服务。DOI（解释域）包含了其他文档需要的为了彼此间相互联系的一些值，通过一系列命令、算法、属性和参数连接所有的 IPSec 组文件。

3. IPSec 密钥交换与管理

在 IPSec 中使用非对称密钥技术。IPSec 中的 AH 和 ESP 实际上只是加密的使用者，那么如何保证通信的双方可以互相信任，并采用相同的加密算法呢？IETF 制定了 IKE 用于通信双方之间进行身份认证、协商加密算法和散列算法、生成公钥。在 IPSec 的具体实现中采用密钥管理协议（ISAKMP - Oakley），密钥交换采用 Diffie - Hellman 协议，身份认证采用数字签名和公开密钥。

IPSec 密钥交换与管理即密钥的确定和分配，其作用是在 IPSec 通信双方之间建立起共享安全参数及验证过的密钥，即建立 SA，IKE 代表 IPSec 对 SA 进行协商，并对 SA 数据库进行填充。

（1）SA（Security Association，安全关联）。

SA 是两个应用 IPSec 实体（主机、路由器）间的一个单向逻辑连接，它规定了通信双方使用哪种 IPSec 协议保护数据安全、应用的算法标识、加密和验证的密钥取值以及密钥的生存周期等安全属性值。如果需要进行双向通信，则需要第二个 SA。

AH 和 ESP 都需要使用 SA，AH 验证算法由 SA 指定，ESP 加密算法和身份验证方法均由 SA 指定；而 IKE 的主要功能就是 SA 的建立和维护。只要实现 AH 和 ESP 都必须提供对 SA 的支持。

（2）IKE（Internet Key Exchange Protocol，因特网密钥交换协议）。

IKE 定义了安全参数如何协商，以及共享密钥如何建立，但它没有定义协商内容，这方面的定义是由 DOI 来进行的。IKE 协商 AH 和 ESP 协议所使用的加密算法，是目前正式确定用于 IPSec 的密钥交换协议。

IKE 协议对密钥交换进行管理，它主要包括三个功能：

①对使用的协议、加密算法和密钥进行协商；

②方便的密钥交换机制，这可能需要周期性地进行；

③跟踪对以上这些约定的实施。

4. IPSec 的工作模式

IPSec 有两种工作模式，传输模式（Transport Mode）和隧道模式（Tunnel Mode）。

传输模式只对 IP 数据包的有效负载进行加密或认证。此时，继续使用以前的 IP 头部，只对 IP 头部的部分域进行修改，而 IPSec 协议头部插入 IP 头部和传输层头部之间，如图 6 - 7 所示。

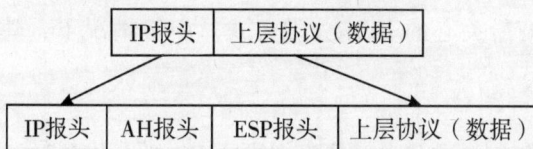

IP报头	上层协议（数据）		

IP报头	AH报头	ESP报头	上层协议（数据）

图 6 - 7　传输模式

隧道模式对整个 IP 数据包进行加密或认证。此时，需要新产生一个 IP 头部，IP-Sec 头部被放在新产生的 IP 头部和以前的 IP 数据包之间，从而组成一个新的 IP 头部，如图 6 - 8 所示。

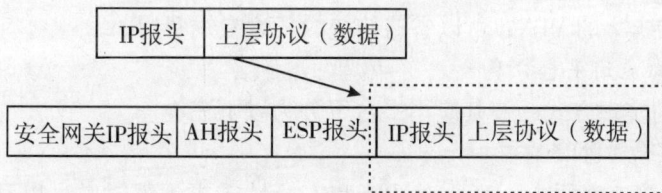

IP报头	上层协议（数据）			

安全网关IP报头	AH报头	ESP报头	IP报头	上层协议（数据）

图 6 - 8　隧道模式

5. IPSec 安全策略

IPSec 是一套开放的、基于标准的安全体系结构。IPSec 可以保证局域网、专用或公用的广域网及 Internet 上信息传输的安全，其提供了大量的安全特性：

（1）提供认证、加密、数据完整性和抗重放保护。

（2）加密密钥的安全产生和自动更新。

（3）使用强加密算法来保证安全性。

（4）支持基于证书的认证。

（5）支持下一代加密算法和密钥交换协议。

（6）为 L2TP 和 PPTP 远程接入隧道协议提供安全性。

（7）IPSec 安全体系结构体现了很好的互操作能力。

任务 4　了解 VPN 的分类

VPN 的分类方法比较多，实际使用中，需要通过客户端与服务器端的交互实现认证与建立隧道。基于二层、三层的 VPN，都需要安装专门的客户端系统（硬件或软件），完成 VPN 相关的工作。

下面从不同角度对 VPN 进行分类。

1. 按 VPN 的接入方式分类

这是用户和运营商最关心的 VPN 分类方式。一般情况下，建立在 IP 网上的 VPN 对应如下两种接入方式。

（1）拨号 VPN。

拨号 VPN 又称 VPDN，该分类可分为在用户 PC 机上和在服务提供商的网络访问服务器（NAS）上两种形式。它是向利用拨号 PSTN 或 ISDN 接入 ISP 的用户提供的 VPN 业务，是一种"按需连接"的 VPN，可以节省用户的长途电话费用。但是该方式一般是针对漫游用户，因此通常需要做身份认证［比方利用 CHAP 和 RADIUS（Remote Authentication Dial in User Service，远程用户拨号认证系统）］。

（2）专用 VPN。

专用 VPN 是为已经通过专线接入 ISP 边缘路由器的用户提供的 VPN 解决方案。这是一种"永远在线"的 VPN，可以省略传统的长途专线费用。

2. 按 VPN 的应用平台分类

根据 VPN 的实现方式，按其应用平台可分为以下三类。

（1）软件平台 VPN。

当对数据连接速率要求不高，对性能和安全性需求不强时，可以利用一些软件公司所提供的完全基于软件的 VPN 产品来实现简单的 VPN 功能。

（2）专用硬件平台 VPN。

使用专用硬件平台的 VPN 设备能满足企业和个人用户对提高数据安全及通信性能的需求，尤其是从通信性能的角度来看，指定的硬件平台可以完成数据加密及数据乱码等对 CPU 处理能力需求很高的功能。提供这些平台的硬件厂商比较多，如 Nortel、Cisco、3Com 等。

（3）辅助硬件平台 VPN。

辅助硬件平台的 VPN 介于软件平台和专用硬件平台之间，主要是指以现有网络设备为基础，再增添适当的 VPN 软件以实现 VPN 的功能。

3. 按 VPN 的协议分类

按 VPN 协议来分类主要是指按构建 VPN 的隧道协议来分类。VPN 的隧道协议可分为第二层隧道协议、第三层隧道协议。第二层隧道协议最为典型的有 PPTP、L2F、L2TP 等，第三层隧道协议有 GRE、IPSec 等。

第二层隧道和第三层隧道的本质区别在于，在隧道里传输的用户数据包是被封装在哪一层的数据包中。一般来说，第二层隧道协议和第三层隧道协议分别使用，但合理地运用两层协议，将具有更好的安全性。

4. 按 VPN 的服务类型分类

根据 VPN 的服务类型，可以将 VPN 分为 Access VPN、Intranet VPN 和 Extranet VPN 三类。

（1）Access VPN（远程访问 VPN）。

Access VPN 是企业员工或企业的小分支机构通过公网远程访问的方式构筑的虚拟网。如果企业的内部人员移动或有远程办公需要，或者商家要提供 B2C 的安全访问服务，就可以考虑使用 Access VPN。

Access VPN 通过一个拥有与专用网络相同的策略的共享基础设施，提供对企业内部网或外部网的远程访问。用户随时随地以其所需的方式访问企业资源：Access VPN 包括模拟、拨号、ISDN、数字用户线路（xDSL）、移动 IP 和电缆技术，能够安全地连接移动用户、远程工作者或分支机构。如图 6-9 所示。

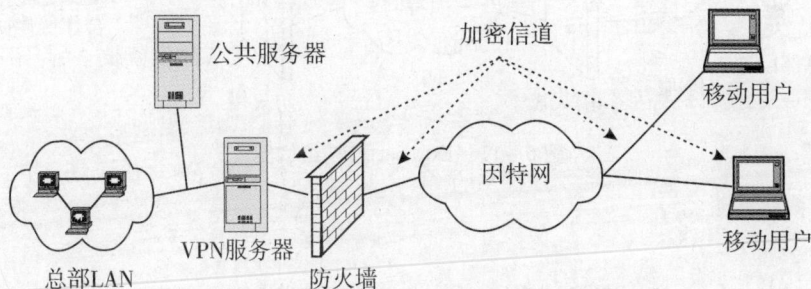

图 6-9　Access VPN 结构图

Access VPN 最适用于公司内部经常有流动人员远程办公的情况。出差员工利用当地 ISP 提供的 VPN 服务，和公司的 VPN 网关建立私有的隧道连接；RADIUS 服务器可对员工进行验证和授权，保证连接的安全，同时大大降低负担的电话费用。

（2）Intranet VPN（内联网 VPN）。

Intranet VPN 是企业的总部与分支机构间通过公网构筑的虚拟网。这种类型的连接带来的风险最小，因为公司通常认为他们的分支机构是可信的，并将它作为公司网络的扩展。Intranet VPN 通过一个使用专用连接的共享基础设施，连接企业总部、远程办事处和分支机构，如图 6-10 所示。企业拥有与专用网络相同的政策，包括安全、服务质量（QoS）、可管理性和可靠性。Intranet VPN 的安全性取决于两个 VPN 服务器之间的加密和验证手段。

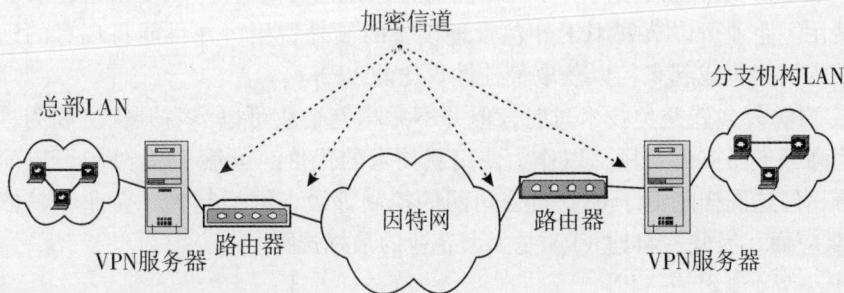

图 6-10　Intranet VPN 结构图

（3）Extranet VPN（外联网 VPN）。

Extranet VPN 即企业间发生收购、兼并或企业间建立战略联盟后，不同企业网通过公网来构筑的虚拟网。Extranet VPN 能容易地对外部网进行部署和管理；外部网的连接可以使用与部署内部网和远端访问 VPN 相同的架构和协议进行部署；它能保证包括 TCP 和 UDP 服务在内的各种应用服务的安全。

Extranet VPN 通过一个使用专用连接的共享基础设施，将客户、供应商、合作伙伴或兴趣群体连接到企业内部网，如图 6－11 所示。

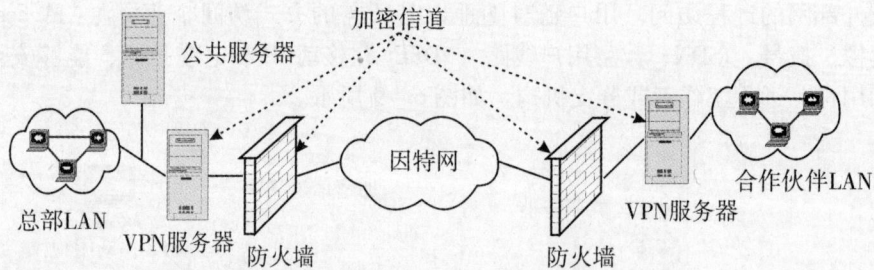

图 6－11　Extranet VPN 结构图

任务 5　如何选择合适的 VPN

由于 VPN 低廉的使用成本和良好的安全性，许多大型企业及其分布在各地的办事处或分支机构成了 VPN 顺理成章的用户群。对于那些最需要 VPN 业务的中小企业来说，一样有适合的 VPN 策略。当然，不论何种 VPN 策略，它们都有一个基本目标：在提供与现有专用网络基础设施相当或更高的可管理性、可扩展性以及简单性的基础之上，进一步扩展公司的网络连接。那么，在选择 VPN 的时候是自建，还是外包？

1. 大型企业自建 VPN

大型企业用户由于有雄厚的资金投入作保证，可以自己建立 VPN，将 VPN 设备安装在其总部和分支机构中，将各个机构低成本且安全地连接在一起。企业建立自己的 VPN，最大的优势在于高控制性，尤其是基于安全基础之上的控制。一个内部 VPN 能使企业对所有的安全认证、网络系统以及网络访问情况进行控制，建立端到端的安全结构，集成和协调现有的内部安全技术。而且，建立内部 VPN 能使企业有效节省 VPN 的运作费用。企业可以节省用于外包管理设备的额外费用，并且能将现有的远程访问和端到端的网络集成起来，以获取最佳性价比的 VPN。

虽然 VPN 外包能避免技术过时，但并不意味着企业可以节省开支。因为，企业最终还要为高额产品支付费用，以作为使用新技术的代价。虽然 VPN 外包可以简化企业网络部署，但这同样降低了企业对公司网的控制等级。网络越大，企业就越依赖于外包 VPN 供应商。因此，自建 VPN 是大型企业的最好选择。

2. 中小型企业外包 VPN

虽然每个中小型企业都是相对集中和固定的，但是部门与部门之间、企业与其业务相关企业之间的联系依然需要廉价而安全的信息沟通，在这种情况下就用得上 VPN。电信企业、IDC 目前提供的 VPN 服务，更多的是面向中小企业，因为它可以整合现有资源，包括网络优势、托管和技术力量来为中小企业提供整体的服务。中小型企业如果自己购买 VPN 设备，则财务成本较高，而且一般中小型企业的 IT 人员短缺、技能水平不足、资金能力有限，不足以支持自建 VPN，所以，外包 VPN 是较好的选择。

（1）外包 VPN 比企业自己动手建立 VPN 要快得多，也更为容易。

（2）外包 VPN 的可扩展性很强，易于企业管理。有统计表明，使用外包 VPN 方式的企业，可以支持多于 2 300 名用户，而内部 VPN 平均只能支持大约 150 名用户。而且，随着用户数目的增长，对监控、管理、提供 IT 资源和人力资源的要求也将呈指数增长。

（3）企业 VPN 必须将安全和性能结合在一起，然而，实际情况中两者不能兼顾。例如，对安全加密级别的配置经常会降低 VPN 的整体性能。而通过提供 VPN 外包业务的专业 ISP 的统一管理，可大大提高 VPN 的性能和安全。ISP 的 VPN 专家还可帮助企业进行 VPN 决策。

（4）对服务水平协议（SLA）的改进和服务质量（QoS）的保证，为企业外包 VPN 方式提供了进一步的保证。

任务 6　建立路由和远程访问并设置日志选项

【实训目的】
了解 VPN 基本原理，并学会利用 Windows 系统工具进行 VPN 服务器的配置。

【预备知识】
（1）了解 Windows 的基本使用知识；
（2）了解 VPN 服务器的基本功能。

【实训工具】
Windows 系统中的路由和远程访问配置工具。

【实训说明】
利用操作系统自带的"路由和远程访问"工具建立并配置 VPN 服务器，操作要求如下：

1. 建立路由和远程访问，设置日志选项

（1）在"FILESERVER（本地）"主机上建立 VPN 服务器。

（2）为了保证拨入的用户与本地用户在同一网段内，指定拨入用户的 IP 范围为 192.168.0.100 至 192.168.0.254。

（3）记录事件要求：记录计账请求和身份验证请求。

（4）日志文档格式要求：采取数据库兼容的文件格式记录日志，当日志文件大于 10M 时，记录新的日志。

2. 建立远程访问策略

（1）添加使用的隧道操作协议：Point – to – Point Tunnel Protocol 和 Layer Two Tunneling Protocol。

（2）当用户符合条件时允许远程访问。

（3）为了节省费用，对拨入后的用户，当其拨入的线路空闲 10 分钟时，将自动断线。

（4）IP 地址分配策略要求：服务器设置定义策略。

（5）多重链接要求：允许多重链接的最多端口数为 10。

（6）身份验证要求：采用 MS－CHAP 和 MS－CHAP v2 进行身份加密。

（7）配置文件加密级别要求：基本加密、强加密和最强加密。

【实训步骤】

1. 建立路由和远程访问，设置日志选项

（1）从"开始"→"设置"→"控制面板"，打开"控制面板"窗口，双击"管理工具"进入"管理工具窗口"，再双击打开"路由和远程访问"窗口，如图 6－12 所示。

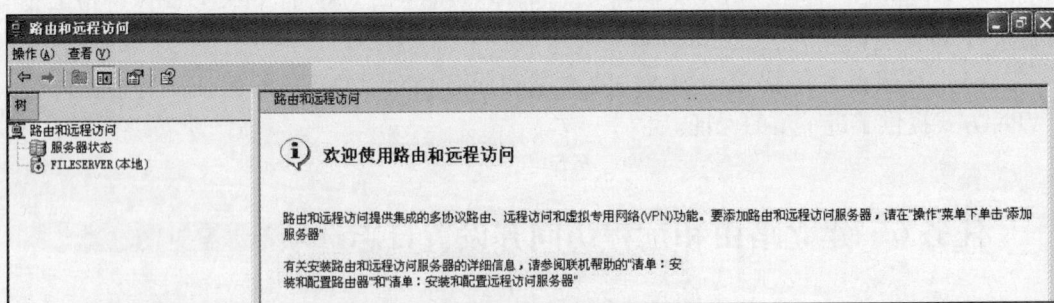

图 6－12　"路由和远程访问"窗口

（2）在窗口左侧，右键单击"FILESERVER（本地）"，在弹出的快捷菜单中单击"配置并启用路由和远程访问"命令，打开"路由和远程访问服务安装向导"对话框。

（3）单击"下一步（N）"按钮，出现"公共设置"对话框，单击"虚拟专用网络（VPN）服务器（V）"单选按钮，如图 6－13 所示。

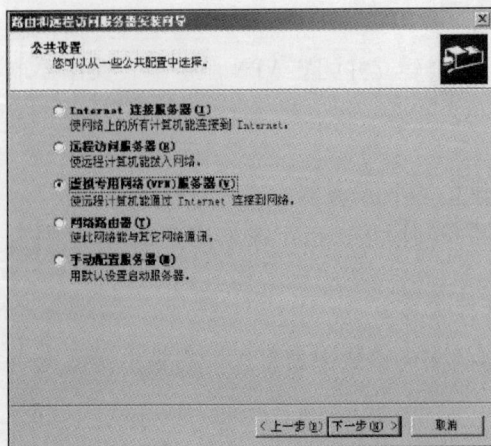

图 6－13　公共设置

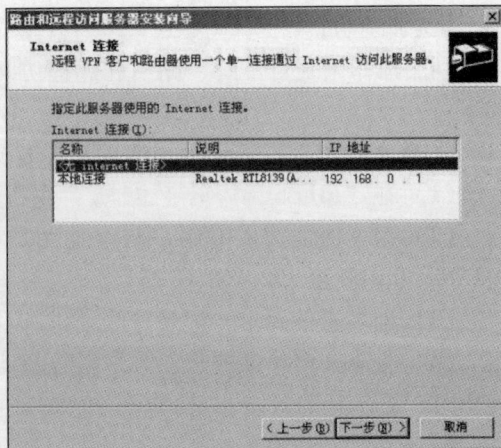

图 6－14　Internet 连接

（4）单击"下一步"按钮，在"远程客户协议"对话框中可以看到"TCP/IP"协议（默认项）。

（5）单击"下一步（N）"按钮，在"Internet 连接"中，单击"〈无 Internet 连接〉"，如图 6－14 所示。

（6）单击"下一步（N）"按钮，打开"IP 地址指定"对话框，单击"来自一个指定的地址范围"单选按钮。

（7）单击"下一步（N）"按钮，打开"地址范围指定"对话框，单击"新建"按钮，弹出"新建地址范围"对话框，设置起始 IP 地址为 192.168.0.100，结束 IP 地址为 192.168.0.254，地址数为 155，如图 6－15 所示。

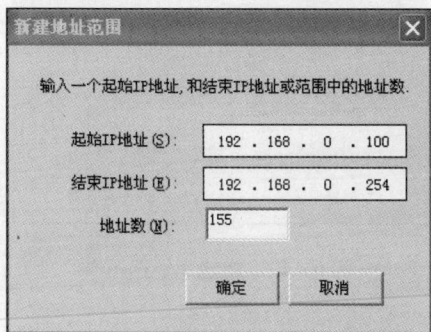

图 6－15　"新建地址范围"对话框

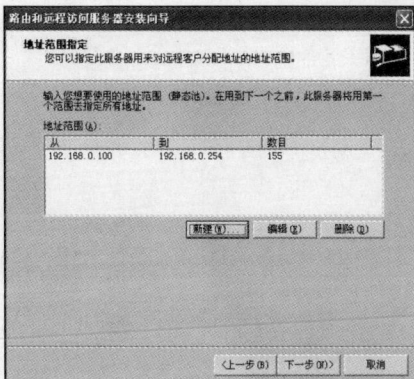

图 6－16　"地址范围指定"对话框

（8）单击"确定"按钮，输入 IP 范围后的"地址范围指定"对话框如图 6－16 所示。

（9）单击"下一步（N）"按钮，进入"管理多个远程访问服务器"对话框，单击"不，我现在不想设置此服务器使用 RADIUS"单选按钮（通常为默认选项）。

（10）单击"下一步（N）"按钮，再单击"完成"按钮完成服务器安装向导。弹出"正在启动路由和远程访问"界面。

（11）配置完成后的"路由和远程访问"窗口如图 6－17 所示。

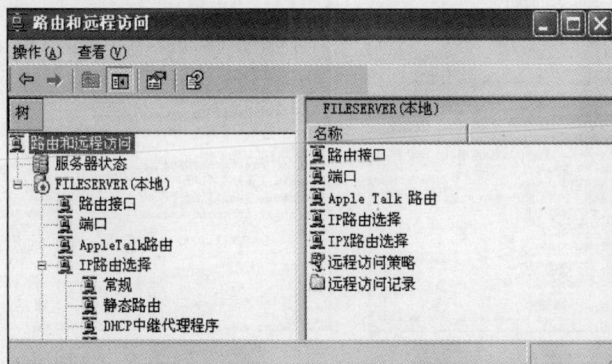

图 6－17　VPN 配置完成后的"路由和远程访问"窗口

（12）单击"路由和远程访问"窗口右侧"远程访问记录"，双击右侧的"本地文件"，打开"属性"对话框，单击"设置"选项卡，单击"记录计账请求（如计账开始或停止）—建议使用（L）"、"记录身份验证请求（访问—接受或访问—拒绝）（U）"复选框，如图 6-18 所示。

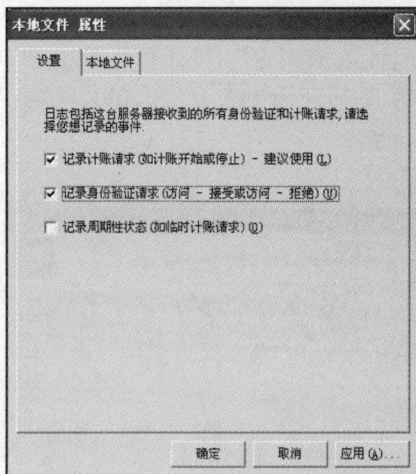

图 6-18　计账与身份验证

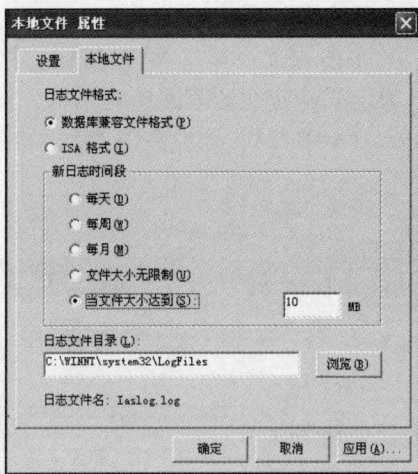

图 6-19　本地文件选项卡

（13）单击"本地文件"选项卡，单击"数据库兼容文件格式（P）"单选按钮，在"新日志时间段"，单击"当文件大小达到（S）："单选按钮，并输入 10。如图 6-19 所示。

（14）单击"确定"按钮。

2. 建立远程访问策略

（1）在"路由和远程访问"窗口，单击右侧的"远程访问策略"，在右侧的策略项上单击右键，在弹出的快捷菜单中单击"属性"命令，打开"属性"对话框，单击"添加"按钮，弹出"选择属性"对话框，单击"属性类别（A）"中的"Tunnel - Type"，如图 6-20 所示。

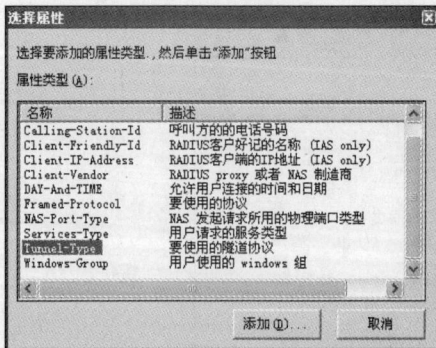

图 6-20　选择添加协议类型

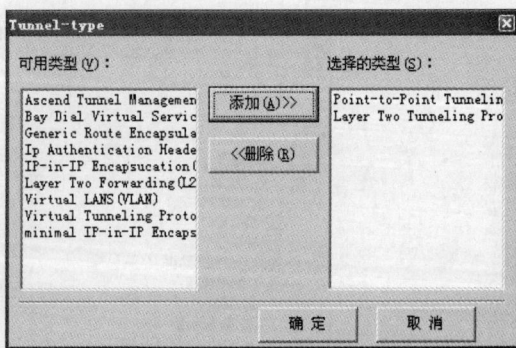

图 6-21　添加隧道协议

（2）单击"添加（D）..."按钮，打开"Tunnel - Type"对话框，单击选中

"Point – to – Point Tunnel Protocol",单击"添加"按钮;再单击选中"Layer Two Tunneling Protocol",并单击"添加"按钮,如图 6 – 21 所示。

（3）添加完成后,单击"确定"按钮,返回"属性"对话框。

（4）单击"授予远程访问权限"单选按钮。

（5）单击"编辑配置文件",打开"编辑拨入配置文件"对话框,单击"拨入限制"选项卡,单击"断开前空闲时间（S）""复选框,输入 10,如图 6 – 22 所示。

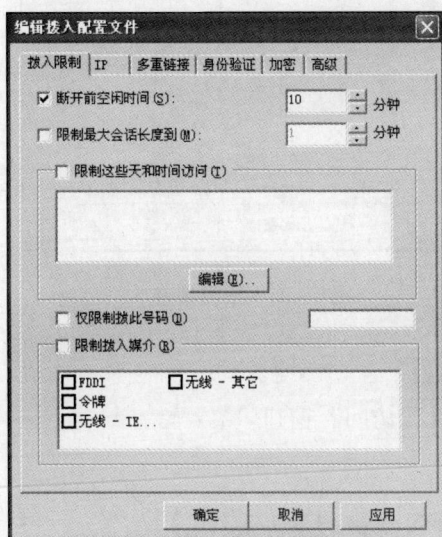

图 6 – 22　断开前空闲时间　　　　　　　图 6 – 23　设置多重链接

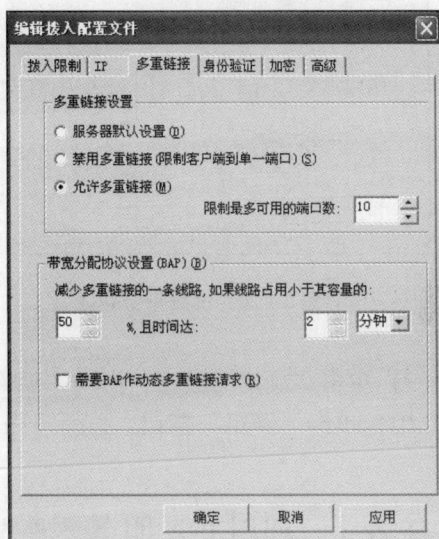

（6）单击"多重链接"选项卡,单击"允许多重链接（M）"单选按钮,输入限制最多可用的端口数为 10,如图 6 – 23 所示。

（7）单击"身份验证"选项卡,分别单击"Microsoft 加密身份验证版本 2（MS – CHAP V2）（2）"和"Microsoft 加密身份验证（MS – CHAP）（M）"复选框,如图 6 – 24 所示。

（8）单击"加密"选项卡,分别单击"基本加密（B）"、"强加密（S）"、"最强加密（T）"复选框,如图 6 – 25 所示。

学习单元　六　VPN 技术

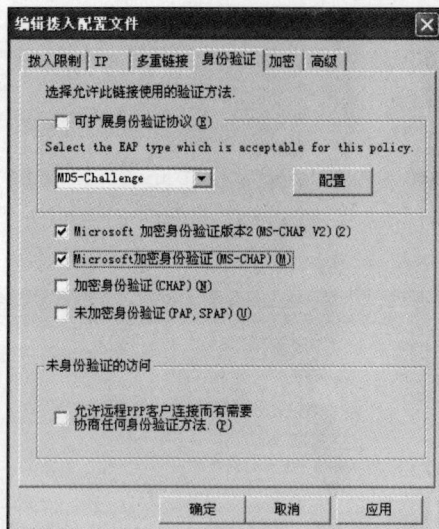

图 6 - 24　设置身份验证

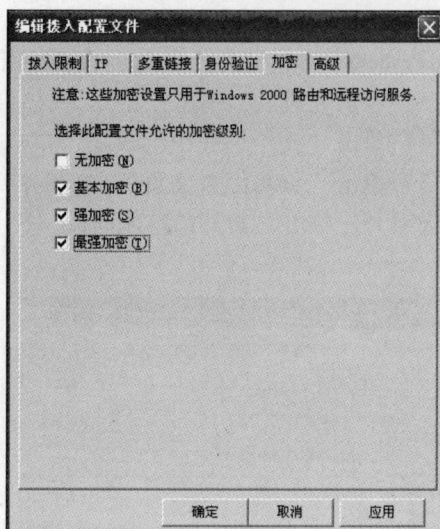

图 6 - 25　设置加密

（9）单击"确定"按钮，回到"属性"窗口。

（10）单击"确定"按钮。关闭"路由和远程访问"窗口。

任务 7　利用 ISA 服务器配置 VPN

【实训目的】

了解 VPN 基本原理，并学会利用 ISA Server 2004 防火墙进行 VPN 服务器的配置。

【预备知识】

ISA Server 2004 服务器改进后的 VPN 管理功能可以轻松地设置虚拟专用网络（VPN），并且由于支持产业标准 Internet 安全协议（IPSec），ISA Server 2004 可以加入到其他供应商提供的已有 VPN 基础结构的环境中，其中包括那些对站点到站点连接采用 IPSec 隧道模式配置的环境。通过 ISA Server 2004 中极具人性化的向导，用户能够很轻松地建立自己的 VPN 服务器。

在 ISA Server 2004 中，有两种类型的 VPN 连接：

1. 远程访问 VPN 连接

客户端建立远程访问 VPN 连接，以连接到专用网络。ISA Server 2004 服务器作为 VPN 接入服务器，远程客户通过连接它来进入内部网络。

2. 站点到站点的 VPN 连接

两个 VPN 服务器之间建立站点到站点的 VPN 连接，将专用网络的两个部分安全地连接起来。

ISA Server 2004 服务器作为 VPN 服务器的好处是可以防止公司网络受到恶意 VPN 连接的威胁。通过新增的多网络支持和对 VPN 监控状态的检查，ISA Server 2004 能很好地保证 VPN 的安全。同时 VPN 服务器集成到了防火墙功能中，所以为预配置的 VPN 客户端网络定义的 ISA Server 2004 服务器访问策略都适用于 VPN 用户。所有 VPN 客户端都属于 VPN 客户端网络，并且受到防火墙策略的限制。

【实训工具】

ISA Server 2004 标准版。

实例 1　ISA 按要求启用 VPN 客户端访问

【实训说明】

利用 ISA 服务器管理完成配置 VPN 客户端访问的相关操作：

（1）启用 VPN 客户端；

（2）允许的最大 VPN 客户端数量为 1 000；

（3）设置客户端可用于远程连接的隧道协议为：PPTP、L2TP/IPSec；

（4）允许访问的域组为本地用户组 VPNremote；

（5）启用用户映射将非 Windows 域名空间映射到 Windows 域名空间。

【实训步骤】

（1）单击"开始"→"程序"→"Microsoft ISA Server"→"ISA 服务器管理"，打开"ISA2004 服务器管理"窗口，展开左侧树状图，单击"虚拟专用网络（VPN）"，再单击窗口右侧的"任务"选项卡，如图 6 - 26 所示，单击"配置 VPN 客户端访问"。

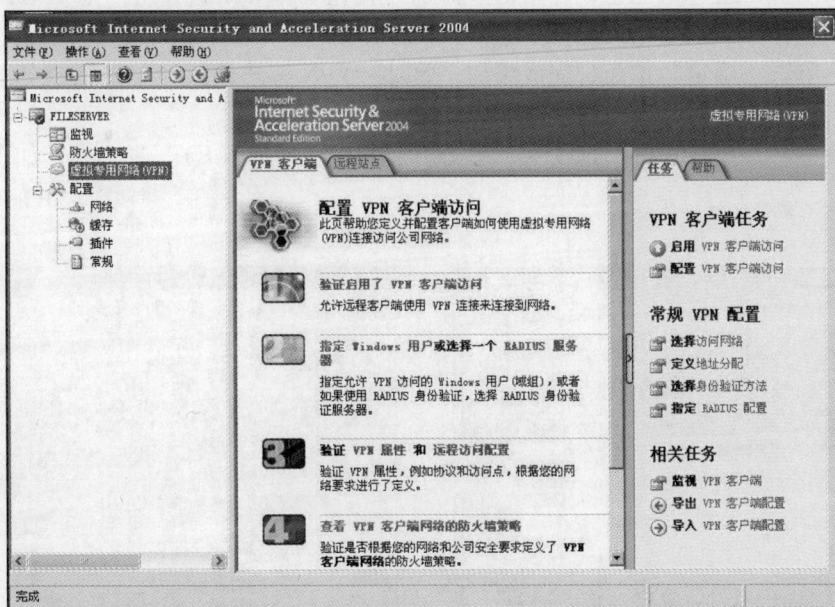

图 6 - 26　在"ISA 服务器管理"中配置 VPN 客户端访问

（2）打开"VPN 客户端属性"对话框，在默认的"常规"选项卡中，单击"启用 VPN 客户端访问（E）"复选框，并设定"允许的最大 VPN 客户端数量（M）"为 1 000，如图 6 - 27 所示。

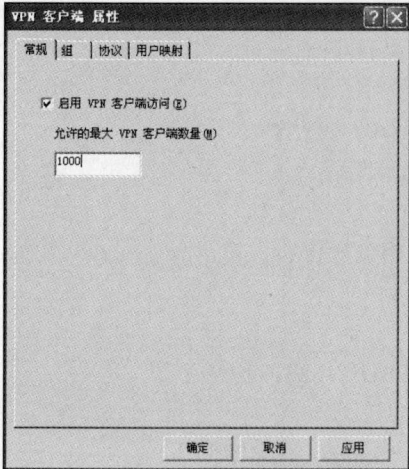

图 6-27　启用 VPN 并设置允许数量

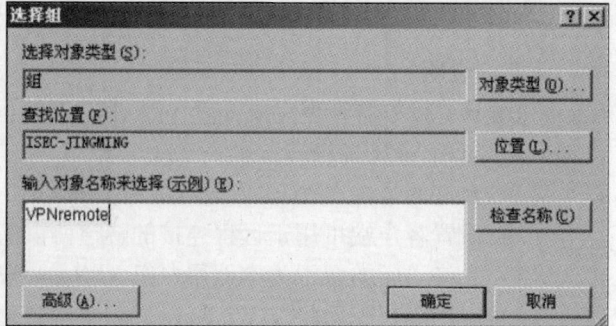

图 6-28　添加用户组

（3）单击"协议"选项卡，分别单击"启用 PPTP"和"启用 L2TP/IPSec"复选框。

（4）单击"组"选项卡，再单击"添加"按钮，打开"选择组"对话框，输入需要添加的本地已存在的用户组"VPNremote"，如图 6-28 所示。

（5）单击"确定"按钮，完成添加，此时"VPN 客户端属性"对话框如图 6-29 所示。

（6）单击"用户映射"选项卡，单击"启用用户映射（E)"复选框，如图 6-30 所示。

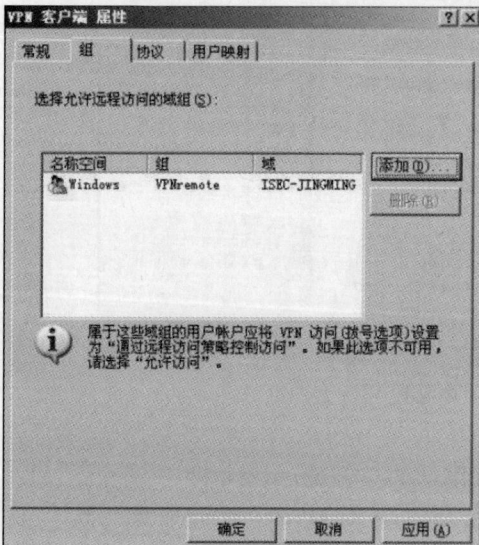

图 6-29　完成添加用户组

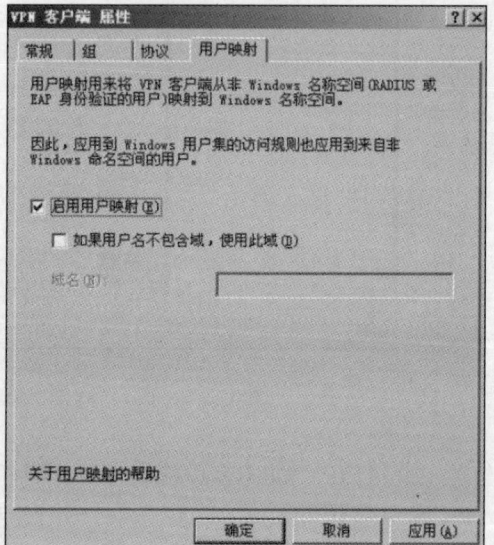

图 6-30　启用用户映射

（7）单击"确定"按钮，回到"ISA 服务器管理"窗口，单击中间上方的"应用"按钮，出现"正在应用规则…"对话框，如图 6-31 所示。

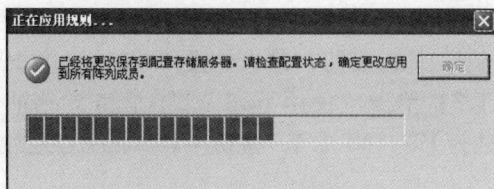

图 6-31　应用界面

（8）完成后单击"确定"按钮。

实例2　指定 DNS 服务器地址、WIN 服务器地址与静态 IP 地址范围

【实训说明】

利用 ISA 服务器管理进行 DNS 服务器设置，要求如下：

（1）指定用来解析 VPN 客户端连接计算机名称的主 DNS 服务器的地址为 192.168.1.2，备用 DNS 服务器的地址为 192.168.1.3；

（2）指定主 WINS 服务器地址为 192.168.1.4，备用 WINS 服务器地址为 192.168.1.5；

（3）使用静态 IP 地址范围为 10.1.1.1～10.1.4.254。

【实训步骤】

（1）打开"ISA 服务器管理"窗口，展开左侧树状图，单击"虚拟专用网络（VPN）"，再单击窗口右侧的"任务"选项卡，单击"定义地址分配"，弹出"虚拟专用网络（VPN）属性"对话框。

（2）在默认选项卡"地址分配"中，单击"静态地址池（S）"单选按钮，再单击"添加（D）"按钮，打开"IP 地址范围属性"对话框，输入起始地址为 10.1.1.1，结束地址为 10.1.4.254。

（3）单击"确定"按钮，可以在"虚拟专用网络（VPN）属性"对话框中看到定义的 IP 地址范围，如图 6-32 所示。

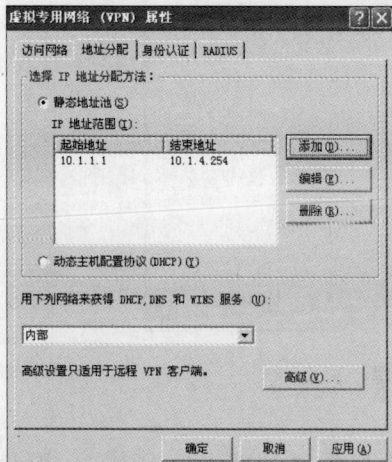

图 6-32　IP 地址范围设置完成

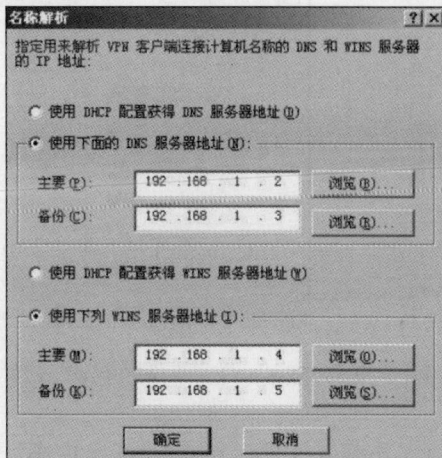

图 6-33　"名称解析"对话框

（4）单击"高级（V）..."按钮，打开"名称解析"对话框，单击"使用下面的 DNS 服务器地址（N）:"单选按钮，输入主要 DNS 地址为 192.168.1.2，备份 DNS 服务器地址为 192.168.1.3；单击"使用下列 WINS 服务器地址（I）:"单选按钮，输入主要 WINS 服务器地址为 192.168.1.4，备份 WINS 服务器地址为 192.168.1.5，如图 6-33 所示。

（5）单击"确定"按钮，回到"ISA 服务器管理"窗口。

（6）单击"ISA 服务器管理"窗口中间上方的"应用"按钮。

（7）成功应用了对配置的更改后，单击"确定"按钮。

实例 3 为 VPN 客户端建立拨入账户并在客户机上建立 VPN 连接

【实训说明】

设置 VPN 客户端访问，具体要求如下：

（1）在 ISA 服务器所在主机为 VPN 客户端设置账号 VPNuser，密码 1234qwer，并允许其进行 VPN 拨入，用户不能更改密码且密码永不过期；

（2）在 Windows2000 客户端（也可以在 ISA 服务器所在主机上操作）下建立一个 VPN 客户端到 VPN 服务器的 VPN 连接，区号为 010，外线为空；

（3）VPN 服务器的地址为 211.1.1.1；

（4）测试新建的 VPN 连接，并保存连接密码。

【实训步骤】

1. 在 ISA 服务器所在主机对 VPN 客户端进行设置

（1）右键单击"我的电脑"，在弹出的快捷菜单中单击"管理"命令，打开"计算机管理"窗口，展开左侧"系统工具"下的"本地用户和组"，右键单击"用户"，在弹出的快捷菜单中单击"新用户（N）..."命令，如图 6-34 所示。

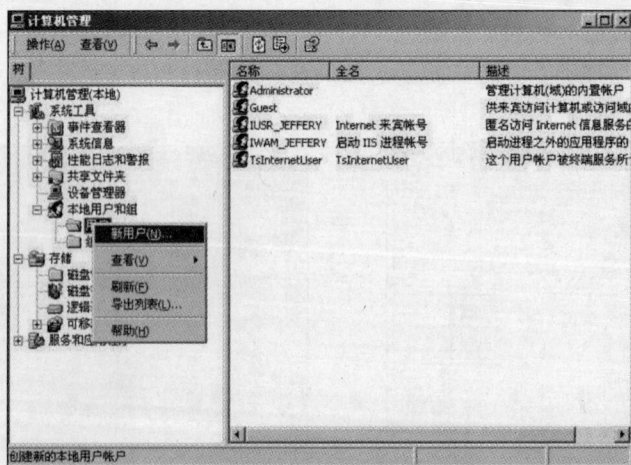

图 6-34 "计算机管理"窗口

（2）在弹出的"新用户"对话框中，输入用户名为 VPNuser，密码为 1234qwer，并确认密码，单击取消"用户下次登录时须更改密码（M）"复选框，再分别单击"用户不能更改密码（S）"和"密码永不过期（W）"复选框，如图6－35所示。

（3）单击"创建（E）"按钮，再单击"关闭（O）"按钮。

（4）在"计算机管理"窗口右侧，右键单击刚刚新建的VPNuser账户，在弹出的快捷菜单中单击"属性"命令，打开"VPNuser属性"对话框。

（5）单击"拨入"选项卡，单击"远程访问权限（拨入或VPN）"下的"允许访问（W）"单选按钮，如图6－36所示。

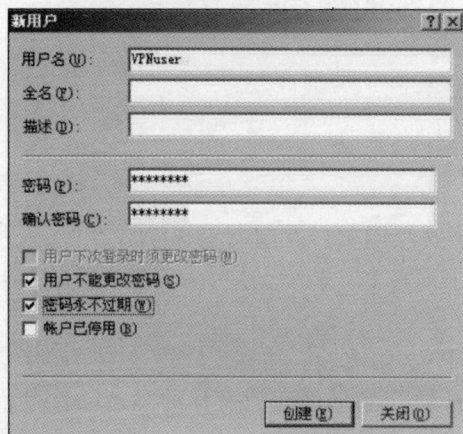

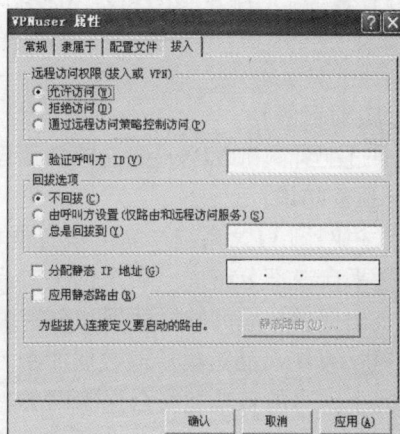

图6－35　"新用户"对话框　　　　图6－36　"VPNuser属性"对话框

（6）单击"确定"按钮，回到"计算机管理"窗口，关闭该窗口。

2. 建立一个VPN客户端到VPN服务器的VPN连接

（1）单击"开始"菜单中"设置"下的"网络和拨号连接"，或者右键单击桌面的"网上邻居"图标，在弹出的快捷菜单中单击"属性"命令，打开"网络和拨号连接"窗口。

（2）双击"新建连接"，打开"位置信息"对话框，输入区号010。

（3）单击"确定"按钮，打开"网络连接向导"对话框，单击"通过Internet连接到专用网络"单选按钮。

（4）单击"下一步（N）"按钮，输入IP地址211.1.1.1，如图6－37所示。

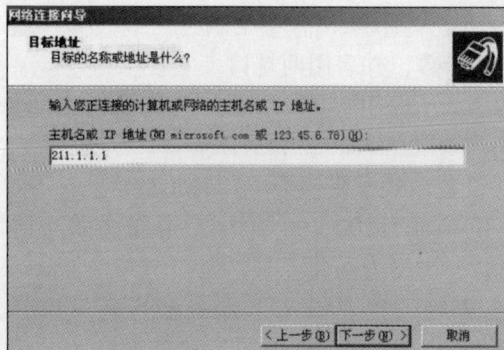

图6－37　输入目标地址　　　　图6－38　"连接虚拟专用连接"对话框

（5）单击"下一步（N）"按钮，在继续出现的向导对话框中单击"下一步"按钮，完成创建。

（6）单击"完成"按钮，弹出"连接虚拟专用连接"对话框，输入用户名为 VPNuser，密码为1234qwer，单击"保存密码（S）"复选框，如图6-38所示。

（7）单击"连接（C）"按钮，测试连接。

任务8 联想网御企业级 VPN 系统的使用

【实训目的】

通过配置网御 VPN，建立客户端连接。

【预备知识】

联想网御 VPN 系统产品由联想网御 VPN 安全网关、联想网御 VPN 客户端以及集中管理平台三部分组成。VPN 网关产品（以下简称为"VPN"）可为各种规模的企业和政府机构提供相应的网络数据加解密服务。

VPN 系统产品是集传输数据加密、SSL VPN、防火墙、防蠕虫病毒及流量整形等众多功能于一身的多功能安全保密网关。VPN 系统产品采用专门设计的高可靠性硬件平台和创新的 VSP 通用安全软件平台，在保障产品自身安全性的同时，该产品的网络处理能力比普通 VPN 系统产品高 20% ~ 30%。联想网御 VPN 系统产品采用贴片式陶瓷电容和固态电容替代部分传统工艺上采用的电解电容，使得硬件平台的转换效率和耐高温能力得到提升，增强了产品硬件稳定性。

【实训工具】

联想网御企业级 VPN 系统。

实例1 网御 VPN 服务器配置

【实训说明】

防火墙连入公网的端口 fe4 的 IP 为 202. 100. 100. 1/24，连接内网的端口 fe2 的 IP 为 192. 168. 1. 1/24，VPN 设备的出口网关地址为 202. 100. 100. 2。远端 VPN 服务器"VPN1"的公网端口 IP 地址为 202. 100. 100. 2/24。请配置本地 VPN 服务器与远程"VPN1"服务器的互联。联想网御本地 Web 管理地址为 https：//10. 1. 5. 254：8889，管理员账号和口令均为 administrator。

（1）配置 VPN 服务器 fe2 和 fe4 的端口参数，并启用两端口。

（2）配置静态路由，设置默认网关为 202. 100. 100. 2。

（3）将 VPN 设备绑定到 fe4 端口，命名为"ipsec0"，并启用设备。

（4）启用 VPN 设备的 IPSec 功能，并设置预共享密钥为"123456789"。

（5）添加远程 VPN 名称为"vpn1"，IP 地址为 202. 100. 100. 2，认证方式为预共享密钥，并设定密钥内容，认证模式为主模式，类型为网关。

（6）配置网关隧道，使本地 VPN 服务器与远程"VPN1"服务器互联，其中本地保护子网为 192. 168. 1. 0/24，远端保护子网为 192. 168. 2. 0/24，缺省策略为"允许"并启用隧道配置。

【实训步骤】

1. 配置 VPN 服务器的端口参数

（1）打开 IE 浏览器，在地址栏中输入 https：//10.1.5.254：8889，回车后，出现"联想网御 VPN"登录窗口，输入管理员账号和口令均为 administrator。

（2）单击"确定"按钮，登录到"网御管理控制"首页窗口。

（3）在窗口左侧，展开"网络配置"，单击"网络设备"，单击窗口右侧的"物理设备"按钮，分别针对 fe2 和 fe4 进行配置。

① 单击"操作"下 fe2 对应的编辑按钮，打开 fe2 的"物理设备维护"窗口，指定 IP 地址为 192.168.1.1，掩码为 255.255.255.0，并单击"是否启用"复选框，如图 6-39 所示。

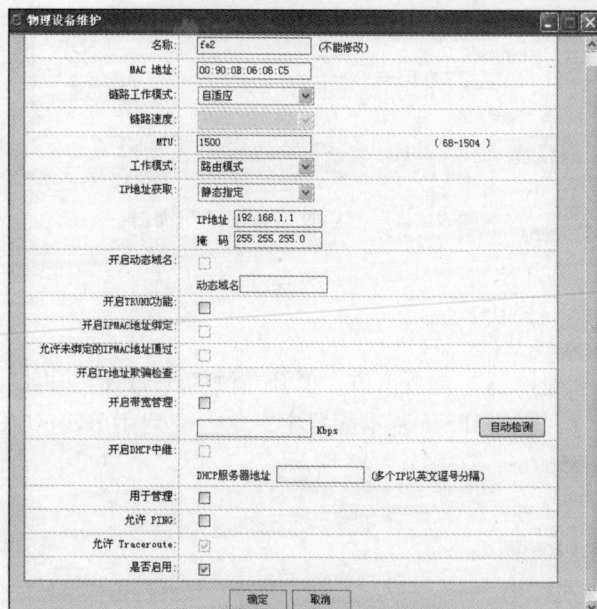

图 6-39 fe2 的"物理设备维护"窗口

② 单击"确定"按钮，回到"网御管理控制"首页窗口。

③ 同样设置 fe4 的"物理设备维护"，指定其 IP 地址为 202.100.100.1，掩码为 255.255.255.0，并单击"是否启用"复选框，再单击"确定"按钮，完成物理设备的配置，如图 6-40 所示。

网络配置>>物理设备

物理设备 VLAN设备 桥接设备 VPN设备 别名设备 冗余设备 拨号设备

设备名	IP地址/掩码	工作模式	IP地址获取	开启TRUNK	开启带宽	是否启用	操作
fe1	10.1.5.254/255.255.255.0	路由模式	静态指定	✕	✕	✓	📝
fe2	192.168.1.1/255.255.255.0	路由模式	静态指定	✕	✕	✓	📝
fe3	/	路由模式	静态指定	✕	✕	✕	📝
fe4	202.100.100.1/255.255.255.	路由模式	静态指定	✕	✕	✓	📝

图 6-40 完成物理设备的配置

2. 配置静态路由

（1）在"网御管理控制"首页窗口，单击左侧"网络配置"下的"静态路由"，在窗口右侧设置默认网关为 202.100.100.2。

（2）单击"确定"按钮。

3. 将 VPN 设备绑定到端口

（1）在"网御管理控制"首页窗口，单击窗口左侧"网络设备"，在窗口右侧的"物理设备"中，单击"VPN 设备"按钮，然后单击"添加"按钮，打开"VPN 设备维护"窗口，选择绑定设备为 fe4，单击"是否启用"复选框，如图 6-41 所示。

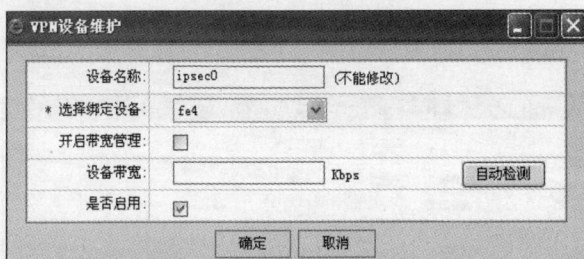

图 6-41　"VPN 设备维护"窗口

（2）单击"确定"按钮。

4. 启用 VPN 设备的 IPSec 功能

（1）在"网御管理控制"首页窗口，展开左侧的"VPN"，再展开"IPSec"，单击"基本配置"，在窗口右侧的 IPSec 基本配置中，单击"启用 IPSec 功能"复选框，并设置预共享密钥为 123456789，如图 6-42 所示。

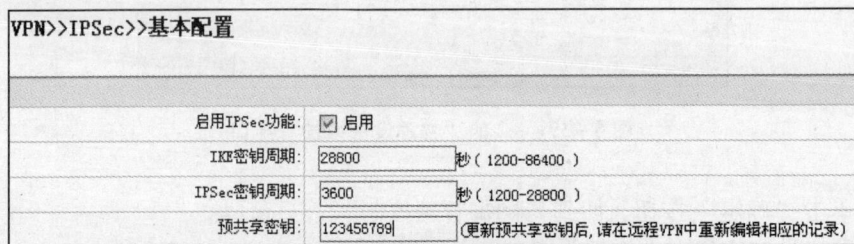

图 6-42　IPSec 的基本配置

（2）单击"确定"按钮，打开"IPSec 基本配置成功"对话框。

（3）单击"确定"按钮，完成 IPSec 功能的启用。

5. 添加远程 VPN

（1）在"网御管理控制"首页窗口，单击左侧 IPSec 下的"远程 VPN"，在窗口右侧单击"添加"按钮，打开"远程 VPN 维护"窗口，设置远程 VPN 名称为 vpn1，IP 地址为 202.100.100.2，认证方式为"预共享密钥"，并设置其密钥为 123456789，认证模式为"主模式"，类型为"网关"，如图 6-43 所示。

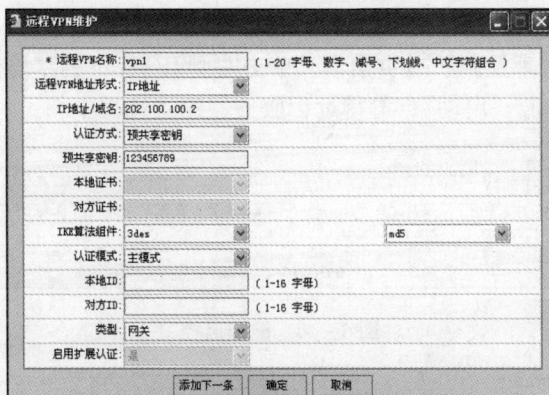

图 6 - 43 　"远程 VPN 维护"窗口

（2）单击"确定"按钮，完成远程 VPN 的设置，如图 6 - 44 所示。

VPN>>IPSec>>远程VPN						
远程VPN名称	远程VPN地址形式	远程VPN地址	认证方式	认证数据	类型	操作
vpn1	IP地址	202.100.100.2	预共享密钥	123456789	网关	📝　🗑

图 6 - 44 　完成设置后的远程 VPN

6. 配置网关隧道

（1）在"网御管理控制"首页窗口，单击左侧 IPSec 下的"网关隧道配置"，在窗口右侧单击"添加"按钮，打开"网关隧道配置维护"窗口，设置隧道名称为 tun1，本地出口为 ipsec0，本地保护子网为 192.168.1.0，远程 VPN 为 vpn1，远端保护子网为 192.168.2.0，并设置缺省策略为允许，如图 6 - 45 所示。

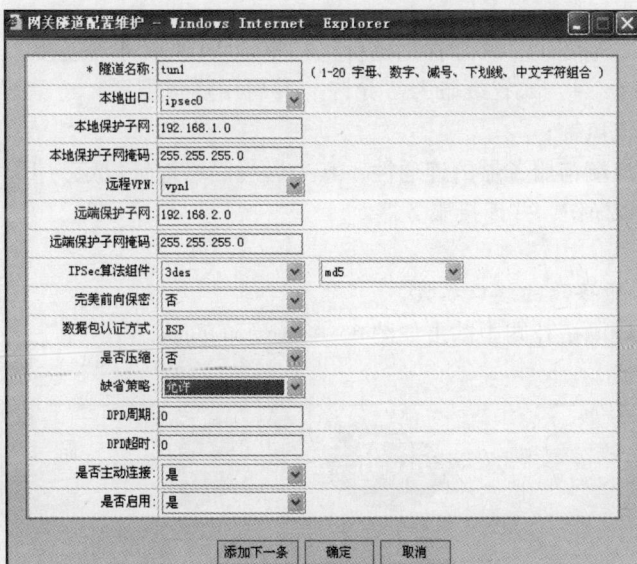

图 6 - 45 　"网关隧道配置维护"窗口

（2）单击"确定"按钮，完成网关隧道配置。

（3）在"网御管理控制"首页窗口，单击左侧 IPSec 下的"隧道监控"，窗口右侧如图 6-46 所示，单击"启动"，等待远程服务器建立过程中。

VPN>>IPSec>>隧道监控										
隧道名	隧道类型	本地保护子	本地网关	对端网关	对端保护子	发送流	接收流	SA建立	状态	操作
tun1	网关<->	192.168.1.0	202.100.1	202.100.1	192.168.2.0				未启动	启动

隧道同步　刷新

图 6-46　隧道监控

【实训小结】

通过本实验内容的学习，可以掌握联想网御 VPN 服务器网关的配置方法，包括 VPN 端口配置、VPN 功能启用、网关隧道配置等，实现 VPN 网关到远程 VPN 网关的连接。

实例 2　网御 VPN 客户端连接配置

【实训说明】

防火墙连接外部网络端口 fe3 的 IP 为 192.168.0.249/24，移动办公人员电脑的 IP 地址为 212.101.98.57/24，对设备进行操作以实现移动办公人员的电脑可以访问到内部服务器的需求。联想网御本地 Web 管理地址为 https://10.1.5.254：8889，管理员账号和口令均为 administrator。

（1）配置 VPN 服务器 fe3 的端口参数，允许 Ping 命令并启用端口；

（2）将 VPN 设备绑定到 fe3 端口，命名为"ipsec0"，并启用设备；

（3）启用 VPN 设备的 IPSec 功能，并设置预共享密钥为"123456789"；

（4）添加远程 VPN 名称为"vpn1"，认证方式为预共享密钥，并设定密钥内容，认证模式为主模式，类型为客户端；

（5）配置客户端隧道，使远程主机可以与本地 VPN 服务器连接，其中客户端可访问子网为 10.1.5.0/24，缺省策略为"允许"并启用隧道配置；

（6）启用隧道监控；

（7）测试客户端与服务器的连通性，其中远程网络地址设定为 10.1.5.254/24，建立连接后进行刷新操作，并连接服务器。

【实训步骤】

1. 配置 VPN 服务器的端口参数

（1）在网络环境拓扑图中单击如图 6-47 所示的防火墙。

图 6-47　网络环境拓扑图

（2）打开 IE 浏览器，在地址栏中输入 https://10.1.5.254：8889，回车后，出现

"联想网御 VPN"登录窗口，输入管理员账号和口令均为 administrator。

（3）单击"确定"按钮，登录到"网御管理控制"首页窗口。

（4）展开窗口左侧的"网络配置"，选择"网络设备"，在窗口右侧的"物理设备"中，单击"操作"下 fe3 对应的编辑按钮，打开 fe3 的"物理设备维护"窗口，指定 IP 地址为 192.168.0.249，掩码为 255.255.255.0，并分别单击"允许 PING"和"是否启用"复选框。

（5）单击"确定"按钮，完成网络设备配置。

2. 将 VPN 设备绑定到端口

（1）在"网御管理控制"首页窗口的右侧，单击"VPN 设备"按钮，然后单击"添加"按钮，打开"VPN 设备维护"窗口，选择绑定设备为 fe3，并单击"是否启用"复选框。

（2）单击"确定"按钮，完成 VPN 设备的添加。

3. 启用 VPN 设备的 IPSec 功能

（1）在"网御管理控制"首页窗口，展开左侧的"VPN"，再展开"IPSec"，单击"基本配置"，在窗口右侧的 IPSec 基本配置中，单击"启用 IPSec 功能"复选框，并设置预共享密钥为 123456789。

（2）单击"确定"按钮，打开"IPsec 基本配置成功"对话框。

（3）单击"确定"按钮，完成 IPSec 功能的设置。

4. 添加远程 VPN

（1）在"网御管理控制"首页窗口，单击左侧 IPSec 下的"远程 VPN"，在窗口右侧单击"添加"按钮，打开"远程 VPN 维护"窗口，设置远程 VPN 名称为 vpn1，认证方式为"预共享密钥"，并设置其密钥为 123456789，认证模式为"主模式"，类型为"客户端"，如图 6-48 所示。

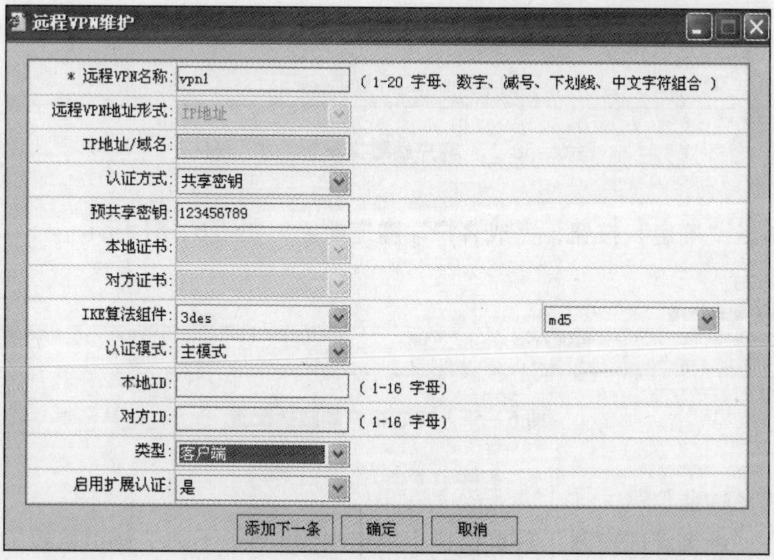

图 6-48　添加远程 VPN

（2）单击"确定"按钮，完成远程 VPN 的设置，如图 6 - 49 所示。

VPN>>IPSec>>远程 VPN						
远程VPN名称	远程VPN地址形式	远程VPN地址	认证方式	认证数据	类型	操作
vpn1	IP地址	0.0.0.0	共享密钥	TypeYourPrekey	客户端	📝 🗑

图 6 - 49　完成添加后的远程 VPN

5. 配置客户端隧道

（1）在"网御管理控制"首页窗口，单击左侧 IPSec 下的"客户端隧道配置"，在窗口右侧单击"添加"按钮，打开"客户端隧道配置维护"窗口，设置隧道名称为 client，本地出口为 ipsec0，远程 VPN 为 vpn1，客户端可访问子网为 10.1.5.0，子网掩码为 255.255.255.0，并设置缺省策略为允许，在"是否启用"后的下拉菜单中选择"是"，如图 6 - 50 所示。

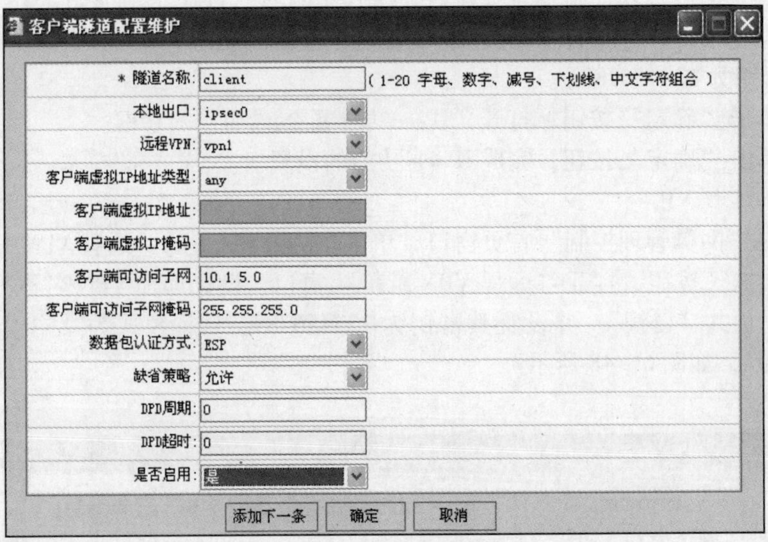

图 6 - 50　"客户端隧道配置维护"窗口

（2）单击"确定"按钮，完成客户端隧道配置，如图 6 - 51 所示。

VPN>>IPSec>>客户端隧道配置							
隧道名称	本地网关地址	本地保护子网	客户端地址	客户端虚拟IP地址	缺省策略	是否起用	操作
client	192.168.0.249	10.1.5.0/24	0.0.0.0	0.0.0.0/0	允许	✔	📝 🗑

图 6 - 51　完成客户端隧道配置

6. 启用隧道监控

（1）在"网御管理控制"首页窗口，单击左侧 IPSec 下的"隧道监控"，在窗口右侧单击"启动"操作。

（2）等待远程服务器建立过程中，如图 6－52 所示。

隧道名称	隧道类型	本地保护子网	本地网关	对端网关	对端保护子网	发送流量	接收流量	SA建立时间	状态	操作
client	客户端->网关	10.1.5.0/24	192.168.0.249	任意地址	{0.0.0.0/0}				正在建立...	停止

图 6－52　等待远程客户端建立连接过程中

7. 测试客户端与服务器的连通性

（1）在网络环境拓扑图中单击移动办公人员电脑，切换到客户端。

（2）从路径为："开始"→"程序"→"联想网御信息安全"→"网御 VPN 客户端"→"网御 VPN 客户端"，打开"网御 VPN 客户端"窗口，如图 6－53 所示。

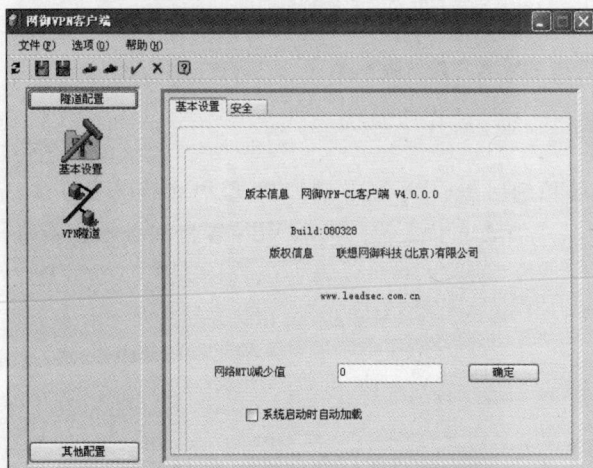

图 6－53　"网御 VPN 客户端"窗口　　　图 6－54　"添加连接"对话框

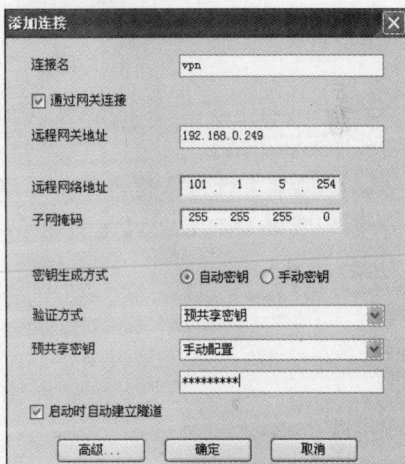

（3）单击窗口左侧的"VPN 隧道"，并在窗口右侧单击"添加"按钮，打开"添加连接"对话框，输入连接名为 vpn，单击"通过网关连接"复选框，再设置远程网关地址为 192.168.0.249，远程网络地址为 101.1.5.254，子网掩码为 255.255.255.0，验证方式为预共享密钥，并设置其手动配置为 123456789，如图 6－54 所示。

（4）单击"确定"按钮，回到"网御 VPN 客户端"窗口。

（5）单击"刷新"按钮，弹出提示对话框"刷新会使所有连接断开！是否刷新"，单击"确定"按钮。此时在窗口右侧的"连接"选项卡如图 6－55 所示。

连接	监视	
名称	远程网关	认证方式
vpn	192.168.0.249	自动密钥\预共享密钥

图 6－55　完成连接

（6）单击"监视"选项卡，再单击选项卡下的 VPN，并单击下端的"连接"按钮，此时窗口右侧如图 6－56 所示，完成 VPN 客户端与服务器的连接。

155

学习单元六　VPN 技术

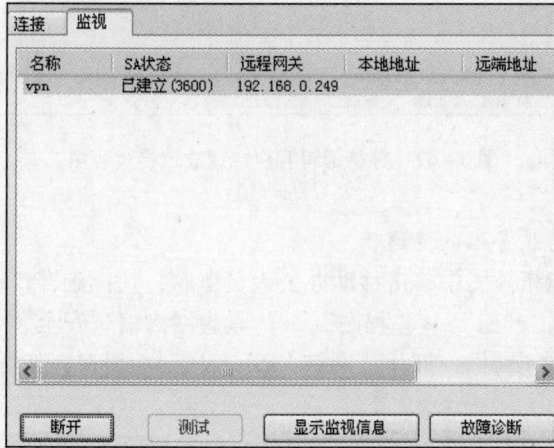

图 6-56　连接 VPN 客户端与服务器

【实训小结】

　　通过本实验内容的学习，可以掌握联想网御 VPN 服务器以及客户端的配置方法，包括 VPN 端口配置、VPN 功能启用、客户端隧道配置等，实现 VPN 客户端与服务器的连接。

入侵检测与网络攻击防御

【导读】

传统的安全方法是采用尽可能多的禁止策略进行防御，例如各种杀毒软件、防火墙、身份认证、访问控制等，这些对防止非法入侵都起到了一定的作用。从系统安全管理的角度来说，仅有防御是不够的，还应采取主动策略。只有充分了解攻击的方法及原理，才能做好防范工作。

【内容结构图】

```
                    ┌─ 网络攻击技术
                    ├─ 入侵检测技术的概念及工作流程
                    ├─ Snort探测工具的工作模式及其使用
入侵检测与          ├─ 网络抓包工具Iris
网络攻击防御        ├─ 探测扫描与防范 ──┬─ SSS软件扫描本地主机
                    │                    ├─ SSS漏洞扫描的防范
                    ├─ DDoS攻击原理及攻击过程 └─ Nessus Client扫描工具
                    └─ DDoS攻击与防范措施
```

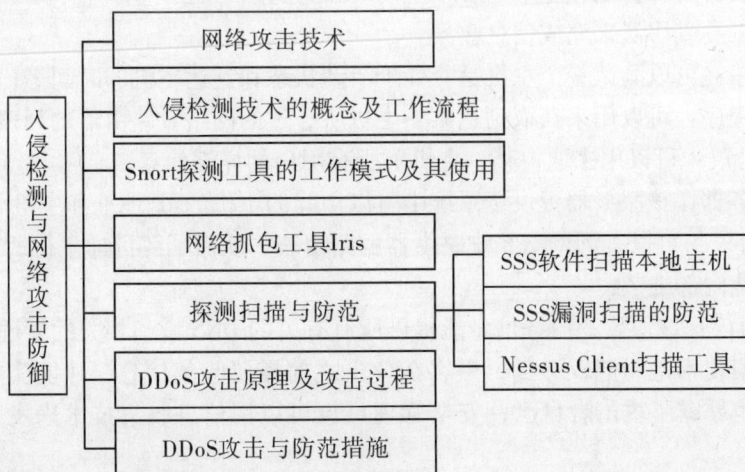

【知识与能力目标】

❖ 了解网络攻击技术，包括黑客的概念、黑客的攻击步骤

❖ 了解入侵检测技术

❖ 掌握利用入侵检测系统 Snort 来进行嗅探统计的方法

❖ 掌握网络抓包工具 Iris 的功能及基本配置

❖ 掌握扫描探测工具的使用

❖ 熟练掌握 DDoS 的攻击原理、攻击过程及系统防范措施

任务1 了解黑客与网络攻击技术

1. 了解黑客

黑客（Hacker）是指那些检查（网络）系统完整性和安全性的人，他们通常非常精通计算机软硬件知识，并有能力通过创新的方法剖析系统。"黑客"通常会去寻找网络中漏洞，但往往并不去破坏计算机系统。

骇客（Cracker，也称为入侵者）是指那些利用网络漏洞破坏网络的人，他们往往会通过计算机系统漏洞来入侵，他们也具备广泛的电脑知识，但与黑客不同的是他们以破坏为目的。

现在 Hacker 和 Cracker 已经混为一谈，人们通常将入侵计算机系统的人统称为黑客。正是因为黑客的存在，人们才会不断了解计算机系统中存在的安全问题。

2. 黑客的攻击步骤

黑客的攻击一般包括如下 4 个步骤：

（1）信息收集。

收集要攻击的目标的信息，包括目标系统的位置、路由、结构及技术细节等。可以用以下的工具或协议来完成信息收集。

Ping 程序：可以测试一个主机是否处于活动状态和到达主机的时间等；

Tracert 程序：可以用来获取到达某一主机所经过的网络及路由器的列表；

Finger 协议：可以用来取得某一主机上所有用户的详细信息；

DNS 服务器：该服务器提供了系统中可以访问的主机的 IP 地址和主机名列表；

SNMP 协议：可以查阅网络系统路由器的路由表，从而了解目标主机所在网络的拓扑结构及其他内部细节；

Whois 协议：该协议的服务信息能提供所有有关的 DNS 域和相关的管理参数。

信息收集技术是一把双刃剑，黑客在攻击之前需要收集信息，才能实施有效的攻击，但同时也暴露了攻击者自己；安全管理员也可以用信息收集技术来发现系统的弱点并进行修补。

（2）探测系统安全弱点。

入侵者根据收集到的目标系统的有关信息，对目标系统上的主机进行探测，以发现系统的弱点和安全漏洞。其主要方法有：利用补丁找到突破口、利用扫描器发现安全漏洞等。

（3）实施攻击。

实施攻击的方式有缓冲区溢出、口令猜测、SQL 注入等。

（4）消除记录、保留访问权限。

攻击者的攻击行为可以分为以下三种表现形式：掩盖行迹、预留后门和安装探测程序。安装探测程序是为了取得特权，扩大攻击范围。

任务 2　了解入侵检测技术

随着信息技术的高速发展，网络安全技术也越来越受到重视，由此推动了防火墙、入侵检测、虚拟专用网、访问控制等各种网络安全技术的蓬勃发展。入侵检测被认为是防火墙之后的第二道安全防线，提供对内部攻击、外部攻击和误操作的实时保护。

1. 了解入侵检测技术

入侵检测作为动态安全防御的核心技术之一，是一种主动保护系统免受黑客攻击的网络安全技术。当我们无法完全防止入侵时，那么只能希望系统在受到攻击时，能尽快检测出入侵，而且最好是实时的，以便可以采取相应的措施来对付入侵，这就是入侵检测系统要做的，它从计算机网络中的若干关键点收集信息，并分析这些信息，检查网络中是否有违反安全策略的行为和遭到袭击的迹象。

入侵检测就是对（网络）系统的运行状态进行监视，发现各种攻击企图、攻击行为或者攻击结果，以保证系统资源的机密性、完整性与可用性。即入侵检测是检测和识别系统中的未授权或异常现象，利用审计记录，入侵检测系统应能识别出任何不希望有的活动，这就要求对不希望有的活动加以限定，一旦它们出现就能自动地检测。

传统的操作系统加固技术和防火墙隔离技术等都是静态安全防御技术，对网络环境下日新月异的攻击手段缺乏主动的反应。入侵检测系统（IDS, Intrusion Detection System）正是一种采取主动策略的网络安全防护措施，其依照一定的安全策略，对网络、系统的运行状况进行监视，尽可能发现各种攻击企图、攻击行为或者攻击结果，以保证网络系统资源的机密性、完整性和可用性。

入侵检测是防火墙的合理补充，帮助系统对付网络攻击，扩展了系统管理员的安全管理能力（包括安全审计、监视、进攻识别和响应），提高了信息安全基础结构的完整性。根据入侵检测系统输入数据的来源来看，可分为：基于主机的入侵检测系统、基于网络的入侵检测系统以及基于分布式的入侵检测系统。

2. 入侵检测的工作流程

入侵检测的过程分为三部分：信息收集、信息分析和结果处理。

（1）信息收集：入侵检测的第一步是信息收集，收集内容包括系统、网络、数据及用户活动的状态和行为。由放置在不同网段的传感器或不同主机的代理来收集信息，包括系统和网络日志文件、网络流量、非正常的目录和文件改变、非正常的程序执行。

（2）信息分析：收集到的有关系统、网络、数据及用户活动的状态和行为等信息，被送到检测引擎，检测引擎驻留在传感器中，一般通过三种技术手段进行分析：模式匹配、统计分析和完整性分析。当检测到某种误用模式时，产生一个告警并发送给控制台。

（3）结果处理：控制台按照告警产生的预先定义的响应采取相应措施，可以是重新配置路由器或防火墙、终止进程、切断连接、改变文件属性，也可以只是简单的告警。

任务 3 Snort 探测 IP 和 TCP/UDP/ICMP 报头信息

【实训目的】

通过使用 Snort，了解基于网络和主机的入侵检测系统的工作原理和应用方法。

【预备知识】

1998 年，Martin Roesch 先生用 C 语言开发了开放源代码的入侵检测系统 Snort。直至今天，Snort 已发展成为一个具备多平台、实时流量分析、网络 IP 数据包记录等特性的强大网络入侵检测/防御系统。

Snort 是一个轻便的网络入侵检测系统，可以完成实时流量分析和对网络上的 IP 包登录进行测试等功能，能完成协议分析、内容查找/匹配，能用来探测多种攻击和嗅探（如缓冲区溢出、秘密端口扫描、CGI 攻击、SMB 嗅探、指纹采集尝试等）。

Snort 使用了一种简单但是灵活、高效的规则描述语言来对检测规则进行描述，每一个 Snort 规则的描述都必须在单独一行内完成。

Snort 有三种工作模式：嗅探器、数据包记录器、网络入侵检测系统。

1. 嗅探器

所谓的嗅探器模式仅仅是 Snort 从网络上读取数据包然后显示在控制台上。

Snort 的命令行格式是：snort - [option]。

如果只需把 TCP/IP 报头信息打印在屏幕上，只要输入下面的命令：snort - v，使用这个命令将使 Snort 只输出 IP 和 TCP/UDP/ICMP 的报头信息。

如果想要看到应用层的数据，可以使用命令：snort - vd，这条命令使 Snort 在输出报头信息的同时显示包的数据信息。

如果还要显示数据链路层的信息，就使用下面的命令：snort - vde，注意这些选项开关还可以分开写或者任意结合在一起。例如：下面的命令就和上面的命令等价：snort - v - d - e。

2. 数据包记录器

如果要把所有的数据包记录到硬盘上，需要指定一个日志目录，Snort 会自动记录数据包，命令行为：snort - dev - l . /log。当然，. /log 目录必须存在，否则 Snort 会报告错误信息并退出。当 Snort 在这种模式下运行时，它会记录所有看到的数据包并将其放到一个目录中，这个目录以数据包目的主机的 IP 地址命名，例如：192. 168. 1. 0。

如果只指定了 -l 命令开关，而没有设置目录名，Snort 有时会使用远程主机的 IP 地址作为目录名，有时会使用本地主机的 IP 地址作为目录名。为了只对本地网络进行日志，我们需要给出本地网络的 IP 地址，命令行格式为：snort - dev - l . /log - h 192. 168. 1. 0/24。这个命令告诉 Snort 把进入 C 类网络 192. 168. 1 的所有包的数据链路、TCP/IP 以及应用层的数据记录到目录 . /log 中。

3. 网络入侵检测系统

Snort 最重要的用途还是作为网络入侵检测系统（NIDS），使用以下命令行可以启动这种模式：snort - dev - l . /log - h 192. 168. 1. 0/24 - c snort. conf。snort. conf 是规则集文件。Snort 会对每个包和规则集进行匹配，发现这样的包就采取相应的行动。如果不指定输出目录，Snort 就输出到/var/log/snort 目录中。

值得注意的是：如果想长期使用 Snort 作为自己的网络入侵检测系统，最好不要使用 - v 选项。因为使用这个选项会使 Snort 向屏幕上输出一些信息，这样会大大降低 Snort 的处理速度，从而在向显示器输出的过程中丢弃一些包。

此外，在绝大多数情况下，也没有必要记录数据链路层的报头，所以 - e 选项也可以不用。命令行 snort - d - h 192.168.1.0/24 - l. /log - c snort.conf 是使用 Snort 作为网络入侵检测系统最基本的形式，日志符合规则的包，以 ASCII 形式保存在有层次的目录结构中。

【实训环境】

一台安装了 Snort 软件的计算机。

【实训说明】

在 Windows 下的 DOS 界面中进入 c：\snort \ bin 完成如下操作：

（1）输出 IP 和 TCP/UDP/ICMP 的报头信息，并利用快捷键退出 Snort 运行，同时显示嗅探统计；

（2）同时显示 IP 和 TCP/UDP/ICMP 的报头信息，报的数据信息（即应用层的数据信息）并在退出 Snort 运行的同时显示嗅探统计；

（3）同时显示 IP 和 TCP/UDP/ICMP 的报头信息、应用层数据信息、数据链路层的信息并在退出 Snort 运行的同时显示嗅探统计。

【实训步骤】

输出 IP 和 TCP/UDP/ICMP 的报头信息，并利用快捷键退出 Snort 运行，同时显示嗅探统计。

（1）单击"开始"菜单的"运行"命令，输入"cmd"，单击"确定"按钮进入 DOS 命令界面；

（2）输入"cd c：\snort \ bin"进入 bin 文件夹；

（3）输入命令"snort - v"进行扫描；

（4）按 Ctrl + C 组合键退出 Snort 运行，扫描后的统计结果如图 7 - 1 所示。

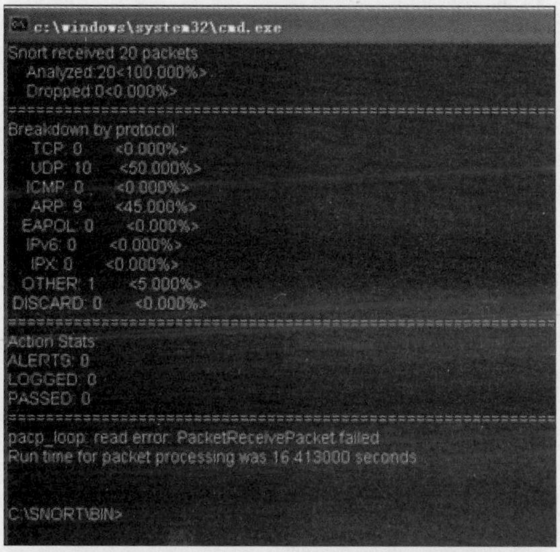

图 7 - 1　snort - v 扫描后的统计结果 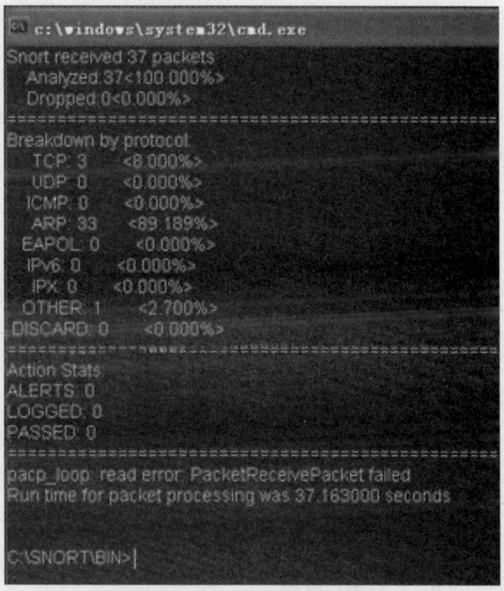　　　　图 7 - 2　snort - vd 扫描后的统计结果

同时显示 IP 和 TCP/UDP/ICMP 的报头信息，包的数据信息（即应用层的数据信息）并在退出 Snort 运行的同时显示嗅探统计。

（1）在 DOS 界面 bin 文件夹输入命令"snort－vd"进行扫描。

（2）按 Ctrl＋C 组合键退出 Snort 运行，扫描后的统计结果如图 7－2 所示。

同时显示 IP 和 TCP/UDP/ICMP 的包头信息、应用层数据信息、数据链路层的信息并在退出 Snort 运行的同时显示嗅探统计。

（1）在 DOS 界面 bin 文件夹下输入命令"snort－v－d－e"进行扫描。

（2）按 Ctrl＋C 组合键退出 Snort 运行并显示扫描统计信息。

任务 4 网络抓包工具 Iris 的基本配置

【实训目的】

掌握针对网络监听攻击所采取的基本防护措施。

【预备知识】

网络抓包工具 Iris 由 Eeye 公司出品，Eeye 是一家以生产网络安全产品著称的公司，它的扫描器以及其他安全方案在业界也颇为出名。

Iris 的优点在于：便于使用、全面丰富的流量状态和报告、高级数据重建功能、精密的数据包操作和伪造能力、扩展的过滤功能、数据分析能力。数据重建功能可以把原始的数据包还原成完整的 HTTP、FTP、SMTP 和 POP3 会话，可以很轻松地查看网络传输的 Mail 信件、用户浏览的网页以及未加密的 FTP 传输。Iris 的数据包编辑器可以让用户创建自定义的或者欺骗的数据包。Iris 可以分析其他知名的 Sniffer 保存的数据包捕捉文件。

Iris 作为一个嗅探器，它能捕捉通过所在机器的数据包，因此如果要使它能捕捉尽可能多的信息，安装前应该对所处网络的结构有所了解。例如，在环形拓扑结构的网络中，安装在其中任一台机器上都可以捕捉到其他机器的信息包（当然不是全部），而对于使用交换机连接的交换网络，很有可能就无法捕捉到其他两台机器间通信的数据，而只能捕捉到与本机有关的信息；又例如，如果想检测一个防火墙的过滤效果，可以在防火墙的内外安装 Iris，捕捉信息，进行比较。

Iris 令人称道的三大功能是：抓包、解码和包的编辑以及重新发送功能。

1. 抓包

Iris 的一个非常好的方面就是抓包和 Decode，查看包的内容集成在一个界面里面。这样就可以一边抓包一边查看包的内容，以及报头含义等。

2. 解码

支持大部分的 TCP/IP 协议，这样对一般的抓包分析应用就已经足够了。

3. 包的编辑以及重新发送功能

可以对自己抓到的数据报文进行简单修改然后重新发送。同时，Iris 也带有简单的流量统计分析功能。

【实训环境】

一台安装抓包软件 Iris 的计算机。

【实训说明】

通过设置网络抓包工具 Iris，完成如下操作：

（1）选择 Realtek RTL8139 网卡为监听的网卡；

（2）使用默认的监听设置；

（3）只抓取 TCP，UDP 数据包。

【实训步骤】

（1）双击桌面上的"IRIS 4.07.1"图标，打开工具 IRIS 4.07.1，如图 7-3 所示。

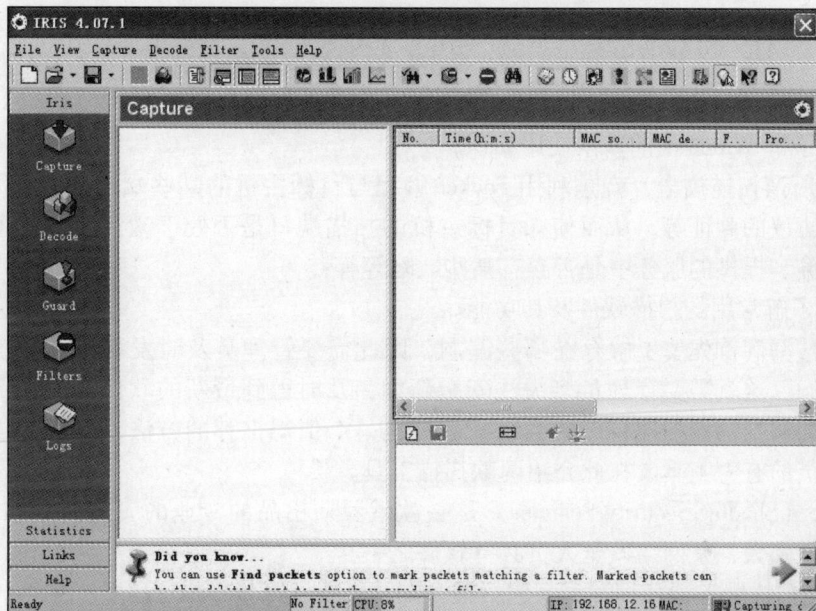

图 7-3　"IRIS 4.07.1"对话框

　　（2）单击"Tools"菜单下的"Settings"命令，弹出"Settings"对话框，单击左侧的"Adapters"，再单击右侧的"Realtek RTL8139 Family PCT Fast Ethernet NTC"作为监听的网卡，如图 7-4 所示。

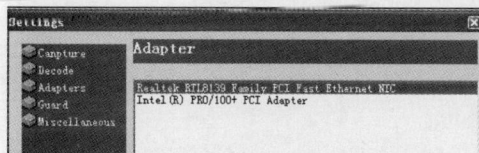

图 7-4　"选择监听网卡"对话框

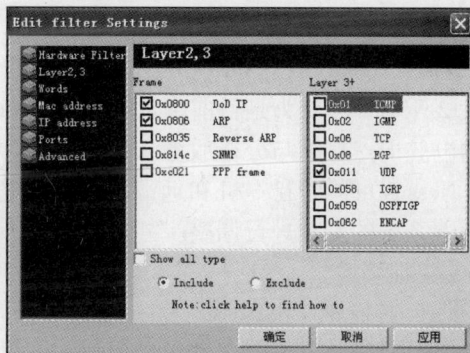

图 7-5　"选择抓包项"对话框

（3）单击"Tools"菜单下的"Settings"命令，查看参数指标，按默认值就行，无

学习单元七　入侵检测与网络攻击防御

须修改，单击"确定"按钮。

（4）单击"Filter"菜单下的"Edit Filter"命令，弹出"Edit filter Settings"对话框，单击左边的"Layer2，3"，在对话框右边分别单击"0x0800 DoD IP"、"0x0806 ARP"、"0x06 TCP"和"0x11 UDP"复选框，如图7-5所示，再单击"确定"按钮。

任务5 扫描探测与防范的应用

【实训目的】

了解常用的扫描软件及基本原理，并能针对典型软件的扫描攻击进行相应防御。

【预备知识】

（1）了解 Windows 的基本使用知识；

（2）所谓扫描攻击，就是利用 Socket 编程与目标主机的某些端口建立 TCP 连接、进行传输协议的验证等，从而侦知目标主机的扫描端口是否处于激活状态、主机提供了哪些服务、提供的服务中是否含有某些缺陷等等；

（3）了解常用的扫描软件及其功能。

要屏蔽漏洞首先要了解存在哪些漏洞，因此需要管理员及时发现自己系统或应用软件的漏洞，这就需要管理员多关注安全新闻，及时得到最新的软件漏洞情况。除此之外，用漏洞扫描器扫描自己的系统或软件也是个值得推荐的方法，漏洞扫描器也是安全管理员的有力工具。在此介绍两款扫描工具。

①SSS（Shadow Security Scanner）是一款俄罗斯出品的专业的安全漏洞扫描软件，其功能非常强大，是网络安全人员必备软件之一。

SSS 能扫描服务器各种漏洞，包括很多漏洞扫描、账号扫描、DOS 扫描等，而且漏洞数据可以随时更新。

SSS 在安全扫描市场中享有速度最快、功效最好的盛名，其功能远远超过了其他众多的扫描分析工具。

SSS 可以对很大范围内的系统漏洞进行安全、高效、可靠的安全检测，对系统全部扫描之后，可以对收集的信息进行分析，发现系统设置中容易被攻击的地方和可能的错误，得出对发现问题的可能的解决方法。

SSS 不仅可以扫描 Windows 系列平台，而且还可以应用在 UNIX 及 Linux、FreeBSD、OpenBSD、Net BSD、Solaris 等平台上。

②Nessus 被认为是目前全世界最多人使用的系统弱点扫描与分析软件，它提供完整的电脑弱点扫描与分析服务，并随时更新其弱点数据库。不同于传统的弱点扫描软件，Nessus 可同时在本机和远端上遥控，进行系统的弱点分析扫描，并且其运作效能能随着系统的资源进行调整。

【实训环境】

一台安装 SSS 和 Nessus Client 软件的计算机。

实例1 运用 SSS 扫描本地主机并查看本地主机安全状况

【实训说明】

运用漏洞扫描软件 SSS 探测本机存在的漏洞并查看探测结果，具体要求如下：

（1）采用完全扫描方式；

（2）添加本地主机到扫描列表中，IP 地址为 192.168.0.158；

（3）扫描本地主机；

（4）查看本地主机安全状况及具体说明。

【实训步骤】

（1）双击桌面上的"Shadow Security Scanner"图标，在打开的"Shadow Security Scanner"对话框中单击左侧的"Scanner"按钮，弹出"New Session"对话框，单击"Complete Scan"选项，如图 7-6 所示。

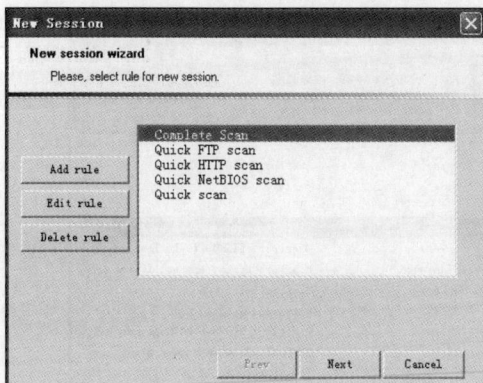

图 7-6　"选择扫描方式"对话框

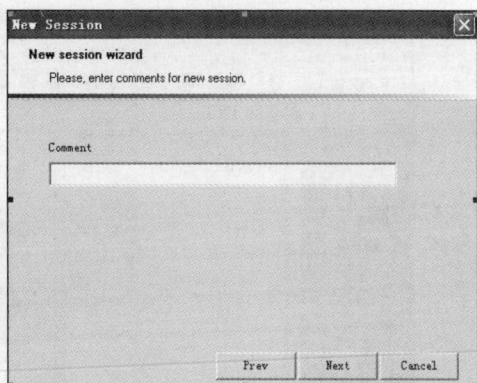

图 7-7　"输入 Comment 内容"对话框

（2）单击"Next"按钮，输入 Comment 的内容"Test"，如图 7-7 所示。

（3）单击"Next"按钮，在新对话框中单击"Add host"按钮，弹出"Add host"对话框，在 Hostname or IP Address 下输入本地主机的 IP 地址 192.168.0.158，如图 7-8 所示。

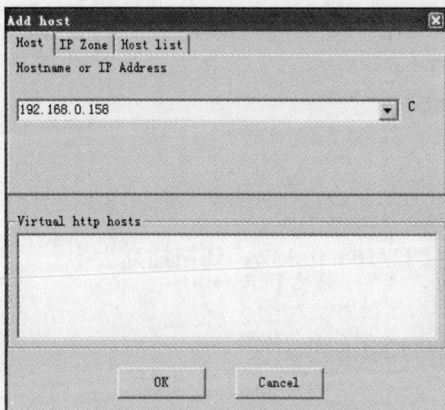

图 7-8　"添加 IP 地址"对话框

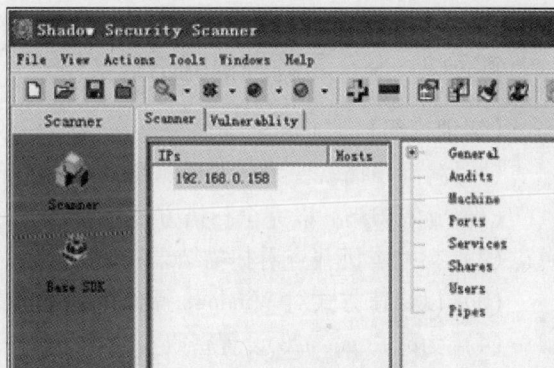

图 7-9　"开始扫描"对话框

学习单元七　入侵检测与网络攻击防御

（4）单击"OK"按钮。

（5）单击"Next"按钮。

（6）在"Shadow Security Scanner"对话框中，右键单击该 IP 地址（192.168.0.158），在弹出的快捷菜单中单击"Start Scan"命令开始扫描，如图 7-9 所示。

（7）扫描完成，在对话框右边可以根据不同颜色提示来查看不同安全级别的测试结果。如果选中某一项测试结果，则底部会出现具体说明及其解决方法，如图 7-10 所示。

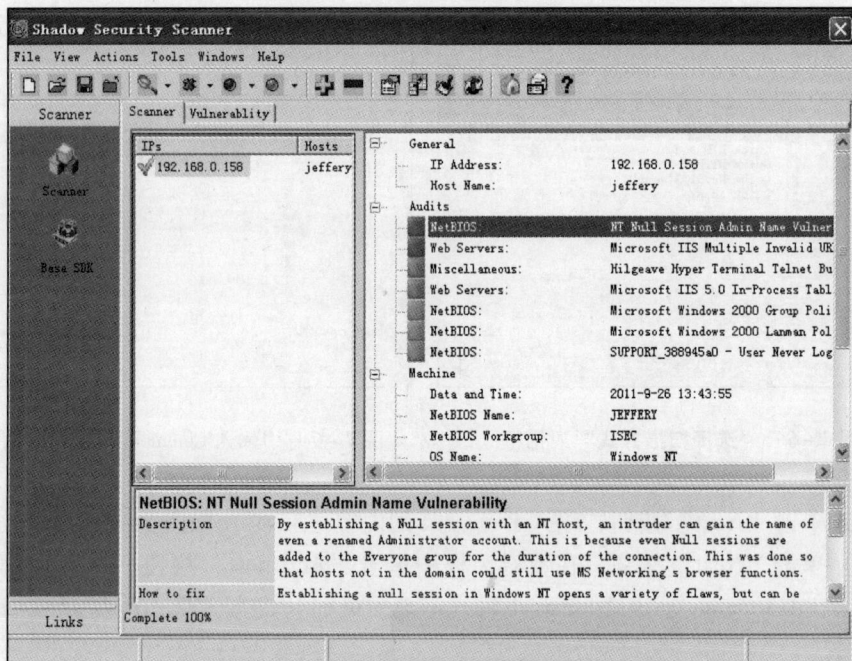

图 7-10　"测试结果及说明"对话框

实例 2　SSS 漏洞扫描的防范实例

【实训说明】

针对漏洞扫描软件 SSS 的探测结果做出如下所述的防范措施：

（1）运行 SSS，以完全扫描方式添加本机 IP（192.168.0.137）到扫描列表中；

（2）扫描本机并查看扫描结果；

（3）以快速方式对 Windows 操作系统进行 Windows Update 升级；

（4）为账户 guest23 设置密码：o4sEc*159。

【实训步骤】

1. 运行 SSS，以完全扫描方式添加本机 IP（192.168.0.137）到扫描列表中

（1）双击桌面上的"Shadow Security Scanner"图标，在打开的"Shadow Security Scanner"对话框中单击左边的"Scanner"按钮，在弹出的对话框中选择"Complete

Scan"选项，单击"Next"按钮。

（2）输入 Comment 的内容"Test"，单击"Next"按钮，在新对话框中单击"Add Host"按钮，添加本地主机的 IP 地址"192.168.0.137"。

（3）单击"OK"按钮。

2. 扫描本机并查看扫描结果

（1）添加完成后，单击"Next"按钮。

（2）右键单击"Shadow Security Scanner"对话框中的 IP 地址（192.168.0.137），在弹出的快捷菜单中单击"Start Scan"命令进行扫描。

（3）扫描结束后，单击对话框右边的各项，分别在对话框底部显示漏洞的具体说明及解决策略。

（4）单击对话框右侧的账号"guest23"，在对话框底部可以看到它的密码为空，如图 7 - 11 所示。

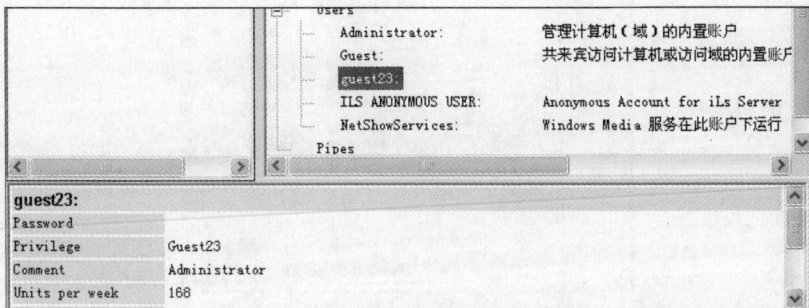

图 7 - 11 "扫描结果"对话框

3. 以快速方式对 Windows 操作系统进行 Windows Update 升级

（1）单击"开始"菜单的"Windows Update"命令，打开"Windows Update"对话框，单击"快速"按钮获取更新程序。

图 7 - 12 "下载更新"对话框

（2）如图7-12所示，单击"立即下载和安装"按钮，弹出"正在安装更新程序"对话框，自动安装更新的程序。

（3）更新完成后，单击"现在重新启动"按钮重新启动计算机。

4. 为账户 guest23 设置密码：o4sEc＊159

（1）单击"开始"→"设置"→"控制面板"，打开"控制面板"对话框，双击"用户和密码"命令，打开"用户和密码"对话框，如图7-13所示。

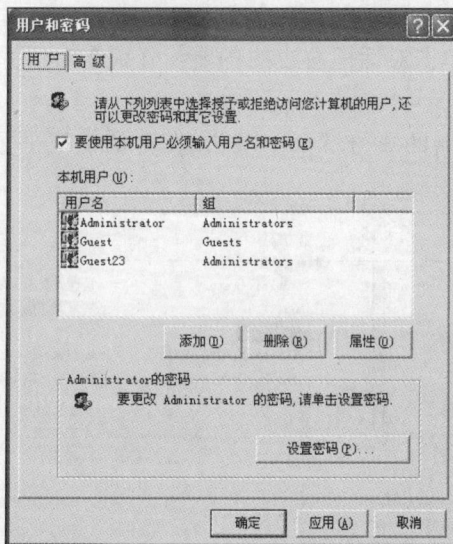

图7-13　"用户和密码"对话框

（2）在"本机用户（U）："框中单击"Guest23"，再单击"设置密码（P）..."按钮。

（3）在弹出的"设置密码"对话框中输入密码"o4sEc＊159"，单击"确定"按钮。

（4）单击"确定"按钮。

【实训小结】

针对该实训结果，可以总结出以下防范策略：

1. 用扫描软件扫描本机存在的漏洞

要屏蔽漏洞首先要了解存在哪些漏洞，因此需要管理员及时发现自己系统或应用软件的漏洞，这就需要管理员多多关注安全新闻，及时得到最新的软件漏洞情况。除此之外，用漏洞扫描器扫描自己的系统或软件也是安全管理员的有力工具。

2. 为系统进行 Windows Update 升级

升级系统即进行操作系统的升级，现在 Windows 作为一个应用最广的通用平台，对它的升级更新显得尤为重要。Windows 自身也提供了升级工具，即 Windows Update。

3. 为存在弱口令的账户设置强壮的密码

一个强壮的密码足以防止黑客运用破解密码的方法入侵计算机系统。

实例 3　用 Nessus Client 进行扫描

【实训说明】

（1）安装 Nessus 的服务器端和客户端到系统默认位置；

（2）启动 Nessus 客户端，连接到 Nessus 的本地服务器；

（3）设定需要扫描的主机 IP 地址为 192.168.0.254，选择默认扫描策略进行扫描，并查看扫描结果；

（4）添加新的扫描主机 IP 地址为 192.168.0.230，为节省扫描时间设置不再扫描主机 192.168.0.254，同样选择默认的扫描策略进行扫描；

（5）查看扫描结果，将扫描结果输出为网页文件格式保存到桌面并进行查看。

【实训步骤】

1. 安装 Nessus 的服务器端和客户端到系统默认位置

（1）双击桌面上的 "Nessus - 3.2.0.exe" 图标，弹出安装向导对话框，单击 "Next" 按钮，出现 "licement Agreement" 对话框。

（2）单击 "I accept the terms of the licence agrament" 单选按钮，再单击 "Next" 按钮，出现 "Select Features" 对话框。

（3）单击 "Next" 按钮，然后在继续出现的向导对话框中单击 "Install" 按钮。

（4）安装完成后，弹出 "Question" 对话框询问是否注册，如图 7-14 所示，单击 "否（N）" 按钮完成规则库的自动升级。

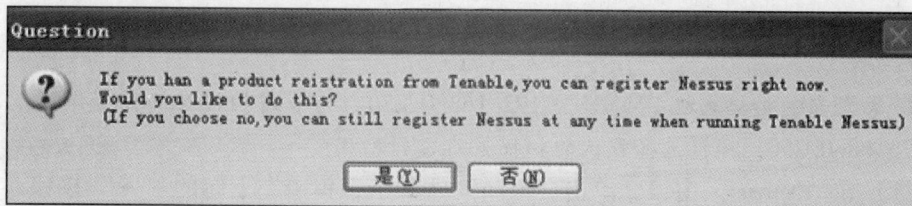

图 7-14　"Question" 询问对话框

（5）单击 "Finish" 按钮，完成 Nessus 的安装。

2. 启动 Nessus 客户端，连接到 Nessus 的本地服务器

（1）双击桌面上的 "Nessus Client" 图标，启动 Nessus 客户端，单击 "Nessus" 窗口左下端 "Connect" 按钮。

（2）在弹出的对话框中单击 "Localhost"，如图 7-15 所示。

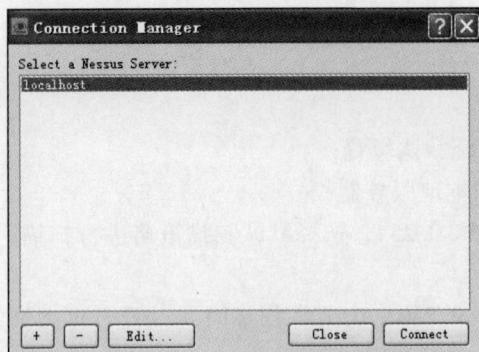

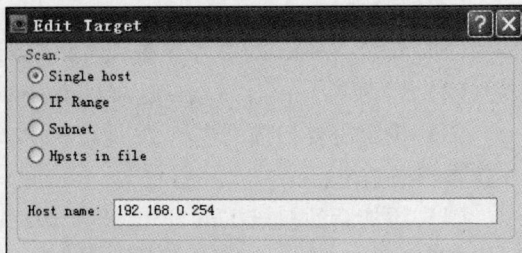

图 7 - 15　"连接"对话框　　　　　　图 7 - 16　"输入主机 IP"对话框

（3）单击"Connect"按钮完成连接 Nessus 服务器。

3. 设定需要扫描的主机 IP 地址为 192. 168. 0. 254，选择默认的扫描策略进行扫描，并查看扫描结果

（1）在建立好连接的 Nessus 服务器窗口，单击"＋"按钮，弹出"Edit Target"对话框。

（2）在 Host name 后输入主机的 IP 地址 192. 168. 0. 254，如图 7 - 16 所示。

（3）单击"Save"按钮，回到"Nessus"窗口。

（4）在窗口左边单击 IP 地址复选框，窗口右侧单击"Default scan policy"，再单击"Scan Now"按钮进行扫描。

（5）扫描完后，可以在"Report"选项卡下，单击 IP 地址左侧的"＋"展开其项目进行查看。

4. 添加新的扫描主机 IP 地址为 192. 168. 0. 230，为节省扫描时间设置不再扫描主机 192. 168. 0. 254，同样选择默认的扫描策略进行扫描

（1）在"Nessus"窗口，单击"Scan"选项卡，单击左下端的"＋"按钮，在弹出的"Edit Target"对话框中输入 IP 地址 192. 168. 0. 230，单击"Save"按钮完成添加主机。

（2）在窗口左侧单击 IP 地址 192. 168. 0. 230 复选框（单击取消 IP 地址 192. 168. 0. 254 复选框），如图 7 - 17 所示，然后单击"Scan Now"按钮进行扫描。

（3）扫描完成的界面如图 7 - 18 所示。

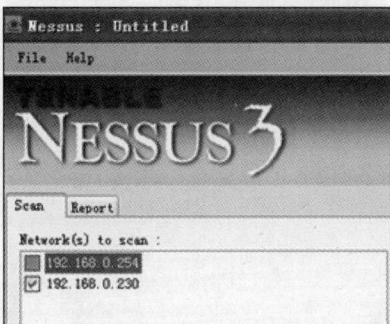

图7-17 "选择扫描的IP地址"窗口

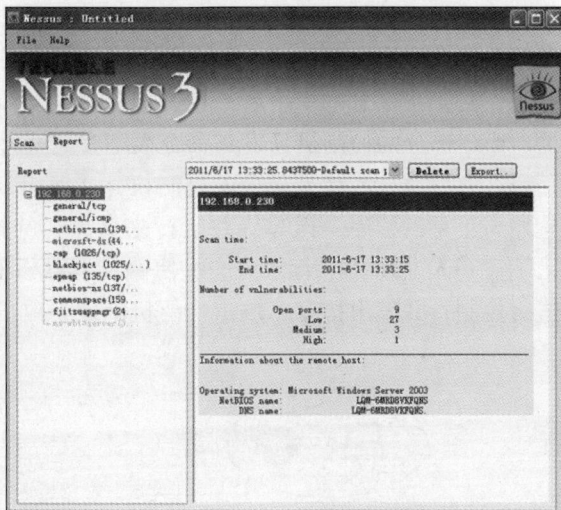

图7-18 "扫描结果"窗口

5. 查看扫描结果,将扫描结果输出为网页文件格式保存到桌面并进行查看

(1)单击"Export"按钮,弹出"另存为"对话框,将扫描结果保存到桌面上,保存类型为"HTML",保存的文件名为"a20",单击"保存"按钮。

(2)双击桌面上的文件"a20.html"查看扫描的结果。

任务6 了解 DDoS 攻击原理及攻击过程

攻击已经成为互联网上的一种最直接的竞争方式,通过在大流量网站的网页里注入病毒木马,木马可以通过 Windows 平台的漏洞感染浏览网站的计算机,一旦中了木马,这台计算机就会被后台操作的人控制,也就成了所谓的"肉鸡",这些"肉鸡"受人遥控攻击服务器。

1. DDoS 概述

DoS(Denial of Service,拒绝服务攻击)是攻击者过多地占用系统资源直到系统繁忙、超载而无法处理正常的工作,甚至导致被攻击的主机系统崩溃。

DDoS(Distributed Denial of Service,分布式拒绝服务攻击)是一种比较新的黑客攻击方法,是 DoS 的特例,黑客利用多台机器同时攻击来达到妨碍正常使用者使用服务的目的。黑客预先入侵大量主机以后,在被害主机上安装 DDoS 攻击程序,控制被害主机对攻击目标展开攻击。有些 DDoS 工具采用多层次的架构,甚至可以一次控制高达上千台主机展开攻击,利用这样的方式可以有效产生极大的网络流量以瘫痪攻击目标。很多 DoS 攻击源一起攻击某台服务器就组成了 DDoS 攻击。通常来说,至少要有数百台甚至上千台主机才能达到满意的效果。

2. DDoS 攻击原理

最基本的 DDoS 攻击就是利用合理的服务请求来占用过多的服务资源,从而使合法用户无法得到服务的响应。

一个比较完善的 DDoS 攻击体系分成四大部分，如图 7-19 所示。先来看一下最重要的第 2 部分和第 3 部分：它们分别用做控制和实际发起攻击。注意控制机与攻击机的区别，对第 4 部分的受害者来说，DDoS 的实际攻击包是从第 3 部分攻击傀儡机上发出的，第 2 部分的控制机只发布命令而不参与实际的攻击。对第 2 部分和第 3 部分计算机，黑客有控制权或者是部分的控制权，并把相应的 DDoS 程序上传到这些平台上，这些程序与正常的程序一样等待并运行来自黑客的指令，通常它还会利用各种手段隐藏自己不被别人发现。在平时，这些傀儡机器并没有什么异常，只是一旦黑客连接到它们进行控制，并发出指令，攻击傀儡机就成为攻击者去发起攻击了。

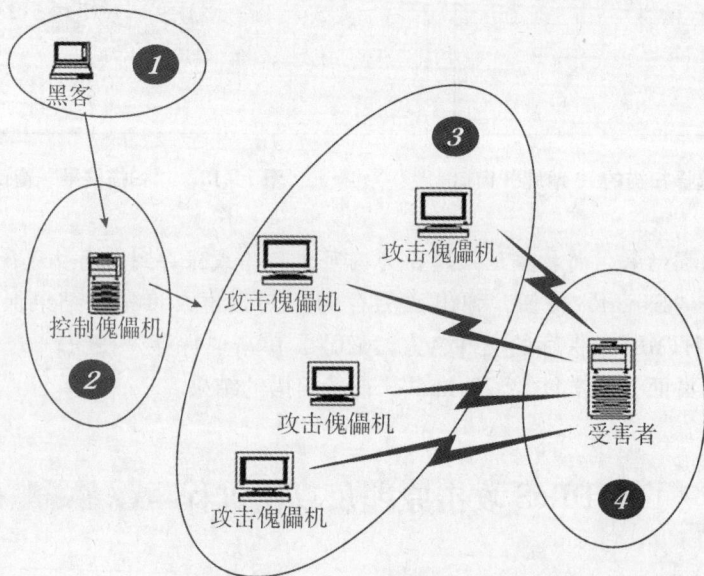

图 7-19 DDoS 攻击体系结构

从图 7-19 我们可以看到，黑客并不直接去控制攻击傀儡机，而是利用控制傀儡机做中转站，这就是 DDoS 攻击难以追查的原因之一。从攻击者的角度来说，肯定不愿意被捉到。攻击者使用的傀儡机越多，实际上提供给受害者的分析依据就越多，这样想要找到真正的幕后黑手也就越困难。在占领一台机器后，高水平的攻击者会首先做两件事：第一考虑如何留好后门；第二如何清理日志。不专业的黑客会不管三七二十一把日志全都删掉。虽然无法再从日志发现谁是入侵者，但这样的话网管发现日志全没了就会有所察觉，知道有人入侵了自己的机器及网络，就会及时做好防范。相反，真正的高手会选择把跟自己有关的日志项目删掉，让人看不到异常的情况。这样就可以长时间地利用傀儡机。

在第 3 部分攻击傀儡机上清理日志是一项庞大的工程，即使在有很好的日志清理工具的帮助下，黑客也是对这个任务很头疼的。这就导致了有些攻击机如果日志删除不彻底，通过日志线索找到了控制它的上一级计算机，这上一级的计算机如果是黑客自己的机器，那么就会被发现了。但如果这是控制傀儡机的话，黑客自身还是安全的。控制傀儡机的数目相对很少，一般一台就可以控制几十台攻击机，清理一台计算机的日志对黑客来讲就轻松多了，这样从控制傀儡机再找到黑客的可能性也大大降低了。

3. DDoS 攻击过程

DDoS 攻击通常分为三个步骤：收集了解目标机的情况、占领傀儡机和实施攻击。

（1）收集了解目标机的情况。对于黑客来说，他关心的是攻击目标的主机数目、地址情况，目标主机的配置及性能，目标的带宽等内容。通常，大的网站可能有很多台主机利用负载均衡技术提供同一个网站的 WWW 服务，这样就存在多个可攻击的 IP 地址，攻击者如果只攻击其中一个 IP 地址，那么其他 IP 地址的主机仍然能提供正常的服务，因此，如果想让任何人都访问不了这个受攻击的网站，就要让支持该网站的所有 IP 地址的主机都瘫痪。在实际的应用中，一个 IP 地址往往还代表着数台机器：网站维护者使用了四层或七层交换机来做负载均衡，把对一个 IP 地址的访问以特定的算法分配到下属的每个主机上去。这时对于 DDoS 攻击者来说情况就更复杂了，他面对的任务可能是让几十台主机的服务都不正常。所以说事先搜集情报对 DDoS 攻击者来说是非常重要的，这关系到使用多少台傀儡机才能达到效果的问题。

（2）占领傀儡机。最受黑客青睐的是以下三种类型的主机：一是链路状态好的主机；二是性能好的主机；三是安全管理水平差的主机。对于 DDoS 攻击者来说，准备好一定数量的傀儡机是一个必要的条件，我们来看看黑客是如何攻击并占领它们的：首先，黑客做的工作一般是扫描，随机地或者是有针对性地利用扫描器去发现互联网上那些有漏洞的机器，像程序的溢出漏洞、cgi、Unicode、ftp、数据库漏洞……都是黑客希望看到的扫描结果，接着就是尝试入侵了。通常，黑客利用 ftp 把 DDoS 攻击用的程序发送到傀儡机上。在攻击机上，会有一个 DDoS 的发包程序，黑客就是利用它来向受害目标发送恶意攻击包的。

（3）实施攻击。经过前两个阶段的精心准备之后，黑客就开始瞄准目标准备攻击了。前面的准备做得好的话，实际攻击过程反而是比较简单的。黑客登录到作为控制台的傀儡机上，向所有的攻击机发出命令。这时候埋伏在攻击机中的 DDoS 攻击程序就会响应控制台的命令，一起以高速度向受害主机发送大量的数据包，导致被攻击的目标死机或是无法响应正常的请求。黑客一般会以远远超出受害方处理能力的速度进行攻击。专业的攻击者一边攻击，一边还会用各种手段来监视攻击的效果，在需要的时候进行一些调整。简单地说，就是开个窗口不断地 ping 目标主机，在能接到回应的时候就再加大一些流量或是再命令更多的傀儡机来加入攻击。

4. Syn Flood 攻击与防范

Syn Flood 是目前最流行的 DDoS 攻击手段，它利用了 TCP/IP 协议的固有漏洞。其攻击效果很好，这应该是众多黑客不约而同选择它的原因。

为了全面了解 Syn Flood 攻击，我们先来分析一下面向连接 TCP 的三次握手，这是 Syn Flood 存在的基础。

为了在服务器端和客户端之间传送 TCP 数据，必须先建立一个虚拟电路，也就是 TCP 连接，建立 TCP 连接是经过三次握手来完成的，如图 7 - 20 所示。

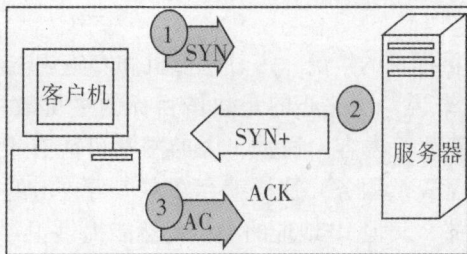

图 7 - 20　TCP 链接的三次握手　　　　图 7 - 21　Syn Flood 恶意地不完成三次握手

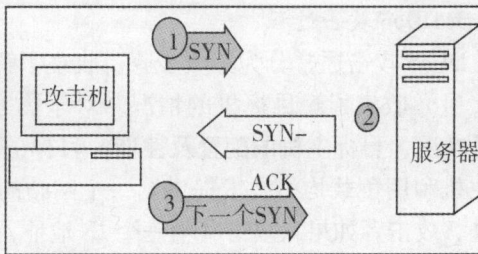

第一次握手：客户端发送一个包含 syn 标志的 TCP 报文，syn 即同步（Synchronize），同步报文会指明客户端使用的端口以及 TCP 连接的初始序号。

第二次握手：服务器端在收到客户端的 syn 报文后，将返回一个 syn + ack 的报文，表示客户端的请求被接受，同时 TCP 序号被加一，ack 即确认（Acknowledgement）。

第三次握手：客户端也返回一个确认报文 ack 给服务器端，同样 TCP 序列号被加一，到此一个 TCP 连接完成。然后客户端和服务器端开始传送数据。

Syn Flood 攻击者不会完成三次握手，如图 7 - 21 所示。假设一个用户向服务器发送了 syn 报文后突然死机或掉线，那么服务器在发出 syn + ack 应答报文后是无法收到客户端的 ack 报文的（第三次握手无法完成），这种情况下服务器端一般会重试（再次发送 syn + ack 给客户端）并等待一段时间后丢弃这个未完成的连接，这段时间的长度我们称为 Syn Timeout，一般来说这个时间是分钟的数量级（为 30 秒至 2 分钟）。一个用户出现异常导致服务器端的一个线程等待 1 分钟并不是什么很大的问题，但如果有一个恶意的攻击者大量模拟这种情况，服务器端将为了维护一个非常大的半连接列表而消耗非常多的资源——数以万计的半连接，即使是简单的保存并遍历也会消耗非常多的 CPU 时间和内存，何况还要不断对这个列表中的 IP 进行 syn + ack 的重试。实际上如果服务器的 TCP/IP 栈不够强大，最后的结果往往是堆栈溢出崩溃——即使服务器端的系统足够强大，服务器端也将忙于处理攻击者伪造的 TCP 连接请求而无暇理睬客户的正常请求（毕竟客户端的正常请求比率非常之小），此时从正常客户的角度来看，服务器失去响应，这种情况我们称作：服务器端受到了 Syn Flood 攻击。

到目前为止，进行 DDoS 攻击的防御还是比较困难的。首先，这种攻击的特点是它利用了 TCP/IP 协议的漏洞，除非你不用 TCP/IP，才有可能完全抵御 DDoS 攻击。一位资深的安全专家给了个形象的比喻：DDoS 就好像有 1 000 个人同时给你家里打电话，这时候你的朋友还打得进来吗？

虽然 DDoS 难于防范，我们还是可以通过优化设置以及良好的管理来防范，例如，对主机的设置，可以做到以下几点：
- 关闭不必要的服务。
- 限制同时打开的 syn 半连接数目。
- 缩短 syn 半连接的 Time out 时间。
- 及时更新系统补丁。

还可以对防火墙做一些设置：
- 禁止对主机的非开放服务的访问。

- 限制同时打开的 syn 最大连接数。
- 限制指定 IP 地址的访问。
- 启用防火墙的防 DDOS 的属性。
- 严格限制对外开放的服务器的向外访问。

任务 7　DDoS 攻击与防范实例

【实训目的】

掌握针对 Windows 系统下网络系统的拒绝服务攻击（DoS）或分布式拒绝服务攻击（DDoS）所采取的基本防护措施。

【预备知识】

命令 "xdos 192.168.0.137 80 – t 10 – s 10.1.1.1" 的含义是：利用 xdos 攻击主机 192.168.0.137 的 80 端口，即攻击其 Web 服务，攻击采用 10 线程同时进行，并且伪造攻击源地址为 10.1.1.1。

命令 "xdos 192.168.0.137 21 – t 20 – s *" 的含义是：利用 xdos 攻击主机 192.168.0.137 的 21 端口，即攻击其 FTP 服务，攻击采用 20 线程同时进行，* 代表攻击源地址为任意的随机 IP 地址。

此工具也可以同时攻击某服务器的多个端口，各端口之间用逗号隔开，例如：命令 "xdos 192.168.0.137 80, 21 – t 50 – s *" 就是同时攻击主机 192.168.0.137 的 80 和 21 端口，即同时攻击其 Web 服务及 FTP 服务。

【实训环境】

一台安装 Windows 的计算机。

实例 1　利用 DDoS 工具攻击网络服务

【实训说明】

利用 xdos 工具对站点 192.168.0.137 进行拒绝服务攻击，具体要求如下所示：

（1）分别访问主机 192.168.0.137 提供的 Web 服务和 FTP 服务；

（2）利用命令提示符运行 C 盘下 DDOS 文件夹中的 xdos. exe，查看工具使用方法；

（3）同时使用 10 个线程攻击主机 192.168.0.137 提供的 Web 服务，并且伪造攻击源地址为 10.1.1.1；

（4）查看 Web 站点被攻击效果，并运用快捷键停止攻击；

（5）同时使用 20 个线程攻击主机 192.168.0.137 提供的 FTP 服务，并且伪造攻击源地址为任意的随机 IP 地址；

（6）查看 FTP 站点被攻击效果，并运用快捷键停止攻击。

【实训步骤】

（1）打开 IE 浏览器，在地址栏中输入地址 "http：//192.168.0.137"，按回车键，出现如图 7 - 22 所示的界面，说明 Web 服务器正常运行。

图 7 – 22 "正常连接的 Web 服务器"窗口

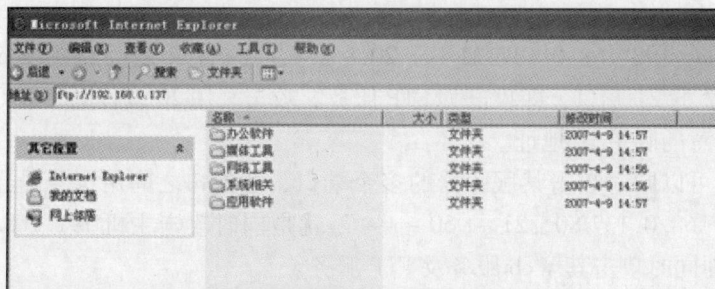

图 7 – 23 "正常连接的 FTP 服务器"窗口

（2）在地址栏中输入 ftp：//192.168.0.137，按回车键，看到如图 7 – 23 所示的界面，说明 FTP 服务器正常运行。

（3）单击"开始"菜单的"运行"命令，输入"cmd"并单击"确定"按钮进入"DOS 命令"状态。

（4）输入"c："并按回车键切换到 C 盘，输入"cd ddos"并按回车键进入 ddos 文件夹，输入 xdos 并按回车键，可以看到此软件的使用方法，如图 7 – 24 所示。

图 7 – 24 xdos 的使用方法

（5）执行命令"xdos 192.168.0.137 80 – t 10 – s 10.1.1.1"，按回车键开始攻击，如图 7 – 25 所示。

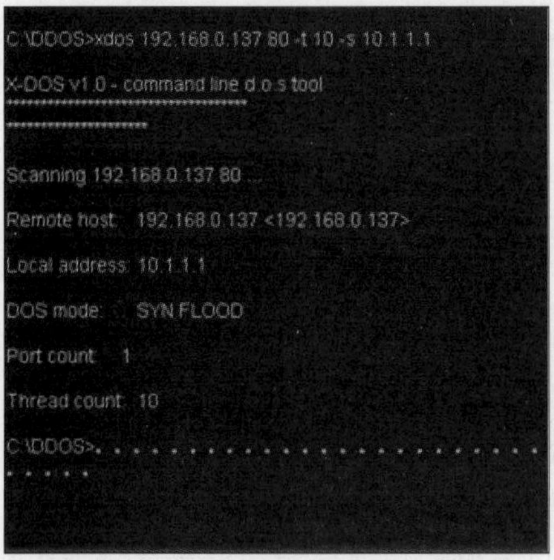

图 7 – 25 "xdos 使用方法"窗口 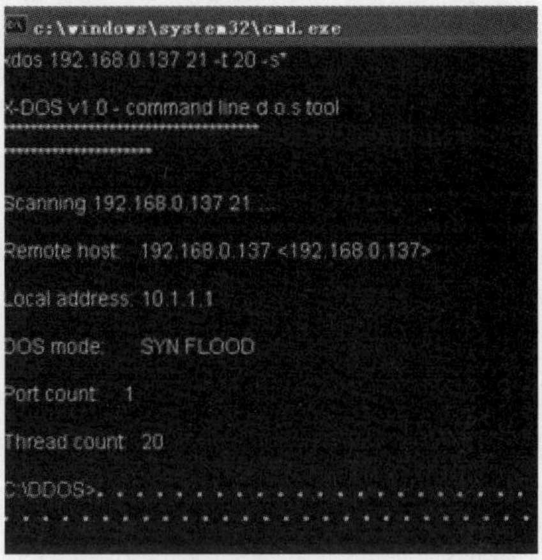　　　　图 7 – 26 "xdos 攻击"窗口

（6）再次打开 IE 浏览器，输入地址"http：//192.168.0.137"访问 web 服务器，发现无法显示网页，即服务器无法提供服务，但是 FTP 服务仍能正常打开。

（7）回到 DOS 命令界面，按 Ctrl + C 组合键停止攻击。

（8）执行攻击 FTP 的命令"xdos 192.168.0.137 21 – t 20 – s ＊"，按回车键开始攻击，如图 7 – 26 所示。

（9）打开 IE 浏览器，访问 FTP 服务，发现已经无法访问。

（10）回到 DOS 命令界面，按 Ctrl + C 组合键停止攻击。

实例 2　DDoS 攻击的系统防范措施

【实训说明】

针对 DDoS 攻击，设置必要的安全防范措施可以有效削弱攻击所带来的危害，具体措施如下：

（1）通过修改注册表，启用针对洪水攻击的最佳防护机制；

（2）停止并禁用不必要的 telnet 网络服务；

（3）停止服务器中所有的文件夹共享；

（4）设置每天中午 12 点系统自动更新，下载并安装补丁程序。

【实训步骤】

1. 通过修改注册表，启用针对洪水攻击的最佳防护机制

（1）单击"开始"菜单下的"运行"命令，输入"regedit"，单击"确定"按钮，进入注册表界面，按照路径"HKEY_LOCAL_MACHINE \ SYSTEM \ CurrentControlSet \ Services \ Tcpip \ Parameters"打开 Parameters 选项。

（2）右键单击窗口右边的键值"SynAttackProtect"，在弹出的快捷菜单中单击"修改"命令，打开"编辑双字节值"对话框，将"数值数据（V）"的值改为 2。

（3）单击"确定"按钮。

2. 停止并禁用不必要的 telnet 网络服务

（1）单击"开始"→"设置"→"控制面板"，在"控制面板"窗口双击"管理工具"，再双击"服务"进入"服务"对话框，右键单击对话框右边的"Telnet"选项，在弹出的快捷菜单中单击"属性"命令，打开"属性"对话框。

（2）单击"停止"按钮，并把启动类型设为"禁用"，单击"应用"按钮，再单击"确定"按钮退出。

3. 停止服务器中所有的文件夹共享

（1）单击"开始"→"设置"→"控制面板"，在"控制面板"窗口双击"管理工具"，再双击"计算机管理"，打开"计算机管理"窗口。

（2）单击窗口左边的"共享文件夹"下的"共享"文件夹，在窗口的右侧可以看到所有的共享文件夹，如图 7－27 所示。

（3）用鼠标拖动选中所有的共享文件夹，单击右键，在弹出的快捷菜单中单击"停止共享"命令，打开"共享文件"对话框，询问"确定希望停止所有选择的共享吗?"，单击"确定"按钮，此时可以看到窗口右侧已经没有任何共享文件夹了，如图 7－28 所示。

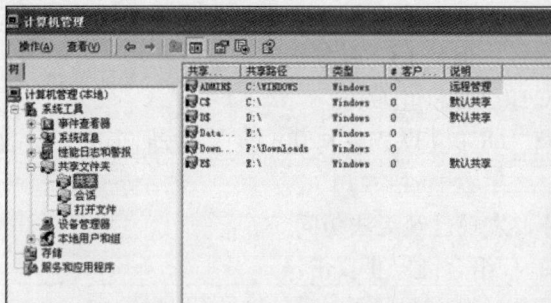

图 7－27　"查看共享文件夹"窗口　　　图 7－28　"取消了所有共享文件夹"窗口

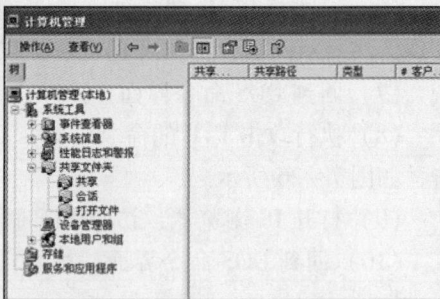

4. 设置每天中午 12 点系统自动更新，下载并安装补丁程序

（1）单击"开始"→"设置"→"控制面板"，在"控制面板"窗口双击"自动更新"，打开"自动更新"对话框。

（2）单击"自动"单选框，选择在"每天"、"12：00"更新，单击"应用"按钮，再单击"确定"按钮完成设置。

数据备份与灾难恢复

【导读】

数据备份不仅可以挽回硬件设备损坏带来的损失，也可以挽回逻辑错误和人为恶意破坏造成的损失。但是，备份技术只保证数据可以恢复，恢复过程需要一定的时间。

【内容结构图】

```
                    ┌─ 数据备份的概念及分类
                    │
                    ├─ 灾难恢复的概念
                    │
                    ├─ 灾难恢复计划及测试
                    │
                    ├─ 灾难恢复方案
数据                │                        ┌─ SQL Server实现业务数据库的备份
备份                │                        │
与    ───────────── ├─ SQL Server数据库备份 ─┤─ SQL Server发布数据库
灾难                │                        │
恢复                │                        ├─ SQL Server订阅数据库
                    │                        │
                    │                        └─ SQL Server用户权限管理
                    │
                    ├─ Windows备份工具 ──────┬─ Windows备份工具默认设置
                    │                        │
                    │                        └─ 备份计划作业
                    │
                    └─ Ghost数据备份 ────────┬─ Ghost备份操作系统
                                             │
                                             ├─ Ghost创建标准启动盘
                                             │
                                             ├─ Ghost创建虚拟分区
                                             │
                                             └─ Ghost还原数据
```

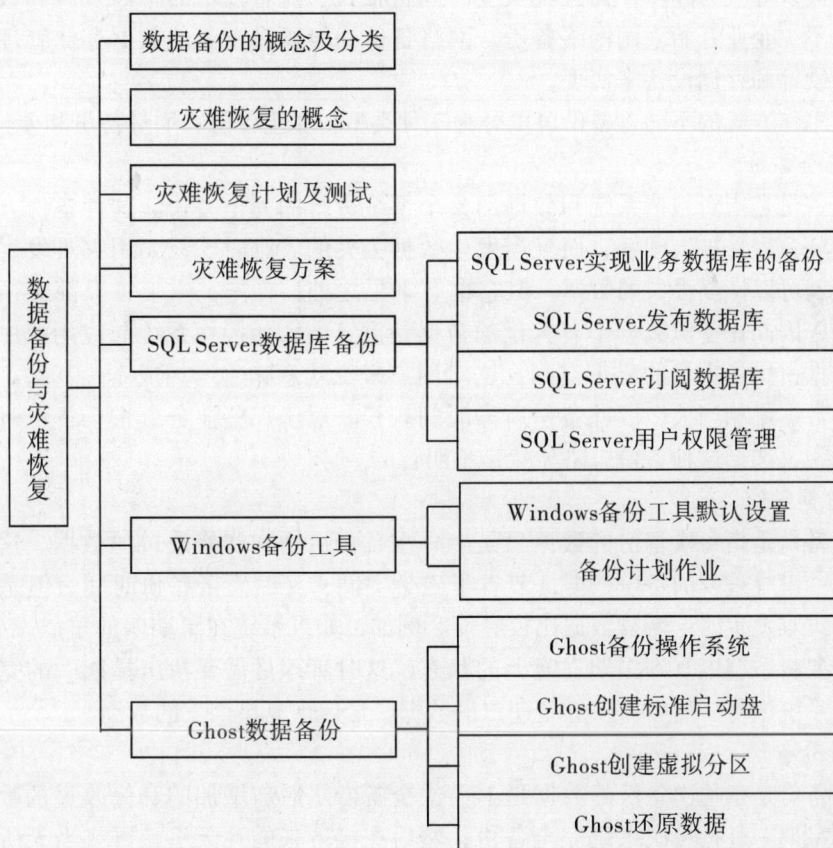

【知识与能力目标】

❖ 了解数据备份的概念及分类

❖ 了解灾难恢复的概念

❖ 了解灾难恢复计划、测试及恢复方案

任务 1　了解数据备份的概念及分类

数据备份是指为防止系统出现操作失误或系统故障导致数据丢失，而将全部或部分数据集合从应用主机的硬盘或阵列复制到其他的存储介质的过程。

每一位计算机用户都会有这样的经历：在操作中敲错了一个键，几个小时，甚至是几天的工作成果便有可能付诸东流。在网络环境下，还有各种各样的病毒感染、系统故障、线路故障等，使得数据信息的安全无法得到保障。在这种情况下，数据备份就成为日益重要的防护措施。

传统的数据备份主要是采用内置或外置的磁带机进行冷备份。但是这种方式只能防止操作失误等人为故障，而且其恢复时间也很长。随着技术的不断发展和数据的海量增加，不少企业开始采用网络备份。网络备份一般通过专业的数据存储管理软件结合相应的硬件和存储设备来实现。

按照工作方式的不同，备份可以分为三种类型：完全备份、增量备份和差分备份。

1. 完全备份

完全备份是指对包括系统和数据的整个系统进行的完全备份。这种备份方式的好处是很直观，容易被人理解，而且当发生数据丢失的灾难时，只要用灾难发生前一天的备份，就可以恢复丢失的数据。但它也有不足之处：首先，由于每天都对系统进行完全备份，因此在备份数据中有大量的数据是重复的，如操作系统与应用程序。这些重复的数据占用了大量的磁带空间，这对用户来说就意味着增加成本；其次，由于需要备份的数据量相当大，因此备份所需时间较长。对于那些业务繁忙、备份时间有限的单位来说，选择这种备份策略显然是不明智的。

2. 增量备份

增量备份是指每次备份的数据只是上一次备份后增加和修改过的数据。这种备份的优点是：没有重复的备份数据，节省了磁带空间，又缩短了备份时间。但是它也有缺点：当灾难发生时，恢复数据比较麻烦。例如，如果系统在星期四的早晨发生故障，那么就需要将系统恢复到星期三晚上的状态，这时管理员需要找出星期一的完全备份磁带进行系统恢复，然后再恢复星期二的数据，最后恢复星期三的数据。

3. 差分备份

差分备份是指每次备份的数据是上一次全备份之后新增加的和修改过的数据。管理员先在星期一进行一次系统完全备份；然后在接下来的几天里，再将当天所有与星期一不同的数据（新增加的或修改的）备份到磁带上。差分备份所需的时间短，并节省磁带空间，它的灾难恢复也很方便。

任务 2　了解灾难恢复的概念

备份的目的是保障网络系统的顺利运行，也就是说在系统发生故障后，通过备份能及时地恢复系统的可用性。

灾难分为自然灾害和非自然灾害。自然灾害指由火灾、地震等引发的一系列灾害直接导致公司的业务中断、电力故障、网络故障等。非自然灾害是指人为造成的服务断电、软件错误、人为故意破坏、恶意代码、木马植入、恐怖袭击等。

灾难恢复，指自然或人为灾害后，重新启用信息系统的数据、硬件及软件设备，恢复正常商业运作的过程。灾难恢复规划是涵盖面更广的业务连续规划的一部分，其核心是对企业或机构的灾难性风险做出评估、防范，特别是对关键性业务数据、流程予以及时记录、备份、保护。

灾难恢复措施在整个备份制度中占有相当重要的地位。因为它关系到系统在经历灾难后能否迅速恢复。灾难恢复操作通常可以分为两类。第一类是全盘恢复，第二类是个别文件恢复，还有一种值得一提的是重定向恢复。

1. 全盘恢复

全盘恢复一般应用在服务器发生意外灾难导致数据全部丢失、系统崩溃或是有计划的系统升级、系统重组等情况下，也称为系统恢复。

2. 个别文件恢复

由于操作人员的水平不高，个别文件恢复可能要比全盘恢复常见得多，利用网络备份系统的恢复功能，我们很容易恢复受损的个别文件。只需浏览备份数据库或目录，找到该文件，触动恢复功能，软件将自动驱动存储设备，加载相应的存储媒体，然后恢复指定文件。

3. 重定向恢复

重定向恢复是将备份的文件恢复到另一个不同的位置或系统上去，而不是进行备份操作时它们所在的位置。重定向恢复可以是整个系统恢复也可以是个别文件恢复。重定向恢复时需要慎重考虑，要确保系统或文件恢复后的可用性。

为了防备数据丢失，我们需要做好详细的灾难恢复计划，同时还要定期进行灾难演练。每过一段时间，应进行一次灾难演练。可以利用淘汰的机器或多余的硬盘进行灾难模拟，以熟练灾难恢复的操作过程，并检验所生成的灾难恢复软件和灾难恢复备份是否可靠。

一个完整的灾难备份及恢复方案，应包括：备份硬件、备份软件、备份制度和灾难恢复计划四个部分。选择了先进的备份硬件后，我们决不能忽略备份软件的选择，因为只有优秀的备份软件才能充分发挥硬件的先进功能，保证快速、有效的数据备份和恢复。还需要根据企业自身情况制定日常备份制度和制订灾难恢复计划，并由管理人员切实执行备份制度，否则系统安全将仅仅是纸上谈兵。

任务 3　了解灾难恢复计划及测试

1. 灾难恢复计划

在进行灾难恢复前，应当制订详细的灾难恢复计划，在此介绍三种常用的灾难恢复计划：全面灾难恢复计划、特定灾难恢复计划和混合恢复计划。

（1）全面灾难恢复计划。

有些企业设计的全面灾难预防和恢复计划可以对任何可预见的灾难事件进行全部或部分的调用。这些计划一般根据能够预见的最坏灾难事件而设计。执行全面灾难恢复计划，第一步必须采取的是评估灾难影响，从而确定应当调用哪些团队和哪些资源。正因为如此，灾难发生和开始恢复之间，通常会有一段延时。

（2）特定灾难恢复计划。

与全面灾难恢复计划相反，有些企业制订了几套特定灾难恢复计划。这些计划考虑了最可能发生的灾难和灾难的最大潜在影响。企业列出了可能发生影响的不同灾难，同时考虑了这些灾难对整个行业、地区、产品、服务和供应链的影响。他们会采用历史信息和最好的假设方法对每一种灾难进行量化分析，并计划出最坏的和最有可能的影响。通过最详细的计划，他们会高度重视最有可能发生的灾难和具有最大潜在影响的灾难。

例如，在加利福尼亚和日本，地震发生的几率很高，所以建筑都设计成抗震建筑。而在新英格兰和伦敦，地震发生的几率很小，因此人们在防震上投入的精力就较小（但不能忽略发生地震的可能）。另一个例子就是以上几个地区几乎都没有防御龙卷风侵袭的措施，因为龙卷风在上述地区十分罕见。有些灾难独立于自然环境因素，绝大多数企业都具有紧急恢复计划，以应对电源中断、火灾、洪水、网络故障和其他不可预知的灾难。

执行特定灾难恢复计划，应当遵循特定的步骤和流程。只要灾难的性质清楚，就不需要在恢复初期作太多决策。多数情况下，初始恢复步骤可以自动完成。特定灾难恢复计划的主要缺点是不能预料灾难，比如企业有可能采用电源中断应急方案来进行火山爆发灾难恢复。

（3）混合恢复计划。

实际上，大多数企业采用上述两种偏激方法的组合方案。即制订一些针对常见灾难（如断电、暴风雪等）的特定计划，同时制订全面恢复计划，应对其他所有灾难。此外，也有一些企业拥有多个全面恢复计划，以应对不同影响类型的灾难（例如一个计划应对某栋建筑被毁，另一个计划应对计算机系统大面积故障）。

企业通常倾向于采用能满足自身要求的恢复策略。最佳的方案是一定要有一个可以应对各种灾难事件的全面恢复计划。随着时间的推移，不断检验和修改计划，加快初始决策速度，从而克服全面恢复计划的缺点。

事实证明，哪怕是最好的恢复计划，无论是全面灾难恢复计划还是特定灾难恢复计划都可能不完整，因为有些意想不到的灾难会随时发生，恢复计划必须随机应变。

2. 测试恢复计划

不管是为了满足审计人员、取悦管理人员、符合法规要求，还是真的为了使企业拥有弹性，灾难恢复计划的编写如果没有经过完整、定期的测试，那简直就是浪费时间。恢复计划应当每年至少测试一次，并在计划本身或应用环境发生重大变化之后再测试一次。对于快速变化的弹性企业，其灾难恢复计划应当每三个月进行一次完整的测试。

3. 执行恢复测试

恢复测试一开始，应当举行一次所有参与人员都出席的介绍会议。介绍会议旨在传达测试的目的和意义，并感谢团队的参与。尽管恢复测试是非常严肃的事情，但保持"轻松"的心情通常很有必要，它可以减轻压力，并有助于恢复人员区分测试和真正的灾难。测试不需要太正式，比如说，不要求统一着装。测试过程中应当提供一些食物和饮料，特别是延时测试的时候。在测试进度允许的范围内，企业一般会鼓励工作人员微调测试场景和恢复工作。

恢复测试中遇到问题时应当做好记录，但测试通常应当继续进行，这样才能尽可能多地从测试中发现恢复计划的缺陷。例如，应用程序恢复团队丢失了一组必需的数据，这一事故应当记录下来，然后从实际应用中找回这组数据的副本，以便继续进行测试。

4. 恢复测试之后

灾难恢复测试结束后，组织者应感谢所有恢复团队成员的参与，并鼓励他们就恢复测试的成功或不足之处提出反馈意见。测试中遇到的问题应逐一记录，并及时安排彻底解决。测试结束后的短期内，协调者应公布测试报告，测试报告应记录遇到的所有问题，并推荐解决措施，包括问题解决的具体负责人或组织，以及问题解决的具体时间。

任务4　了解灾难恢复方案

一个好的灾难恢复方案对于企业来说就是给自己的重要数据信息购买了一份全额保险。设计一个好的灾难恢复方案有六个主要步骤。问题的重点在于公司的首席信息官（CIO）和首席技术官（CTO）如何有效地指挥 IT 部门正确执行以下步骤：

（1）定义可以接受（不可接受）的损失程度。

（2）备份所有数据。

（3）把所有数据组织起来。

（4）尽量避免灾难发生。在设计灾难恢复方案的时候，大多数人仅仅考虑到自然灾害，实际上有九种其他的灾难，你必须尽量避免它们发生。研究哪些灾难可能发生在你身上，你的公司应该如何应对它们。

（5）把你做的每件事情记录下来。

（6）测试、测试、再测试。很多灾难恢复方案之所以失败，是因为它们没有经过很好的测试。

任务 5　SQL Server 数据库的备份应用实例

【实训目的】

备份重要数据库数据，完成重要数据库的发布与订阅，限制主要数据库的访问权限。

【预备知识】

1. SQL Server 数据库备份

随着办公自动化和电子商务的飞速发展，企业对信息系统的依赖性越来越高，数据库作为信息系统的核心担任着重要角色。尤其在一些对数据可靠性要求很高的行业如银行、证券、电信等，如果发生意外停机或数据丢失，损失会非常惨重。因此，数据库管理员应针对具体的业务要求制订详细的数据库备份与灾难恢复计划，只有这样才能保证数据的高可用性。

数据库的备份设备分为磁盘文件、磁带和命名管道三种设备。磁盘文件备份设备一般是指在计算机硬盘或其他磁盘类存储介质上存储文件。这类备份设备可以定义在本地计算机上，也可以定义在网络上的远程设备上。使用磁带作为备份介质时，磁带驱动器只能安装在本地 SQL Server 服务器上。SQL Server 用逻辑设备和物理设备来标识设备，逻辑设备是物理设备的别名，可以利用企业管理器，也可以利用系统存储过程来生成备份设备。补充"命名管道备份设备"的说明。

按照备份数据库的大小可以把数据库备份分为四类，分别应用于不同的场合。

（1）只备份数据库。

数据库备份是将数据库的表和视图以及数据一次性备份出来，并可以设定备份周期。但是如果只采用数据库完全备份，而不备份该数据库的事务日志，当出现故障时只能将该数据库恢复到上次备份的时刻，因此可能会丢失大量数据。

（2）事务日志备份。

事务日志备份是在上次备份事务日志后对数据库执行的所有事务的一系列记录进行备份，可以使用事务日志备份将数据库恢复到特定的即时点，如插入一批新数据前的那一点，或恢复到故障点。

（3）数据库差异备份。

如果数据库中的数据经常被修改，可以使用数据库的差异备份来减少数据库的备份时间和恢复时间。在执行数据库的差异备份时，首先需要执行完全数据库备份，数据库的差异备份只备份上一次完全数据库备份之后已经改变的数据库内容，和在执行数据库差异备份中发生的任何操作以及事务日志中没有提交的事务。

（4）对指定文件和文件组的备份。

这种备份可以备份和还原数据库中的个别文件或文件组，这样将使您能够只还原已损坏的文件或文件组，而不用还原数据库的其余部分，从而提高了数据库的恢复速度。

2. SQL Server 的恢复模式

恢复模式是一个数据库属性，它用于控制数据库备份和还原操作的基本行为，为每个数据库选择最佳恢复模式是计划备份和还原策略的必要部分。为给定数据库选择何种恢复模式在一定程度上取决于系统的可用性和恢复要求。恢复模式的选择反过来也会影响数据库灾难恢复的可能性。

恢复模式旨在控制事务日志维护。SQL Server 2005 提供三种可供选择的恢复模式：简单恢复模式、完整恢复模式和大容量日志恢复模式。通常，数据库使用完整恢复模式或简单恢复模式。

表 8 - 1 为三种恢复模式的比较。

表 8 - 1　三种恢复模式比较

恢复模式	说明	工作丢失的风险	能否恢复到时点
简单	无日志备份。 自动回收日志空间以减少空间需求，实际上不再需要管理事务日志空间。	最新备份之后的更改不受保护。在发生灾难时，这些更改必须重做。	只能恢复到备份的结尾。
完整	需要日志备份。 数据文件丢失或损坏不会导致丢失工作。 可以恢复到任意时点（例如应用程序或用户错误之前）。	正常情况下没有。 如果日志尾部损坏，则必须重做自最新日志备份之后所做的更改。	如果备份在接近特定的时点完成，则可以恢复到该时点。
大容量日志	需要日志备份。 是完整恢复模式的附加模式，允许执行高性能的大容量复制操作。 通过大容量日志记录大多数大容量操作，减少日志空间使用量。	如果在最新日志备份后发生日志损坏或执行大容量日志记录操作，则必须重做自上次备份之后所做的更改。 否则会丢失任何工作。	可以恢复到任何备份的结尾。不支持时点恢复。

从表 8 - 1 可以看出，简单恢复模式可最大限度地减少事务日志的管理开销，因为它不备份事务日志。如果数据库损坏，则简单恢复模式将面临极大的工作丢失风险，数据只能恢复到已丢失数据的最新备份。因此，在简单恢复模式下，备份间隔应尽可能短，以防止大量丢失数据。同时，间隔的长度应该足以避免备份开销影响生产工作。在备份策略中加入差异备份可有助于减少开销。

【实训环境】

一台安装 SQL Server 2000 中文版的计算机。

实例 1　SQL Server 实现业务数据库的备份

【实训说明】

以下操作针对数据库服务器 TSCC - 20 完成：

（1）将业务数据库服务器 TSCC - 20 的 CRM 数据库"pubs"备份到 D：\backup \

CRM_ backup；

（2）备份方式为"完全备份"；

（3）设置"调度"选项，使得备份操作发生频率为：每周六 23：00；

（4）备份时要求："重写现有媒体"。

【实训步骤】

（1）双击桌面上的"SQL 企业管理器"，打开 SQL 数据库窗口，在窗口左侧展开树形结构"TSCC - 20"→"数据库"，右键单击"Pubs"，在弹出的快捷菜单中单击"所有任务"→"备份数据库"命令，如图 8 - 1 所示。

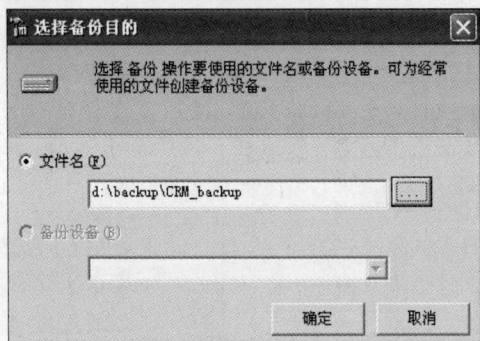

图 8 - 1   "选择备份目的"对话框

（2）打开"备份"对话框，单击"添加"按钮，弹出"选择备份目的"对话框，选择并填写备份目的为"d：\backup \ CRM_ backup"，单击"确定"按钮，如图 8 - 2 所示。

（3）回到"备份"对话框，单击"重写现有媒体（W）"单选按钮，单击"调度（U）"复选框，如图 8 - 3 所示。

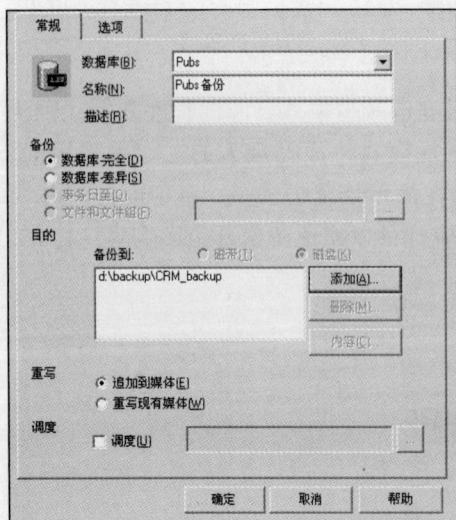

图 8 - 2   "备份"对话框

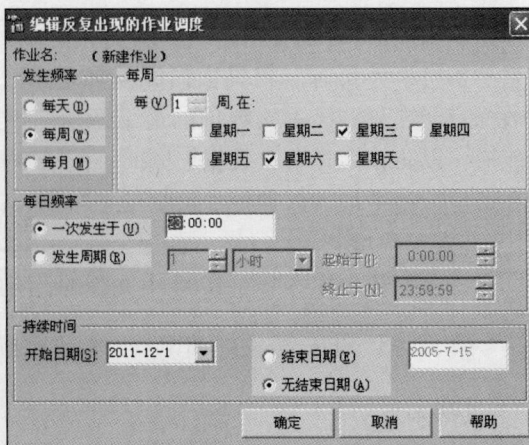

图 8 - 3   "编辑反复出现的作业调度"对话框

（4）再单击"调度"右侧的"[....]"按钮，打开"编辑调度"对话框，单击"更改"按钮，弹出"编辑反复出现的作业调度"对话框，设置每周"星期六"、每日频率为"一次发生于""23：00"。

（5）单击"确定"按钮，回到"编辑调度"对话框。

（6）单击"确定"按钮，回到"备份"对话框。

（7）单击"确定"按钮，完成备份。

实例2　SQL Server 发布数据库

【实训说明】

以下操作完成对业务数据库服务器 TSCC–20 中的"pubs"数据库的发布操作，要求如下：

（1）通过新建发布完成；

（2）发布类型为"事务发布"；

（3）订阅的更新为"即时更新"；

（4）订阅服务器类型为"SQL Server 2000 服务器"；

（5）发布项目内容包括"表"中的全部内容；

（6）订阅方式要求：采取匿名方式；

（7）每星期三、六的00：30：00进行立即快照作业调度。

【实训步骤】

（1）双击桌面上的"SQL 企业管理器"，打开 SQL 数据库窗口，在窗口左侧的树形结构中展开"复制"→"发布内容"，右键单击"发布内容"，在弹出的快捷菜单中单击"新建发布（P）"，如图 8–4 所示。

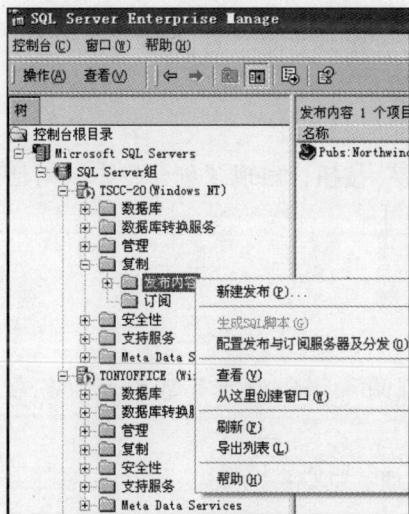

图 8–4　"SQL 数据库"窗口　　　　图 8–5　"选择发布数据库"对话框

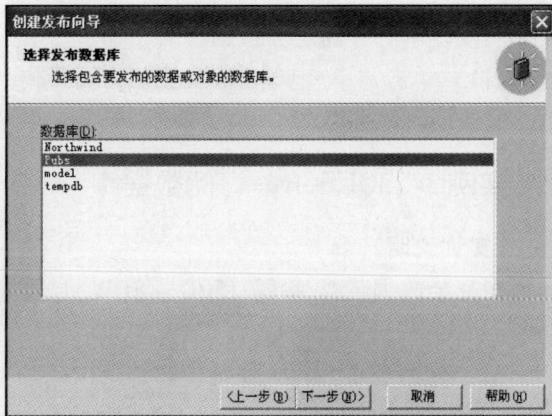

（2）在弹出的"创建发布向导"中单击"显示本向导中的高级选项"复选框。

（3）单击五次"下一步（N）"按钮，直至出现"选择发布数据库"对话框，如

图 8-5 所示，选择要发布的数据库"Pubs"。

（4）单击"下一步（N）"按钮，在"选择发布类型"对话框中，单击中间一项"事务发布"单选按钮。

（5）单击"下一步（N）"按钮，出现"可更新的订阅"对话框。

（6）单击"下一步（N）"按钮，出现"指定订阅服务器类型"对话框。

（7）单击"下一步（N）"按钮，出现"指定项目"对话框，单击"表"对应的"全部发布"复选框，如图 8-6 所示。

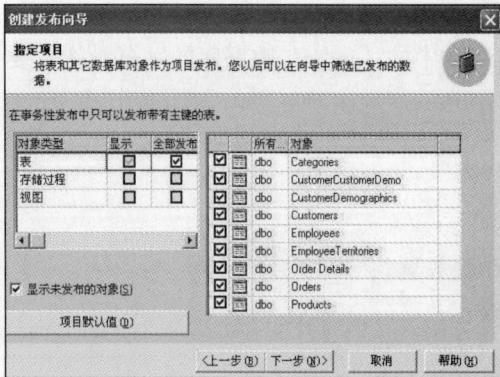

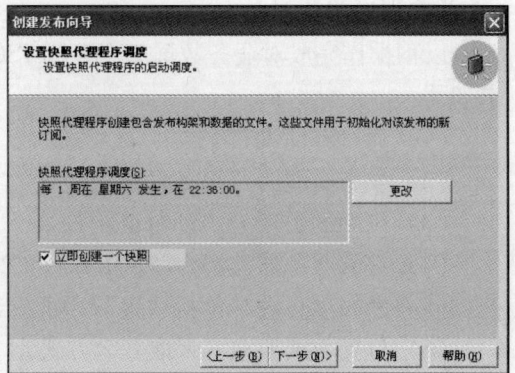

图 8-6   "指定项目"对话框   图 8-7   "设置快照代理程序调度"对话框

（8）单击四次"下一步（N）"按钮，直至出现"允许匿名订阅"对话框，单击"是，允许匿名订阅"单选按钮。

（9）单击"下一步（N）"按钮，出现"设置快照代理程序调度"对话框，单击"立即创建一个快照"复选框，如图 8-7 所示。

（10）单击"更改"按钮，打开"编辑反复出现的作业调度"对话框，设置频率为"一次发生于""每周""星期三""星期六""每日""00：30：00"进行立即快照作业调度，单击"确定"按钮。

（11）单击"下一步（N）"按钮，再单击"完成"按钮，出现"创建发布"对话框，完成后自动关闭。

实例 3   SQL Server 订阅数据库

【实训说明】

在冗余数据库服务器 TSCC - SDW 上通过"订阅"完成与业务数据库服务器 TSCC -20 的"pubs"数据库同步。要求：

（1）使用 SQL Server 身份验证登录，登录名称：sa，密码：1234；

（2）订阅"pubs"数据。

【实训步骤】

（1）双击桌面上的"SQL 企业管理器"，打开 SQL 数据库窗口，展开"TSCC - SDW"→"复制"→"订阅"，右键单击"订阅"，在弹出的快捷菜单中单击"新建订阅请求"命令，打开"新建订阅请求"向导，单击"显示本向导中的高级选项"复选框。

（2）单击"下一步（N）"按钮，出现"选择发布"对话框，单击"TSCC-20"下的"Pub：Northwind"，如图8-8所示。

（3）单击"下一步（N）"按钮，出现"指定同步代理程序登录"对话框，单击"使用SQL Server身份验证（S）"单选按钮，并输入用户名"sa"和密码"1234"，如图8-9所示。

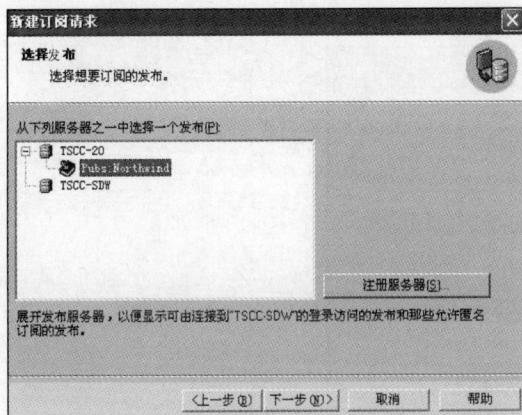

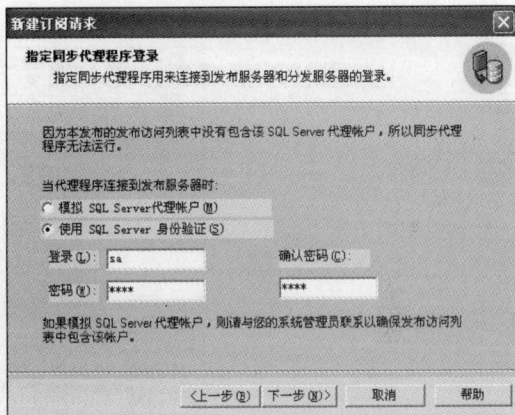

图8-8　"选择发布"对话框　　　　图8-9　"指定同步代理程序登录"对话框

（4）单击"下一步（N）"按钮，出现"选择目的数据库"对话框，选择"Pubs"数据库。

（5）单击四次"下一步（N）"按钮，出现"启动要求的服务"对话框，单击"SQL ServerAgent"复选框。

（6）单击"下一步（N）"按钮，直至出现"完成请求订阅向导"对话框。

（7）单击"完成"按钮，弹出"正在发布"对话框，"正在创建发布对'Pubs'的订阅"，完成后自动关闭。

实例4　SQL Server数据库中建立新用户并赋予权限

【实训说明】

在数据库服务器TONYOFFICE中进行如下操作：

1. 建立新登录

（1）在"安全性"登录中新建登录用户：suny。

（2）用户suny的SQL身份验证密码：o4sec@123。

（3）用户suny登录的数据库指定为：o4sec。

（4）用户suny登录的语言指定为：Simplified Chinese。

（5）用户suny服务器角色指定为：System administrators和Security administrator。

（6）用户suny允许访问的数据库为：master；角色为：public。

2. 用户获得访问指定数据库的权限

（1）在"o4sec"数据库中添加用户：suny。

（2）修改用户 suny 的默认权限，增加对"ClassInfo"对象的"SELECT"允许权限。

【实训步骤】

1. 建立新登录

（1）双击桌面上的"SQL 企业管理器"，打开 SQL 数据库窗口，在窗口左侧的树形结构中展开"TONYOFFICE（Windows NT）"→"安全性"→"登录"，进入登录界面。

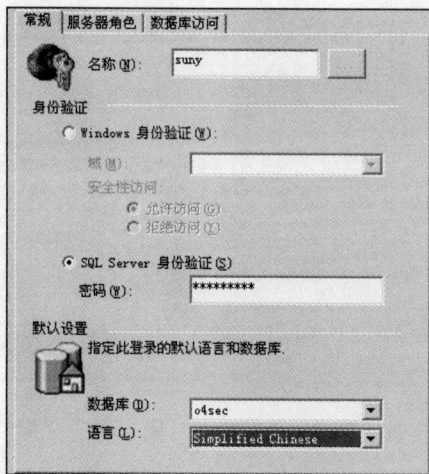

图 8 - 10　"新建登录的常规选项卡"对话框

（2）在窗口右边，右键单击空白处，在弹出的快捷菜单中单击"新建登录"命令，打开"新建登录"对话框，在对话框中输入名称"suny"，单击"SQL Server 身份验证（S）"单选按钮，并设置密码为"o4sec@123"，数据库选择"o4sec"，语言选"Simplified Chinese"，如图 8 - 10 所示。

（3）单击"服务器角色"选项卡，分别单击"System Administrators"和"Security Administrators"复选框，如图 8 - 11 所示。

（4）单击"数据库访问"选项卡，单击数据库中的"master"复选框，再单击该数据库中的角色"public"复选框，如图 8 - 12 所示。

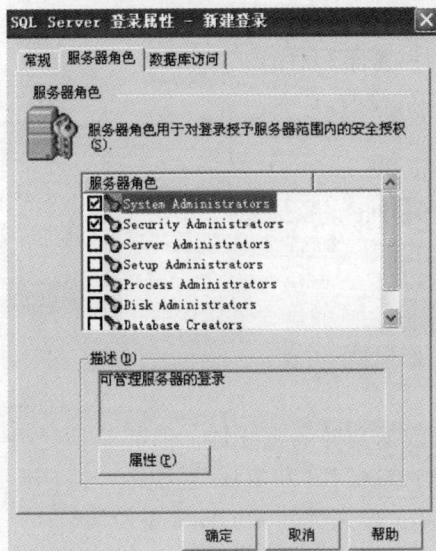

图 8 – 11　"服务器角色"选项卡　　　图 8 – 12　"数据库访问"选项卡

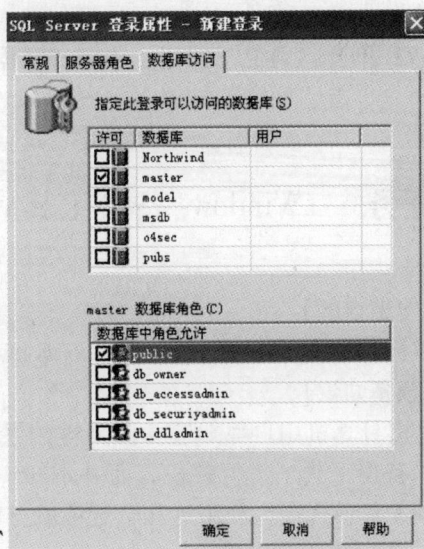

（5）单击"确定"按钮，弹出"确认密码"对话框，再次输入密码"o4sec@123"，单击"确定"按钮完成设置。

2. 用户获得访问指定数据库的权限

（1）在"SQL 企业管理器"窗口左侧的树形结构中展开"TONYOFFICE（Windows NT）"→"数据库"→"o4sec"→"用户"，在窗口右侧右键单击空白处，在弹出的快捷菜单中单击"新建数据库用户"命令，打开"新建用户属性"对话框。

（2）在"登录名"后选择"suny"，单击"确定"按钮。

（3）在"SQL 企业管理器"窗口右侧，右键单击"suny"，在弹出的快捷菜单中单击"属性"命令，打开"数据库用户属性"对话框，如图 8 – 13 所示。

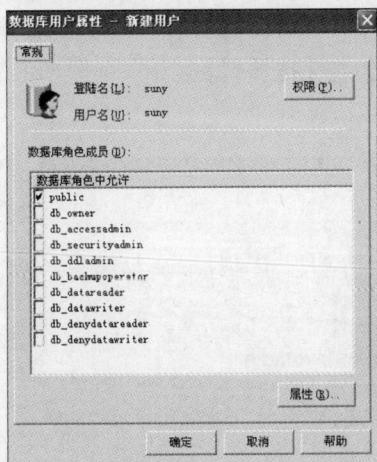

图 8 – 13　"数据库用户属性"对话框　　　图 8 – 14　"数据库角色属性"对话框

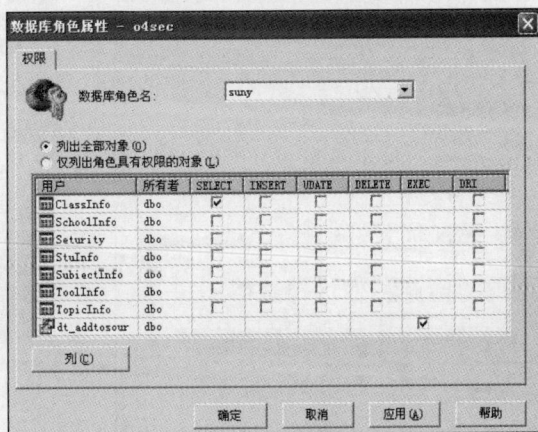

（4）单击"权限（P）"按钮，打开"数据库角色属性"对话框，如图 8 – 14 所

示，单击"ClassInfo"对应的"SELECT"复选框。

（5）单击"确定"按钮，回到"数据库用户属性"对话框。

（6）单击"确定"按钮，完成对 suny 权限的修改。

任务6　Windows 备份工具应用实例

【实训目的】

掌握利用 Windows 备份工具进行数据备份及还原的方法。

【预备知识】

许多计算机用户都知道备份关键的系统和数据文件的重要性，但都只是使用一些专门的备份工具来进行备份，而并不知道在 Windows XP 和 2000 系统中，就自带了几个内置的备份选项，利用这几个选项就可以定制一份完美的 Windows 备份策略。

1. 上一次正确配置

每次关闭电脑的时候，Windows 就会备份某些注册表和驱动设置（如 HKEY_LO-CAL_ MACHINE\System\CurrentControlSet 项），如果出现了一个错误不能正常启动 Windows，你就可以通过重新启动电脑来恢复到之前的正常状态。在 Windows 启动之前按 F8 键，然后利用箭头选择"上一次正确配置"，回车，电脑就能恢复到最近一次正常启动电脑的注册表等一系列设置。

2. 返回驱动程序

每当更新设备驱动时，Windows XP 就会自动备份旧的设备驱动。一旦驱动出现问题，就可以利用这个备份来使其恢复到正常运行状态。执行"开始"→"运行"命令，键入"devmgmt. msc"，然后回车，就会打开"设备管理器"。双击要返回驱动的设备，就会打开其"属性"对话框，选择"驱动程序"选项卡，点击"返回驱动程序（R）"即可，如图 8－15 所示。

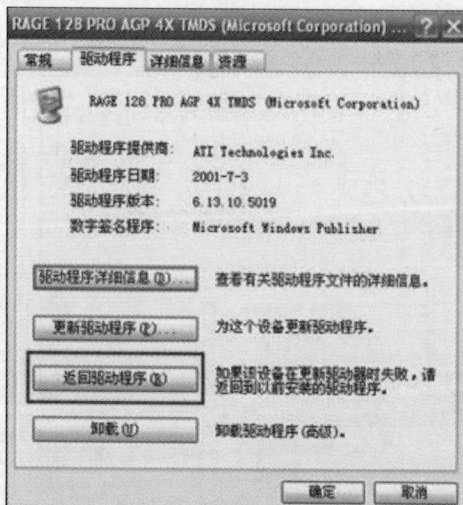

图 8－15　"驱动程序"选项卡

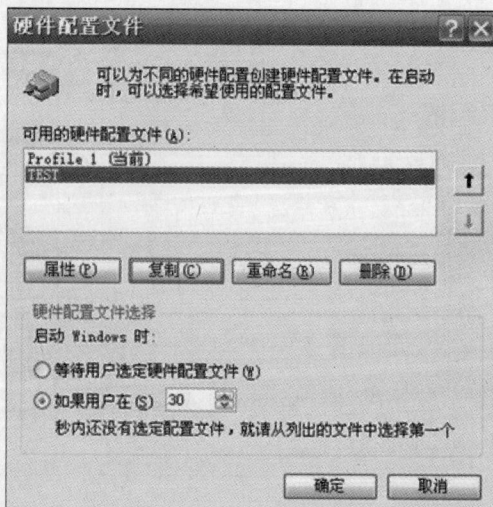

图 8－16　"硬件配置文件"对话框

3. 系统还原

在 Windows XP 中, 最好的备份系统设置、驱动程序、关键系统文件的方法是使用系统备份。只要你定义一张时间表, 系统就会自动地进行相应的备份。执行"开始"→"所有程序"→"附件"→"系统工具"→"系统还原"命令, 然后选择"创建一个还原点"。这样, 以后当系统被破坏时, 就可以选择这个还原点进行还原。

4. 硬件配置

这种方法对于测试新的硬件或设备驱动程序非常有用。执行"开始"→"运行", 键入"sysdm.cpl", 回车。选择"硬件"选项卡, 点击"硬件配置文件"按钮, 在列表中选择当前的配置文件或者是想要备份的配置文件, 然后单击"复制"按钮, 为复制文件命名, 比如说"TEST", 回车。在列表中选择"TEST", 如图 8-16 所示, 然后进行配置文件的属性更改, 当重新启动电脑时, 系统就会使用新的配置文件。之后, 如果配置文件出现错误, 或者想使用原来的配置文件, 就可以使用同样的方法, 在列表中选择原来的配置文件, 实现还原的目的。

5. Windows 备份工具

在 Windows XP 和 Windows 2000 系统中, 可以手动地进行系统备份。执行"开始"→"所有程序"→"附件"→"系统工具"→"备份"命令, 然后根据向导提示一步一步地操作就可以了, 步骤比较简单。

【实训环境】

一台安装 Windows XP 的计算机。

实例1　修改 Windows 备份工具的默认设置

【实训说明】

为了提高 Windows 系统工具的备份效率, 请根据以下要求修改备份还原默认设置:

(1) 要求当管理员组的成员执行数据备份时不需要对目录 D:\下的 *.avi 文件进行备份;

(2) 需要将默认备份类型设置为每日备份;

(3) 当还原已经存在于本机的文件时选择无条件替换本机上的文件。

【实训步骤】

(1) 单击"开始"→"程序"→"附件"→"系统工具"→"备份", 打开"备份"工具, 单击"工具"菜单下的"选项"命令, 单击"排除文件"选项卡, 单击下方的"新加 (N)"按钮, 如图 8-17 所示。

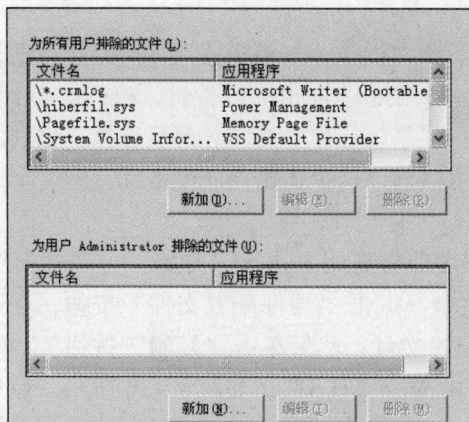

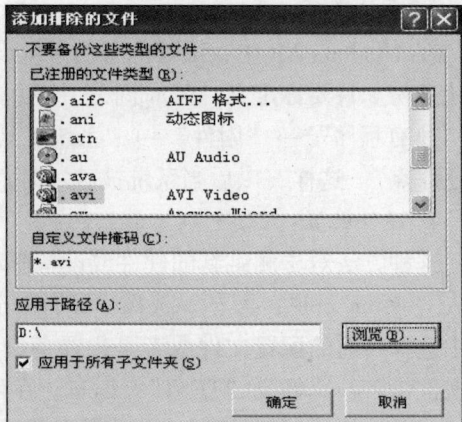

图 8-17　"排除文件"选项卡　　　　图 8-18　"添加排除的文件"对话框

（2）按图 8-18 添加需要排除的文件类型为 .avi 视频文件，并应用到 D 盘，单击"确定"按钮。

（3）单击"还原"选项卡，单击"无条件替换本机上的文件"单选框。

（4）单击"备份类型"选项卡，选择备份类型为"每日"。

（5）单击"确定"按钮完成设置。

实例 2　利用 Windows 备份工具中的计划作业进行备份

【实训说明】

利用 Windows 自带的工具进行备份操作，具体要求如下：

（1）2006 年 1 月 1 日凌晨 6 点需要对系统的状态数据进行备份；

（2）备份文件命名为 statas.bkf，存放于 E:\；

（3）如果此时计算机在使用过程中则停止任务；

（4）备份后需要验证数据；

（5）如果存档媒体已经包含备份则将备份附加到媒体；

（6）作业名设置为"备份系统状态"。

【实训步骤】

（1）单击"开始"→"程序"→"附件"→"系统工具"→"备份"，打开"备份工具"对话框，单击"计划作业"选项卡，双击代表"2006 年 1 月 1 日"的方框，如图 8-19 所示，弹出的"备份向导"对话框。

（2）单击"下一步（N）"按钮，出现"要备份的内容"对话框，单击"只备份系统状态数据（S）"单选按钮，如图 8-20 所示。

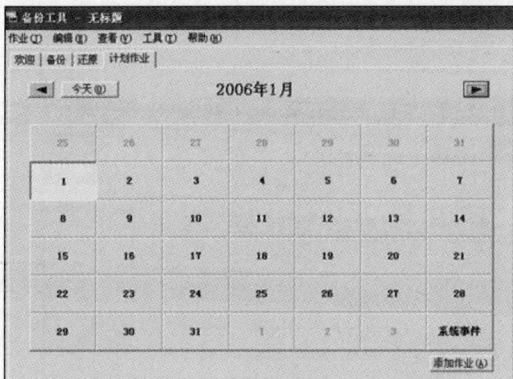

图 8 - 19　"选备份日期"对话框

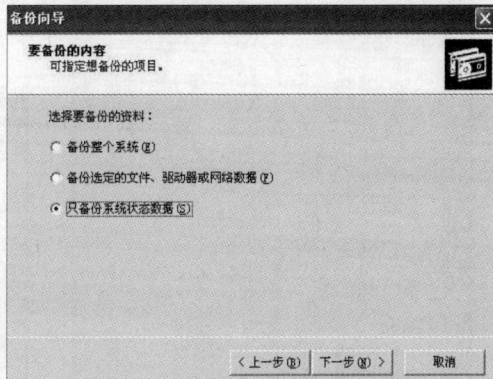

图 8 - 20　"要备份的内容"对话框

（3）单击"下一步（N）"按钮，出现"备份保持的位置"对话框，单击"浏览（W）"按钮，将备份文件存储到 E 盘根目录下，命名为"statas"。

（4）单击"打开"按钮，回到"备份保存的位置"对话框，如图 8 - 21 所示。

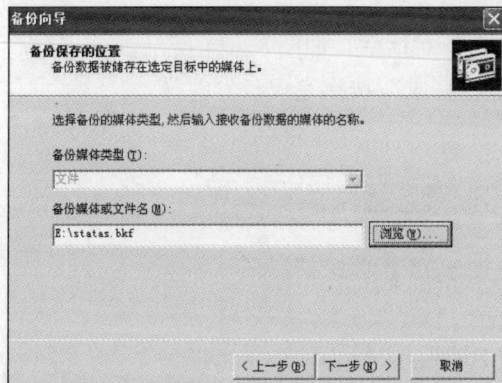

图 8 - 21　"备份保存的位置"对话框

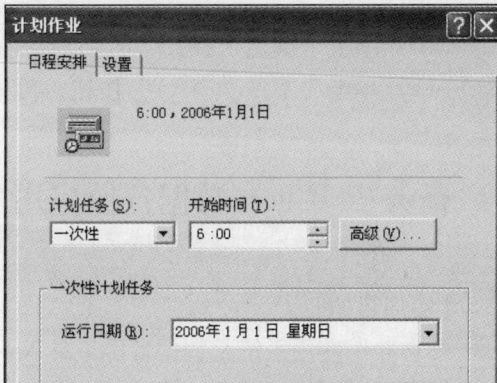

图 8 - 22　"设置日程安排"对话框

（5）单击"下一步（N）"按钮，出现"如何备份"对话框，单击"备份后验证数据"复选框。

（6）单击"下一步（N）"按钮，出现"媒体选项"对话框，默认设置为"将备份附加到媒体"。

（7）单击"下一步（N）"按钮，出现"备份标签"对话框。

（8）单击"下一步（N）"按钮，出现"备份时间"对话框，单击"设定备份计划"按钮，弹出"计划作业"对话框，把"开始时间（T）"设置为"6：00"，如图 8 - 22所示。

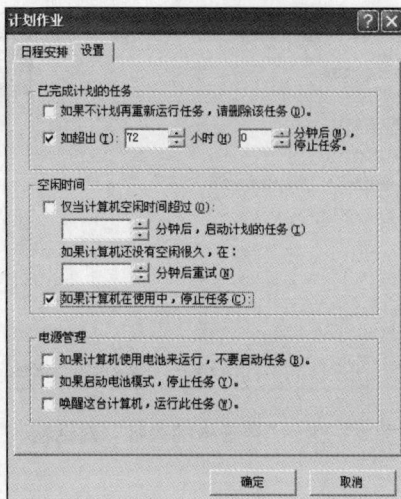

图 8-23　"完成备份" 对话框　　　　图 8-24　设置后的 "备份时间" 对话框

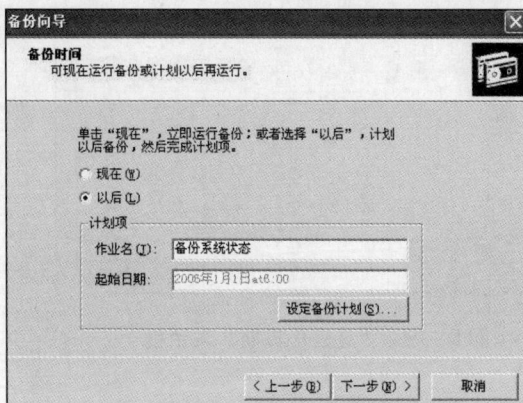

（9）单击 "设置" 选项卡，单击 "如果计算机在使用中，停止任务（C）" 复选框，如图 8-23 所示。

（10）单击 "确定" 按钮，回到 "备份时间" 对话框，如图 8-24 所示。

（11）单击 "下一步（N）" 按钮，再单击 "完成" 按钮完成备份向导。

任务 7　Ghost 数据备份应用实例

【实训目的】

学会熟练使用系统及数据备份工具 Norton Ghost 2003。

【预备知识】

Ghost（General Hardware Oriented Software Transfer）是 Symantec（赛门铁克）公司出品的系统备份软件，意思是 "面向通用型硬件传送软件"。由于 Ghost 是英文 "鬼、精灵" 的意思，我们大家都把它叫做 "还原精灵"。Ghost 软件最大的作用就是可以轻松地让您把磁盘上的内容备份到镜像文件中去，也可以快速地把镜像文件恢复到磁盘，还您一个干净的操作系统。

使用 Ghost 备份系统时，必须保证要备份的系统干净无毒，而且最好已经经过了系统优化，安装了最新的软件、最新的驱动程序和系统补丁等内容，如果能再执行磁盘扫描和磁盘整理就更理想。

【实训环境】

一台安装了系统备份还原工具 Norton Ghost 2003 的计算机。

实例 1　运用 Ghost 对操作系统进行备份

【实训说明】

利用 Norton Ghost 进行 Windows 系统的备份操作，要求如下：

（1）备份 C 盘的映像到服务器的 F 盘根目录下，命名为 Windows2003.gho；

（2）备份的时候要求输入映像密码，保证映像访问的安全性；

（3）为了节省硬盘空间，将映像的压缩级别设置为高度压缩；

（4）使虚拟分区支持 USB 2.0 驱动，以便于以后从外部存储设备进行恢复。

【实训步骤】

（1）双击桌面上的"Norton Ghost"，打开"Norton Ghost 2003"对话框，如图 8 – 25 所示。

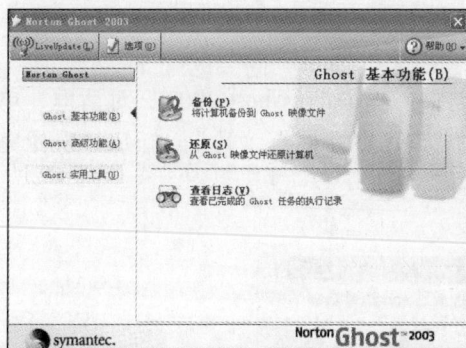

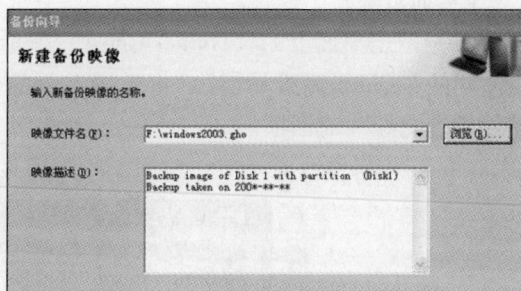

图 8 – 25　"Norton Ghost 2003"对话框　　　图 8 – 26　"新建备份映像"对话框

（2）单击"备份（P）"按钮，进入"备份向导"对话框，单击"下一步（N）"按钮，选择要备份的磁盘"C:"。

（3）单击"下一步（N）"按钮，出现"新建备份映像"对话框，选择备份文件的存储路径"F:\windows2003.gho"，如图 8 – 27 所示。

（4）单击"下一步（N）"按钮，出现"高级设置"对话框，单击"高级设置"按钮，打开"高级设置"对话框，单击"外部存储"选项卡，单击"USB2.0 驱动程序"单选按钮。

（5）单击"压缩"选项卡，单击"高度"单选按钮。

（6）单击"映像密码"选项卡，单击"提示输入映像密码"复选框。

（7）单击"确定"按钮，再单击"下一步（N）"按钮。

（8）单击"下一步（N）"按钮，弹出"灾难恢复"对话框，单击"继续"按钮，出现"任务摘要"对话框。

（9）单击"立即运行"按钮，弹出提示"重新启动"的对话框，单击"确定"按钮，提示"备份功能完成"，再单击"确定"按钮完成备份。

实例2 检查 Ghost 镜像完整性并创建标准启动盘

【实训说明】

运用 Norton Ghost 2003 完成以下所要求的备份还原等相关操作：

（1）为了检验备份文件是否完整，要求对 F:\下的 .gho 文件进行映像完整性检查；

（2）在映像完整性检查过程中用 Ghost 浏览器对文件内容进行浏览；

（3）创建一个标准的 Ghost 启动盘；

（4）选择 LPT 对等选项支持，LPT 模式为双向 8 位；端口为默认端口；

（5）启用 USB 2.0 外部存储支持；

（6）输入相关参数使得插入启动盘即可自动将 F 盘下的镜像 Windows2003. gho 的内容还原到系统 C 盘，并自动重新启动计算机；

（7）在制作启动盘前首先对磁盘进行快速格式化，软盘驱动器盘符为 A：只需制作一张启动磁盘。

【实训步骤】

（1）双击桌面上的"Norton Ghost"图标，打开"Norton Ghost 2003"对话框，单击左侧的"Ghost 高级功能"，再单击右侧的"映像完整性检查（I）"，打开"映像完整性检查向导"对话框。

图 8 - 27   "启动向导"对话框

（2）打开"映像完整性检查向导"对话框，单击"下一步（N）"按钮，在向导对话框中单击"浏览"按钮，并在"打开"对话框中选择映像文件名"F:\Windows 2003. gho"。

（3）单击三次"下一步（N）"按钮，直至出现"任务摘要"对话框，单击"立即运行"按钮，弹出"Norton Ghost"对话框，提示"Norton Ghost 将要运行任务，请保存数据并关闭所有程序后单击'确定'"。

（4）单击"确定"按钮，弹出"映像完整性检查任务完成"提示框，再单击"确定"按钮，完成映像完整性检查。

（5）在"Norton Ghost 2003"对话框左侧单击"Ghost 实用工具"，在右侧单击"Norton Ghost 启动向导"，打开"Norton Ghost 启动向导"对话框，如图 8 - 27 所示。

（6）单击"标准 Ghost 启动盘"，再单击"下一步（N）"按钮，打开"Norton Ghost 启动向导—其他服务"对话框。

（7）单击"LPT 支持"复选框，单击"USB2.0 支持"单选按钮，再单击"LPT 支持"下的"高级"按钮，弹出"LPT 配置"对话框。

（8）单击"双向 8 位（8）"和"默认（D）"两个单选按钮，如图 8-28 所示，再单击"确定"按钮。

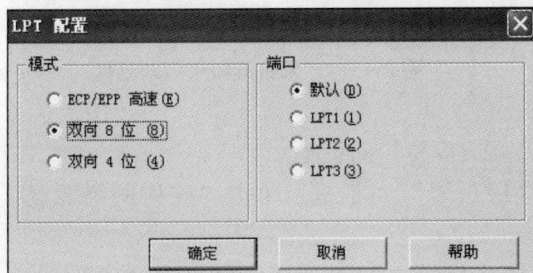

图 8-28 "LPT 配置"对话框   图 8-29 "Ghost 可执行文件的位置"对话框

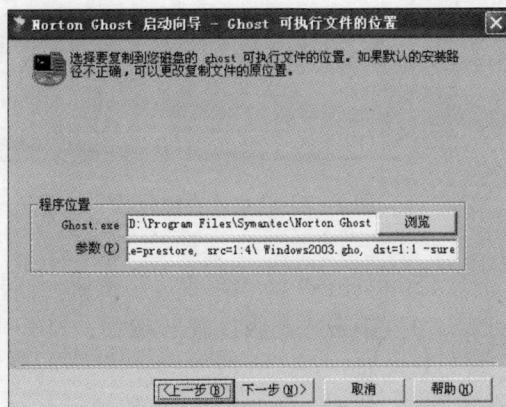

（9）在向导中连续单击两次"下一步（N）"按钮，出现"程序位置"对话框，输入参数" - clone,mode = prestore,src = 1 :4\ Windows2003. gho,dst = 1 :1 - sure"，如图 8-29 所示。

（10）单击"下一步（N）"按钮，在继续出现的向导中的"磁盘驱动器"处选择"A"，其他项按默认值，单击两次"下一步（N）"按钮，出现提示"任务完成"时，单击"确定"按钮。

实例 3 运用 Ghost 创建虚拟分区

【实训说明】

利用 Norton Ghost 2003 完成以下所要求的操作：

（1）创建一个虚拟分区；

（2）虚拟分区空间为 100M；

（3）创建虚拟分区位于目录 D:\Tmp；

（4）映射网络驱动器到\\ghost；用户名为 User；工作组为 Group；

（5）网络驱动程序为 3com 3c509；

（6）使用 DHCP 获得 IP。

【实训步骤】

（1）双击桌面上的"Norton Ghost"，打开"Norton Ghost 2003"对话框，单击"Ghost 高级功能"下的"创建虚拟分区（V）"，打开"创建虚拟分区向导"对话框。

（2）单击"下一步（N）"按钮，出现"创建虚拟分区"对话框，设置"所需的可用空间"为"100M"，在"目录（D）"后单击"浏览（B）"按钮，打开"浏览文件夹"对话框，找到"D:\Tmp"再单击"确定"按钮，此时"创建虚拟分区"对话框如图8-30所示。

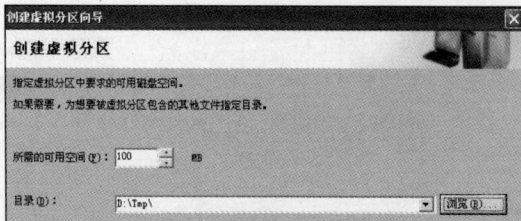

图8-30 "创建虚拟分区"对话框

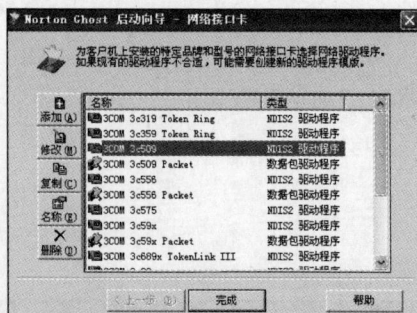

图8-31 "网络接口卡"对话框

（3）单击"下一步（N）"按钮，打开"高级设置"对话框。

（4）单击"高级设置"按钮，打开"高级设置"对话框，单击"映射网络驱动器"复选框。

（5）单击"浏览（B）"按钮，打开"网络接口卡"对话框，单击选择"3COM 3c509"驱动程序，如图8-31所示。

（6）单击"完成"按钮，回到"高级设置"对话框，在"映射到（T）"处输入"\\ghost"，在"用户名（U）"处输入"User"，在"工作组/域（D）"处输入"Group"，如图8-29所示。

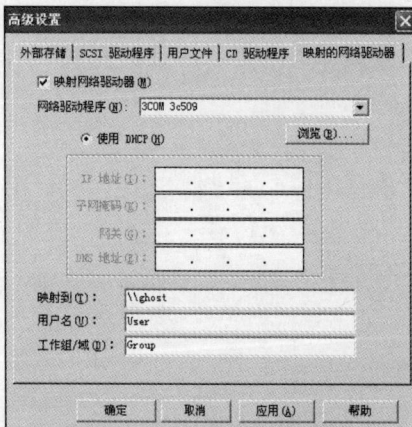

图8-32 "高级设置"对话框

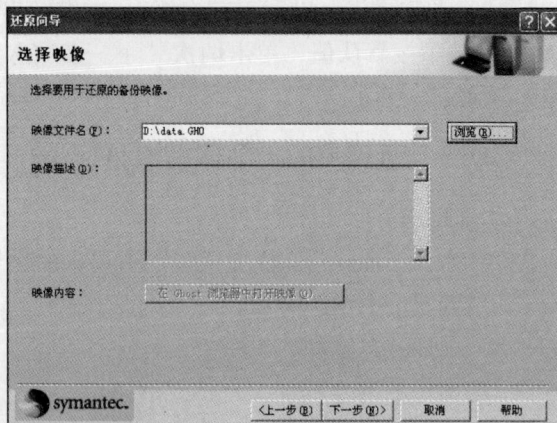

图8-33 "选择映像"对话框

（7）单击"确定"按钮，回到设置向导。

（8）单击"下一步（N）"按钮，弹出"Norton Ghost"对话框，提示"该任务需要创建大型的虚拟分区（100MB），这需要花费很长一段时间并可能最终失败。应该减少虚拟分区的可用空间或新增用户文件和目录整体大小，直至虚拟分区小于50MB。"单击"确定"按钮。

（9）单击"立即运行"按钮，弹出提示"重新启动"的对话框，单击"确定"按钮完成操作向导。

实例4　运用 Ghost 还原向导还原数据

【实训说明】

应用备份软件 Norton Ghost 2003 完成以下的数据备份/还原等相关工作：

（1）运行 Ghost 还原向导；

（2）镜像文件 data. gho 位于 D 分区根目录下；

（3）将镜像中的数据还原到 E 分区。

【实训步骤】

（1）双击桌面上的"Norton Ghost"，打开"Norton Ghost 2003"对话框，单击"还原"按钮，弹出"还原向导"对话框。

（2）单击"下一步（N）"按钮，出现"选择映像"对话框，单击"浏览（B）"按钮，弹出"打开"对话框，选择映像文件名"D：\data. GHO"，单击"打开"按钮，回到"选择映像"对话框，如图 8 - 33 所示。

（3）单击"下一步（N）"按钮，选择"目标"为"Data（E）"。

（4）单击三次"下一步（N）"按钮，直至出现"任务摘要"对话框。

（5）单击"立即运行"，弹出提示"重新启动"的对话框，单击"确定"按钮完成数据还原。

计算机病毒及防范

【导读】

计算机病毒是一种在计算机系统运行过程中能够实现传染和侵害计算机系统功能的程序。在系统穿透或违反授权攻击成功后，攻击者通常要在系统中植入一种能力，为攻击系统、网络提供条件。例如向系统中侵入病毒、特洛伊木马、陷门、逻辑炸弹，或通过窃听、冒充等方式来破坏系统正常工作。因特网是目前计算机病毒的主要传播源。

【内容结构图】

```
                        ┌─────────────────────┐
                   ┌────┤  计算机病毒的概念      │
                   │    └─────────────────────┘
                   │    ┌─────────────────────┐
                   ├────┤  计算机病毒的产生和发展 │
                   │    └─────────────────────┘
                   │    ┌─────────────────────┐
                   ├────┤  计算机病毒的特征及分类 │
                   │    └─────────────────────┘
                   │    ┌─────────────────────┐
                   ├────┤  计算机中病毒的常见症状 │
 ┌───┐             │    └─────────────────────┘
 │计 │             │    ┌─────────────────────┐
 │算 │             ├────┤  计算机病毒的防范      │
 │机 │             │    └─────────────────────┘      ┌──────────────────────┐
 │病 ├─────────────┤    ┌─────────────────────┐  ┌───┤ 瑞星客户端的远程安装及扫描 │
 │毒 │             ├────┤  企业病毒防御          ├──┤   ├──────────────────────┤
 │及 │             │    └─────────────────────┘  │   │ 瑞星杀毒软件系统配置      │
 │防 │             │    ┌─────────────────────┐  │   ├──────────────────────┤
 │范 │             ├────┤  个人病毒防御          │  └───┤ 瑞星客户端的安全策略      │
 └───┘             │    └─────────────────────┘      └──────────────────────┘
                   │    ┌─────────────────────┐      ┌──────────────────────┐
                   ├────┤  蠕虫病毒攻防技术      ├──────┤ 蠕虫病毒防御            │
                   │    └─────────────────────┘      ├──────────────────────┤
                   │                                 │ 熊猫烧香病毒查杀        │
                   │                                 └──────────────────────┘
                   │    ┌─────────────────────┐      ┌──────────────────────┐
                   └────┤  木马攻防技术          ├──────┤ 查杀冰河木马病毒        │
                        └─────────────────────┘      ├──────────────────────┤
                                                     │ 查杀灰鸽子木马病毒      │
                                                     └──────────────────────┘
```

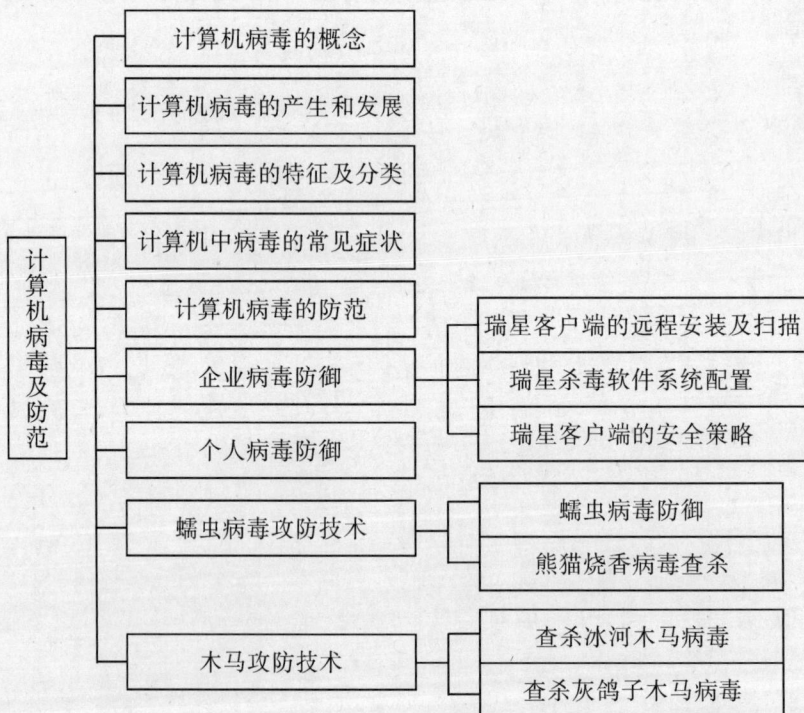

【知识与能力目标】

✵ 掌握计算机病毒的概念

✵ 了解计算机病毒的产生和发展

✵ 掌握计算机病毒的特征

❖ 了解计算机病毒的分类
❖ 熟悉计算机中病毒的常见症状
❖ 了解计算机病毒的防范及安全举措
❖ 熟练掌握企业及个人的病毒防御措施
❖ 熟练掌握蠕虫病毒的攻防技术
❖ 熟练掌握木马病毒的攻防技术

任务1　掌握计算机病毒的概念

计算机病毒的危害日益严重，因此，应提高防范意识，所用软件经过严格审查和相应的控制程序后才能使用；积极采用防病毒软件，定时对系统中的所有工具软件、应用软件进行检测，以防止各种病毒的入侵。

计算机病毒的科学定义最早出现在1983年Fred Cohen的博士论文《计算机病毒实验》中，在文章中计算机病毒被定义为：一种能把自己（或经演变）注入其他程序的计算机程序。

在《中华人民共和国计算机信息系统安全保护条例》中对计算机病毒的定义是：计算机病毒，是指编制或者在计算机程序中插入的破坏计算机功能或者毁坏数据，影响计算机使用，并且能够自我复制的一组计算机指令或者程序代码。

任务2　了解计算机病毒的产生和发展

随着计算机应用的普及，早期就有一些科普作家意识到可能会有人利用计算机进行破坏，提出了"计算机病毒"这个概念。不久，计算机病毒便在理论、程序上都得到了证实。

在病毒的发展史上，病毒的出现是有规律的，一般情况下，一种新的病毒技术出现后，病毒迅速发展，接着反病毒技术的发展会抑制其流传。操作系统进行升级时，病毒也会调整为新的方式，产生新的病毒技术。计算机病毒的发展可划分成以下几个阶段：

1. DOS引导阶段

1987年，计算机病毒主要是引导型病毒，具有代表性的是"小球"和"石头"病毒。当时的计算机硬件较少，功能简单，一般需要通过软盘启动后使用。

2. DOS可执行阶段

1989年，可执行文件型病毒出现，它们利用DOS系统加载执行文件的机制工作，代表为"耶路撒冷"、"星期天"病毒，病毒代码在系统执行文件时取得控制权，修改DOS中断，在系统调用时进行传染，并将自己附加在可执行文件中，使文件长度增加。1990年，可执行文件病毒发展为复合型病毒，可感染COM和EXE文件。

3. 伴随、批次型阶段

1992年，伴随型病毒出现，它们利用DOS加载文件的优先顺序进行工作。具有代表性的是"金蝉"病毒，它感染 EXE 文件时生成一个和 EXE 同名的扩展名为 COM 的伴随体；它感染 COM 文件时，更改原来的 COM 文件为同名的 EXE 文件，再产生一个原名的伴随体，文件扩展名为 COM。

4. 幽灵、多形阶段

1994 年，随着汇编语言的发展，实现同一功能可以用不同的方式进行，这些方式的组合使一段看似随机的代码产生相同的运算结果。幽灵病毒就是利用这个特点，每感染一次就产生不同的代码。例如"一半"病毒就是产生一段有上亿种可能的解码运算程序，病毒体被隐藏在解码前的数据中，查杀这类病毒就必须能对这段数据进行解码，这加大了查毒的难度。

5. 生成器、变体机阶段

1995 年，在汇编语言中，一些数据的运算放在不同的通用寄存器中，可运算出同样的结果，随机地插入一些空操作和无关指令，也不影响运算的结果，这样，一段解码算法就可以由生成器生成。当生成的是病毒时，这种被称为病毒生成器和变体机的复杂程序就产生了。

6. 网络、蠕虫阶段

1995 年，随着网络的普及，病毒开始利用网络进行传播，它们只是以上几代病毒的改进。在非 DOS 操作系统中，"蠕虫"是典型的代表，它不占用除内存以外的任何资源，不修改磁盘文件，利用网络功能搜索网络地址，将自身向下一地址进行传播，有时也在网络服务器和启动文件中存在。

7. 视窗阶段

1996 年，随着 Windows 和 Windows 95 的日益普及，利用 Windows 进行工作的病毒开始发展，它们修改（NE、PE）文件，典型的代表是 DS.3873，这类病毒的机制更为复杂，它们利用保护模式和 API 调用接口工作，解除方法也比较复杂。

8. 宏病毒阶段

1996 年，随着 Windows Word 功能的增强，使用 Word 宏语言也可以编制病毒，这种病毒使用类 Basic 语言，编写容易，感染 Word 文档文件。

9. 互联网阶段

1997 年，随着因特网的发展，各种病毒也开始利用因特网进行传播，一些携带病毒的数据包和邮件越来越多，如果不小心打开了这些邮件，机器就有可能中毒。

10. Java、邮件炸弹阶段

1997 年，随着万维网上 Java 的普及，利用 Java 语言进行传播和资料获取的病毒开始出现，典型的代表是 Java Snake 病毒。还有一些利用邮件服务器进行传播和破坏的病毒，例如 Mail – Bomb 病毒，它就严重影响因特网的效率。

任务 3 了解计算机病毒的特征及分类

1. 计算机病毒的特征

计算机病毒的特征主要有：寄生性、传染性、潜伏性、破坏性和可触发性。

（1）寄生性。

计算机病毒寄生在其他程序之中，当执行这个程序时，病毒就起破坏作用，而在未启动这个程序之前，它是不易被人发觉的。

（2）传染性。

计算机病毒不但本身具有破坏性，更有害的是具有传染性，一旦病毒被复制或产生变种，其传播速度之快令人难以预防。传染性是病毒的基本特征。只要一台计算机染毒，如不及时处理，那么病毒会在这台机子上迅速扩散，计算机病毒可通过各种可能的渠道，如软盘、计算机网络去传染其他的计算机。

（3）潜伏性。

一个编制精巧的计算机病毒程序，进入系统之后一般不会马上发作，病毒可以静静地躲在磁盘或磁带里待上几天，甚至几年，一旦时机成熟，就会运行，比如"黑色星期五"病毒。

（4）隐蔽性。

计算机病毒具有很强的隐蔽性，有的可以通过病毒软件检查出来，有的根本就查不出来，有的时隐时现、变化无常，这类病毒处理起来通常很困难。

（5）破坏性。

计算机中毒后，可能会导致程序无法正常运行，计算机内的文件被删除或受到不同程度的损坏。计算机病毒的破坏性通常表现为：增、删、改、移。

（6）可触发性。

因某个事件或数值的出现，诱使病毒实施感染或进行攻击的病毒特性称为可触发性。为了隐蔽自己，病毒必须潜伏，少做动作。如果完全不动、一直潜伏的话，病毒既不能感染也不能进行破坏，便失去了杀伤力。病毒既要隐蔽又要维持杀伤力，它必须具有可触发性。病毒的触发机制就是用来控制感染和破坏动作的频率的。

2. 计算机病毒的分类

根据不同的分类标准，计算机病毒的类型也有所不同。

（1）按病毒存在的媒体划分。

根据病毒存在的媒体，病毒可以划分为网络病毒、文件病毒、引导型病毒。网络病毒通过计算机网络传播感染网络中的可执行文件；文件病毒感染计算机中的文件（如：COM，EXE，DOC 等）；引导型病毒感染启动扇区（Boot）和硬盘的系统引导扇区（MBR）；还有这三种情况的混合型，例如：多型病毒（文件和引导型）感染文件和引导扇区两种目标，这样的病毒通常都具有复杂的算法，它们使用非常规的办法侵入系统，同时使用了加密和变形算法。

（2）按病毒传染的方法划分。

根据病毒传染的方法可把病毒分为驻留型病毒和非驻留型病毒。驻留型病毒感染计算机后，把自身的内存驻留部分放在内存（RAM）中，这一部分程序挂接系统调用并合并到操作系统中去，它处于激活状态，一直到关机或重新启动。非驻留型病毒在得到机会激活时并不感染计算机内存；一些病毒在内存中留有小部分，但是并不通过这一部分进行传播，这类病毒也被划分为非驻留型病毒。

（3）按病毒破坏的能力划分。

按病毒的破坏能力，可把病毒分为无害型、无危险型、危险型和非常危险型。

无害型：除了传染时减少磁盘的可用空间外，对系统没有其他影响。

无危险型：这类病毒仅仅是减少内存、显示图像、发出声音及同类音响。

危险型：这类病毒在计算机系统操作中造成严重的危害。

非常危险型：这类病毒删除程序、破坏数据、清除系统内存区和操作系统中重要的信息。这些病毒对系统造成的危害，并不是本身的算法中存在危险的调用，而是当它们传染时会引起无法预料的和灾难性的破坏。

（4）按病毒的算法划分。

按病毒的算法，可把病毒分为伴随型病毒、蠕虫型病毒、寄生型病毒、诡秘型病毒和变型病毒。

伴随型病毒：这一类病毒并不改变文件本身，它们根据算法产生 EXE 文件的伴随体，具有同样的名字和不同的扩展名（COM），例如：XCOPY.EXE 的伴随体是XCOPY.COM。病毒把自身写入 COM 文件并不改变 EXE 文件，当 DOS 加载文件时，伴随体优先被执行，再由伴随体加载执行原来的 EXE 文件。

蠕虫型病毒：通过计算机网络传播，不改变文件和资料信息，利用网络从一台机器的内存传播到其他机器的内存，将自身的病毒通过网络发送。有时它们在系统中存在，一般除了内存外不占用其他资源。

寄生型病毒：除了伴随型和蠕虫型，其他病毒均可称为寄生型病毒，它们依附在系统的引导扇区或文件中，通过系统的功能进行传播。

诡秘型病毒：它们一般不直接修改 DOS 中断和扇区数据，而是通过设备技术和文件缓冲区等 DOS 内部修改，不易看到资源，使用比较高级的技术。利用 DOS 空闲的数据区进行工作。

变型病毒（又称幽灵病毒）：这一类病毒使用一个复杂的算法，使自己每传播一次都具有不同的内容和长度。它们一般是由一段混有无关指令的解码算法和变化过的病毒体组成。

任务4　熟悉计算机中病毒的常见症状

既然病毒如此泛滥，那普通计算机使用者如何判断自己的计算机是否中了病毒呢？一般来说，可以根据以下 24 个常见的特征来判断。

（1）计算机系统运行速度减慢。

（2）计算机系统经常无故发生死机。

（3）计算机系统中的文件长度发生变化。

（4）计算机存储的容量异常减少。

（5）系统引导速度减慢。

（6）丢失文件或文件损坏。

（7）计算机屏幕上出现异常显示。

（8）计算机系统的蜂鸣器出现异常声响。

（9）磁盘卷标发生变化。

（10）系统不识别硬盘。

（11）对存储系统异常访问。

（12）键盘输入异常。

（13）文件的日期、时间、属性等发生变化。

（14）文件无法正确读取、复制或打开。

（15）命令执行出现错误。

（16）虚假报警。

（17）更换当前盘。有些病毒会将当前盘切换到 C 盘。

（18）时钟倒转。有些病毒会命名系统时间倒转，逆向计时。

（19）Windows 操作系统无故频繁出现错误。

（20）系统异常重新启动。

（21）一些外部设备工作异常。

（22）异常要求用户输入密码。

（23）WORD 或 EXCEL 提示执行"宏"。

（24）使不应驻留内存的程序驻留内存。

任务5　了解计算机病毒的防范及安全举措

随着计算机和因特网的日益普及，计算机病毒带给人们的危害也日益严重，因此，对计算机病毒的防范已经不再是计算机专业人员才需考虑的问题，而是每个使用计算机的人都必须知晓的"常识"。

1. 国内反病毒技术的发展

我国计算机反病毒技术的研究和发展，是从研制防病毒卡开始的。防病毒卡的核心实际上是一个软件，只不过将其固化在 ROM 中。防病毒卡主要的不足是与正常软件特别是国产的软件有不兼容的现象，误报、漏报病毒现象时有发生，降低计算机运行速度，升级困难等。现在防病毒卡的使用者在减少。

杀毒软件最重要的功能是能将病毒彻底干净地清除，如果说防病毒卡是治标的话，那么杀毒软件则是治本。

第一代反病毒技术是采取单纯的病毒特征判断，将病毒从带毒文件中清除掉。

第二代反病毒技术是采用静态广谱特征扫描方法检测病毒，这种方式可以更多地检测出变形病毒，但另一方面误报率也提高，尤其是用这种不严格的特征判定方式去清除病毒带来的风险性很大，容易造成文件和数据的破坏。

第三代反病毒技术的主要特点是将静态扫描技术和动态仿真跟踪技术结合起来，将查找病毒和清除病毒合二为一，形成一个整体解决方案，能够全面实现防、查、消等反病毒所必备的各种手段，以驻留内存方式防止病毒的入侵，凡是检测到的病毒都能清除，不会破坏文件和数据。随着病毒数量的增加和新型病毒技术的发展，静态扫描技术将会使查毒软件速度降低，驻留内存防毒模块容易产生误报。

第四代反病毒技术则是针对计算机病毒的发展而基于病毒家族体系的命名规则，基于多位 CRC 校验和扫描机理、启发式智能代码分析模块、动态数据还原模块（能查出隐蔽性极强的压缩加密文件中的病毒）、内存解毒模块、自身免疫模块等先进的解毒技术，较好地解决了以前防毒技术顾此失彼、此消彼长的问题。

2. 计算机病毒的防范策略

计算机病毒的防治要从防毒、查毒、解毒三方面来进行；系统对于计算机病毒的实际防治能力和效果也要从防毒能力、查毒能力和解毒能力三方面来评判。

"防毒"是指根据系统特性，采取相应的系统安全措施预防病毒侵入计算机。"查毒"是指对于确定的环境，能够准确地报出病毒名称，该环境包括：内存、文件、引导区（含主导区）、网络等。"解毒"是指根据不同类型病毒对感染对象的修改，并按照病毒的感染特性所进行的恢复。该恢复过程不能破坏未被病毒修改的内容。感染对象包括：内存、引导区（含主引导区）、可执行文件、文档文件、网络等。

防毒能力是指预防病毒侵入计算机系统的能力。通过采取防毒措施，应可以准确地、实时地监测预警经由光盘、软盘、硬盘不同目录之间、局域网、因特网（包括FTP方式、E-mail、Http方式）或其他形式的文件下载等多种方式进行的病毒传输；能够在病毒侵入系统时发出警报，记录携带病毒的文件，及时清除其中的病毒；对网络而言，能够向网络管理员发送关于病毒入侵的信息，记录病毒入侵的工作站，必要时还要能够注销工作站，隔离病毒源。

查毒能力是指发现和追踪病毒来源的能力。通过查毒应该能准确地发现计算机系统是否感染病毒，准确查找出病毒的来源，并能给出统计报告；查找病毒的能力应由查毒率和误报率来评判。

解毒能力是指从感染对象中清除病毒，恢复被病毒感染前的原始信息的能力；解毒能力应用解毒率来评判。

3. 防病毒安全举措

对于计算机普通用户来说，应该了解一些常用的防病毒安全措施，以便使我们的计算机及网络能持续正常地运行。

（1）建立良好的安全习惯。

例如：对一些来历不明的邮件及附件不要打开、不要上一些不太了解的网站、不要执行从Internet下载后未经杀毒处理的软件等，这些必要的习惯会使计算机更安全。

（2）关闭或删除系统中不需要的服务。

默认情况下，许多操作系统会安装一些辅助服务，如FTP客户端、Telnet和Web服务器。这些服务为攻击者提供了方便，对用户又没有太大用处，关闭或删除它们，就能大大减少被攻击的可能性。

（3）经常升级安全补丁。

据统计，有80%的网络病毒是通过系统安全漏洞进行传播的，像"蠕虫王"、"冲击波"、"震荡波"等，所以应该定期到微软网站去下载最新的安全补丁，以防患未然。

（4）使用复杂的密码。

有许多网络病毒就是通过猜测简单密码的方式攻击系统的，因此，使用复杂的密码，将会大大提高计算机的安全系数。

（5）迅速隔离受感染的计算机。

当计算机发现病毒或异常时应立刻断网，以防止计算机受到更多的感染，或者成为传播源，再次感染其他计算机。

（6）了解一些病毒知识。

这样就可以及时发现新病毒并采取相应措施，在关键时刻使自己的计算机免受病毒破坏。如果能了解一些注册表知识，就可以定期看一看注册表的自启动项是否有可疑键值；如果了解一些内存知识，就可以经常看看内存中是否有可疑程序。

（7）最好安装专业的杀毒软件进行全面监控。

在病毒日益增多的今天，使用杀毒软件进行防毒，是越来越经济的选择，不过用户在安装了杀毒软件之后，应该经常进行升级、将一些主要监控经常打开（如邮件监控、内存监控等）、遇到问题要上报，这样才能真正保障计算机的安全。

（8）用户还应该安装个人防火墙软件进行防黑。

由于网络的发展，用户电脑面临黑客攻击的问题也越来越严重，许多网络病毒都采用了黑客的方法来攻击用户电脑，因此，用户还应该安装个人防火墙软件，将安全级别设为中、高，这样才能有效地防止网络上的黑客攻击。

任务6 企业病毒防御实例

【实训目的】

通过使用"瑞星杀毒软件中小企业2005版"，了解企业怎样使用该软件解决企业范围内工作站和网络服务器的全面病毒防护问题，熟悉分布式防病毒软件的体系结构和工作机制。

【预备知识】

（1）病毒的基本概念；

（2）分布式杀毒软件的体系结构。

【实训环境】

一台安装"瑞星杀毒软件中小企业2005版"的计算机。

实例1 瑞星客户端的远程安装及扫描

【实训说明】

在瑞星控制台下完成操作：

（1）通过在服务器端的操作将杀毒软件客户端远程安装到IP地址是：192.168.0.111，计算机名称为"FANGMING"的计算机上（用户名：Administrator，无密码）；

（2）手动对计算机"FANGMING"进行病毒库的立即升级；

（3）远程扫描瑞星客户端计算机"FANGMING"的C盘下的程序文件，在扫描中同时采用"系统优化"、"使用智能提速"、"忽略异常文件"等优化扫描；

（4）扫描完成后只查看该客户端病毒类型为"Windows下的PE病毒"的扫描日志，并且查看此历史日志的选定时间是：2005-6-6 16：14：25—2005-6-7 16：14：25。

【实训步骤】

1. 通过在服务器端的操作将杀毒软件客户端安装到远程计算机上，IP地址是：192.168.0.111，计算机名称为"FANGMING"的计算机上（用户名：Administrator，无密码）

（1）双击桌面上的"瑞星控制台"，弹出"管理员登录"对话框，单击"确定"按钮，打开"管理控制台"对话框。

（2）单击"工具"菜单下的"客户端安装工具"命令，打开"客户端远程安装工具"对话框。

（3）在"计算机名或 IP："处输入 IP 地址"192.168.0.111"，单击"添加"按钮，弹出"管理员登录"对话框，输入账号"Administrator"，密码为空，如图 9 - 1 所示。

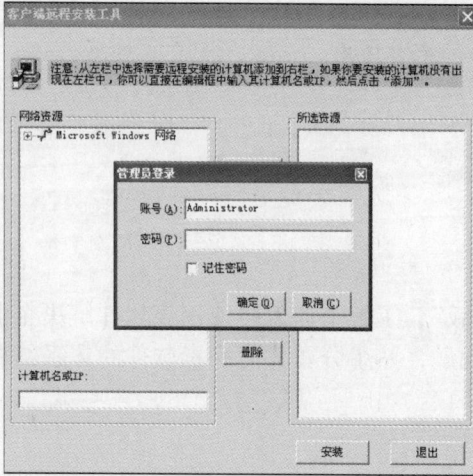

图 9 - 1　"设置 IP 地址、账号及密码"
对话框

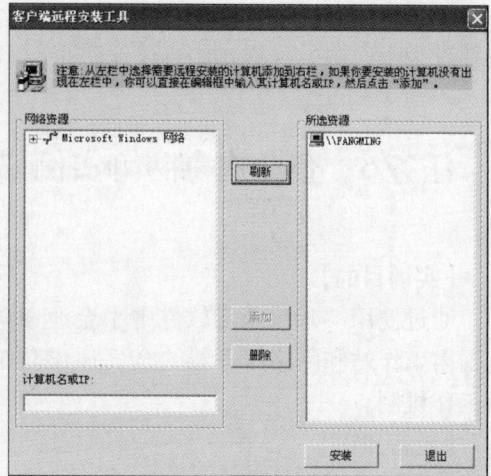

图 9 - 2　添加计算机后的"客户端远程安装工具"对话框

（4）单击"确定（O）"按钮，可以看到所选资源处添加了名为"FANGMING"的计算机，如图 9 - 2 所示，单击选中该计算机，再单击"安装"按钮，弹出"远程安装"界面，单击"详细信息"按钮，可以查看正在安装的文件。

（5）提示完成远程安装后，单击"关闭"按钮，回到"客户端远程安装工具"对话框。

（6）单击"退出"按钮。

2. 手动对计算机"FANGMING"进行病毒库的立即升级

在"管理控制台"对话框中右键单击计算机名"FANGMING"，在弹出的快捷菜单中单击"立即升级"命令，会自动完成升级。

3. 远程扫描瑞星客户端计算机"FANGMING"的 C 盘下的程序文件，在扫描中同时采用"系统优化"、"使用智能提速"、"忽略异常文件"等优化扫描

（1）在"管理控制台"对话框中右键单击计算机名"FANGMING"，在弹出的快捷菜单中单击"查杀病毒"命令，打开"查杀病毒"对话框。

（2）在"查杀路径"后选择"C："盘，单击"高级选项"按钮，分别单击"系统优化"、"使用智能提速"和"忽略异常文件"三个复选框，如图 9 - 3 所示。

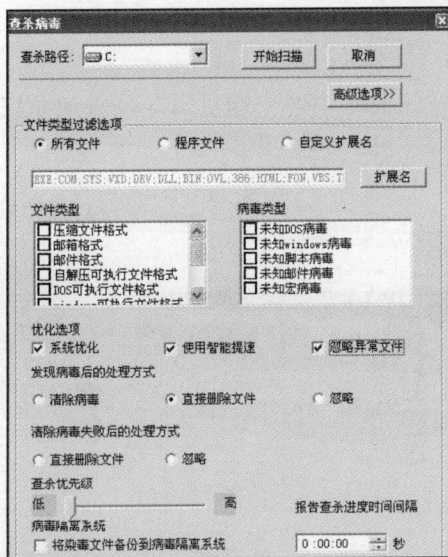

图 9-3 "查杀病毒"对话框　　图 9-4 "选择历史记录的日期"对话框

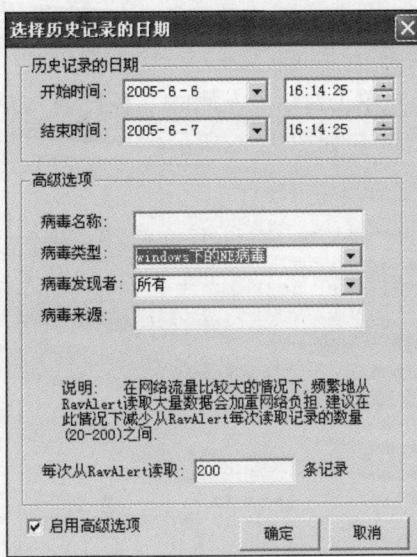

（3）单击"开始扫描"按钮完成任务。

4. 扫描完成后只查看该客户端病毒类型为"Windows 下的 PE 病毒"的扫描日志，并且查看此历史日志的选定时间是：2005 - 6 - 6　16：14：25—2005 - 6 - 7　16：14：25

（1）在"管理控制台"对话框中右键单击计算机名"FANGMING"，在弹出的快捷菜单中单击"查看病毒日志"命令，打开"选择历史记录的日期"对话框。

（2）单击"启动高级选项"复选框；设置历史记录的日期，开始时间为2005 - 6 - 6　16：14：25，结束时间为2005 - 6 - 7　16：14：25；设置病毒类型为"Windows 下的 PE 病毒"，如图 9 - 4 所示。

（3）单击"确定"按钮，弹出"病毒日志"对话框，本实例中没有感染"Windows 下的 PE 病毒"，所以显示的病毒日志界面中无任何记录。

实例 2　瑞星杀毒软件系统配置

【实训说明】

在瑞星控制台菜单栏"工具"→"瑞星配置工具"下完成操作：

（1）UDP 监听 IP 地址要求指定为：192. 168. 0. 137；

（2）客户端每隔 5 分钟向系统中心报告一次状态；

（3）网络设置要求：启用"局域网连接"；

（4）病毒库升级要求：每天 6：00 自动升级病毒库；

（5）漏洞扫描要求：自动下载漏洞补丁；自动通知客户端修复已下载的补丁；客户端漏洞补丁程序由客户端计算机自动安装完成。

【实训步骤】

（1）双击桌面上的"瑞星控制台"，打开"瑞星管理控制台"对话框，单击"工具"菜单下的"瑞星配置工具"命令，打开"瑞星配置工具"对话框。

学习单元九　计算机病毒及防范

（2）单击"系统中心"，在对话框右侧选择监听 IP 为"192.168.0.137"，如图 9 - 5 所示。

（3）单击对话框左侧的"客户端"，在右侧设置"客户端每隔 5 分钟向系统中心报告状态"，如图 9 - 6 所示。

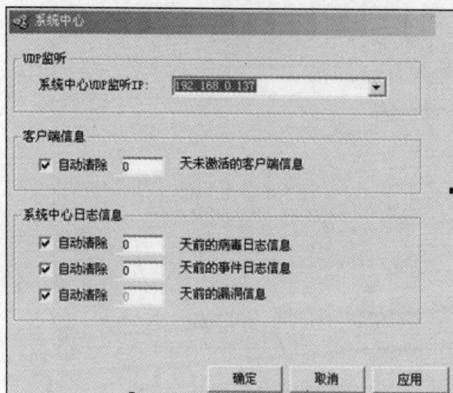

图 9 - 5 "选择监听的 IP 地址"对话框

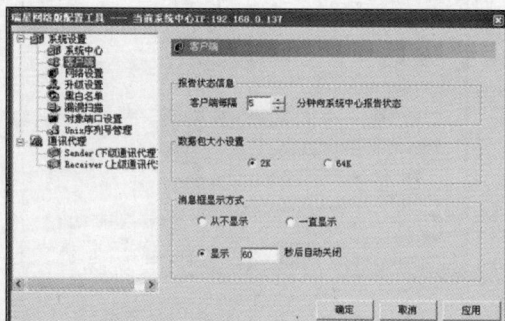

图 9 - 6 "设置报告间隔时间"对话框

（4）单击对话框左侧的"网络设置"，在右侧选择"Internet 的连接方式"为"局域网（LAN）或专线上网"。

（5）单击对话框左侧的"升级设置"，在右侧分别单击"自动升级"、"每日"单选按钮，设定时间为"6"、"00"，如图 9 - 7 所示。

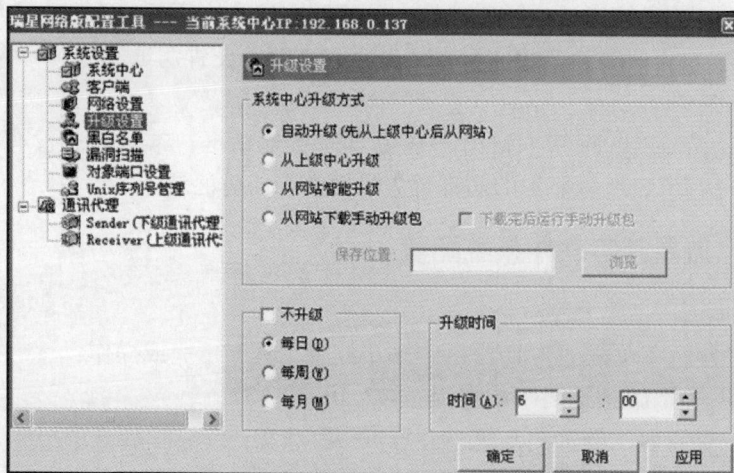

图 9 - 7 "设置升级方式及时间"对话框

（6）单击对话框左侧的"漏洞扫描"，在右侧分别单击"自动下载漏洞补丁程序"、"自动通知客户端修复已下载的补丁程序"、"客户端自动安装漏洞补丁程序"复选框，单击"确定"按钮完成配置。

实例 3　设置瑞星客户端的安全策略

【实训说明】

在瑞星控制台菜单栏"操作"→"设置查杀策略"下完成操作：

（1）定制扫描任务时取消以下三项设置"使用屏保杀毒"、"使用开机扫描"、"关机时检测软盘"；

（2）定时扫描的时间统一设定为：每周日上午 11：35；

（3）扫描内容要求：扫描引导区、扫描内存、扫描所有硬盘；

（4）计算机硬盘备份的时间统一设定为：每天 12：00；

（5）将整个"管理控制台"管辖的计算机取消"使用瑞星助手"。

【实训步骤】

（1）双击桌面上的"瑞星控制台"，打开"瑞星管理控制台"对话框，单击"操作"菜单下的"设置查杀策略"命令，打开"设置查杀策略"对话框；

（2）单击对话框左侧的"定制任务"，在对话框右侧，分别单击取消"使用屏保杀毒"、"使用开机扫描"和"关机时检测软盘"复选框；

（3）单击对话框左侧的"定时扫描"，在对话框右侧，设置扫描时间为"每周日上午 11：35"，分别单击三项扫描内容："引导区"、"内存"和"所有硬盘"复选框；

（4）单击"硬盘备份"，在对话框右侧，设置备份时间为"每天 12：00"；

（5）单击"其他设置"，在对话框右侧，单击取消"使用瑞星助手"复选框。

任务 7　个人病毒防御实例

【实训目的】

通过使用瑞星杀毒软件 2007 个人版，了解瑞星杀毒软件个人版的使用。

【预备知识】

1. 了解病毒知识。

2. 了解杀毒软件个人版的使用。

【实训环境】

一台安装软件"瑞星杀毒软件 2007 个人版"的计算机。

实例 1　手动扫描、定制任务和排除扫描设置

【实训说明】

企业安装了"瑞星杀毒软件 2007 个人版"来保证企业内部计算机免受病毒入侵。为了达到较好的杀毒效果，需要进行杀毒部署设置，要求如下：

1. "手动扫描"要求

（1）发现病毒时：直接杀毒。

（2）杀毒结束后：退出瑞星杀毒界面。

（3）扫描所有文件，同时扫描三项未知病毒类型："未知 Windows 病毒"、"未知邮件病毒"、"未知宏病毒"。

（4）当病毒清除失败时，删除包含病毒的文件。

2."定制任务"要求：启用"使用定时扫描"、"启动登录系统前扫描"和"使用开机扫描"

3."其他设置"要求：病毒扫描时排除指定目录 E：\temp 文件

4. 在以上操作的对应项目中，未要求部分均为默认设置

作为系统管理员，你该如何完成这项工作呢？

【实训步骤】

（1）双击桌面上的"瑞星杀毒软件"，打开"瑞星杀毒软件"对话框，单击"设置"菜单下的"详细设置"命令，在"瑞星设置"对话框的"发现病毒时："处选择"直接杀毒"，在"杀毒结束后："处选择"退出"，单击"切换至高级设置（F2）"，如图 9 - 8 所示。

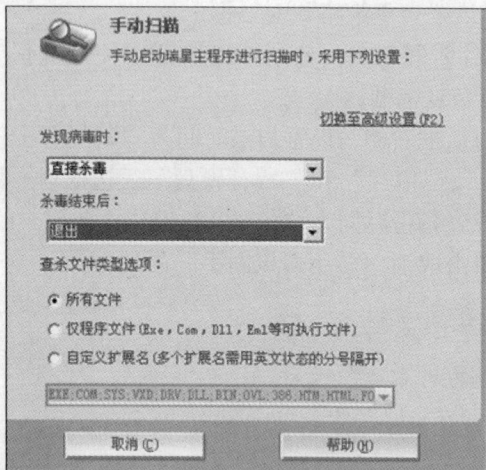

| 图 9 - 8　"手动扫描基本设置"对话框 | 图 9 - 9　"手动扫描高级设置"对话框 |

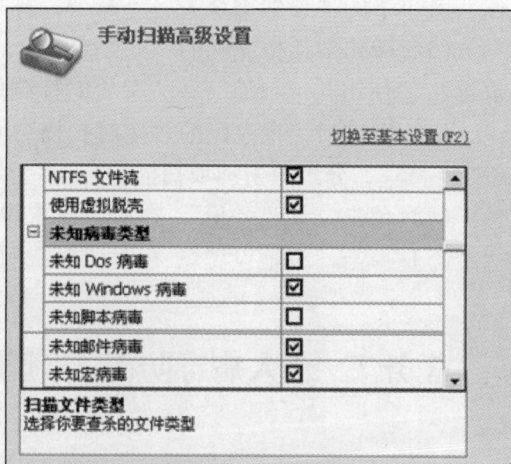

（2）在弹出的对话框中分别单击"未知 Windows 病毒"、"未知邮件病毒"和"未知宏病毒"复选框，并设置"当病毒清除失败时，删除包含病毒的文件"，如图 9 - 9 所示，单击"切换至基本设置（F2）"回到"瑞星设置"对话框。

（3）单击"定制任务"，分别单击"使用定时扫描"、"启动登录系统前扫描"和"使用开机扫描"复选框。

（4）单击"其他设置"，选中"病毒扫描时排除指定的目录"并单击"设置"按钮，指定目录为"E：\temp"，单击"确定"按钮完成设置。

实例 2　监控中心及嵌入式杀毒设置

【实训说明】

某企业安装了"瑞星杀毒软件 2007 个人版"来保证企业内部计算机免受病毒入侵。为了达到较好的杀毒效果，需要进行"监控中心"杀毒部署设置，要求如下：

1."文件监控"要求

（1）发现病毒时：直接杀毒。

（2）提示对话框关闭时间：10 秒。

2．"内存监控"提示对话框关闭时间：10 秒

3．"引导区监控"发现病毒时：直接杀毒

4．"邮件监控"要求

（1）邮件接收监控：指定 POP3 端口 110。

（2）邮件发送监控：指定 SMTP 端口 25。

5．"嵌入式杀毒"要求：MSN 添加到嵌入扫描软件列表

6．在以上操作的对应项目中，未要求部分均为默认设置

作为系统管理员，你该如何完成这项工作呢？

【实训步骤】

（1）双击桌面上的"瑞星杀毒软件"，打开"瑞星杀毒软件"对话框，单击"文件监控"，设置"发现病毒时：直接杀毒"和"提示对话框关闭时间：10 秒"，如图 9-10 所示。

（2）单击"内存监控"，设置"提示对话框将在 10 秒后关闭"，如图 9-11 所示。

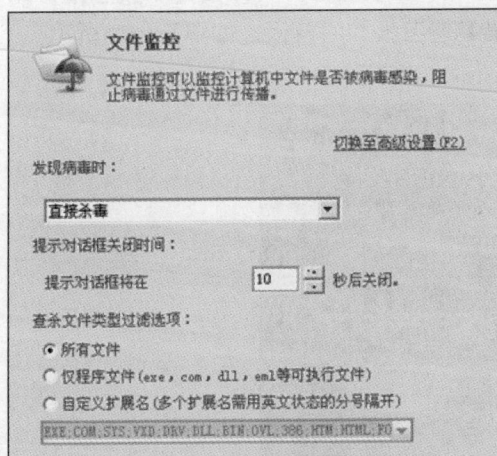

图 9-10　　"文件监控设置"对话框

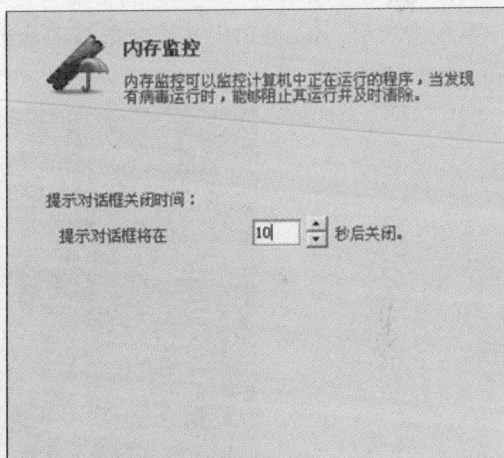

图 9-11　　"内存监控设置"对话框

（3）单击"引导区监控"，设置"发现病毒时：直接杀毒"。

（4）单击"邮件监控"，选中"指定 POP3 端口"，端口为"110"，选中"指定 SMTP 端口"，端口为"25"。

（5）单击"嵌入式杀毒"，并单击对话框右侧的"设定其他嵌入式杀毒"，选中"MSN Messenger"并单击"应用"按钮和"关闭"按钮完成设置。

任务 8　蠕虫病毒攻防技术实例

【实训目的】

掌握针对 Windows 系统下蠕虫病毒的手动查杀方法，以及针对蠕虫病毒的防范措施。

【预备知识】

蠕虫病毒是一种常见的计算机病毒。它是利用网络进行复制和传播的，传播途径是通过网络和电子邮件。

蠕虫病毒是自包含的程序，它能传播它自身功能的拷贝或它的某些部分到其他的计算机系统中。比如危害很大的"尼姆亚"病毒（"熊猫烧香"病毒）就是蠕虫病毒。

"熊猫烧香"是一个感染型的蠕虫病毒，它能感染系统中的 exe、com、pif、src、html、asp 等文件，它还能中止大量的反病毒软件进程并且会删除扩展名为 gho 的文件，该文件是系统备份工具 GHOST 的备份文件，使用户的系统备份文件丢失。被感染的用户系统中所有 .exe 可执行文件全部被改成熊猫举着三根香的模样，如图 9 - 12 所示。

图 9 - 12　中了"熊猫烧香"病毒的桌面

防范系统漏洞类蠕虫病毒的侵害，最好的办法是打好相应的系统补丁，可以应用瑞星杀毒软件的"漏洞扫描"工具，这款工具可以引导用户打好补丁并进行相应的安全设置，彻底杜绝病毒的感染。

防范邮件类蠕虫病毒的最好办法，就是提高自己的安全意识，不要轻易打开带有附件的电子邮件。另外，启用瑞星杀毒软件的"邮件发送监控"和"邮件接收监控"功能，也可以提高计算机自身对病毒邮件的防护能力。

防范聊天类蠕虫病毒的主要措施之一，就是提高安全防范意识，对于通过聊天软件发送的任何文件，都要经过好友确认后再运行。不要随意点击聊天软件发送的网络链接。

防范网络蠕虫病毒需要注意以下几点：

（1）选购合适的杀毒软件，杀毒软件必须向内存实时监控和邮件实时监控发展。

（2）经常升级病毒库。蠕虫病毒的传播速度快、变种多，所以必须随时更新病毒库，以便能够查杀最新的病毒。

（3）提高防杀毒意识。不要轻易去点击陌生的站点，有可能里面就含有恶意代码。

当运行 IE 时，点击"工具→Internet 选项→安全→Internet 区域的安全级别"，把安全级别由"中"改为"高"。因为这一类网页主要是含有恶意代码的 ActiveX 或 Applet、JavaScript 的网页文件，所以在 IE 设置中将 ActiveX 插件和控件、Java 脚本等全部禁止，就可以大大减少被网页恶意代码感染的几率。

（4）不随意查看陌生邮件，尤其是带有附件的邮件。

【实训环境】

一台安装 Windows 操作系统的计算机。

实例 1　蠕虫病毒防御

【实训说明】

根据如下要求进行系统安全设置，以防止感染蠕虫病毒或有效阻止病毒的继续传播：

（1）增强 Administrator 密码强度，设置密码为：o4sec@159，并在本地安全策略中启用"密码复杂性要求"；

（2）利用组策略关闭所有驱动器的自动播放功能，防止病毒通过可移动存储设备进行传播；

（3）设置文件夹选项中，取消隐藏受保护的系统文件，使显示所有文件和文件夹，并取消隐藏已知文件类型的扩展名；

（4）启用系统中的 Windows 防火墙，阻止病毒传播；

（5）设置 Internet 属性，将 Internet 区域安全级别设置为"高"，以防在浏览恶意网页过程中感染病毒；

（6）利用注册表编辑器取消 ipc＄及 admin＄、c＄等默认共享（Windows XP profes-sional 系统）。

【实训步骤】

1. 增强 Administrator 密码强度，设置密码，并在本地安全策略中启用"密码复杂性要求"

（1）单击"开始"→"设置"→"控制面板"，打开"控制面板"窗口，双击"管理工具"，在"管理工具"窗口中双击"计算机管理"，打开"计算机管理"窗口。

（2）展开"计算机管理"→"本地用户和组"→"用户"。

（3）在窗口右侧，右键单击"Administrator"，在弹出的快捷菜单中单击"设置密码"命令，弹出"为 Administrator 设置密码"提示对话框。单击"继续"按钮，打开"为 Administrator 设置密码"对话框，输入密码"o4sec@159"，如图 9－13 所示，单击"确定"按钮，弹出"本地用户和组"对话框，提示"密码已设置"，单击"确定"按钮。

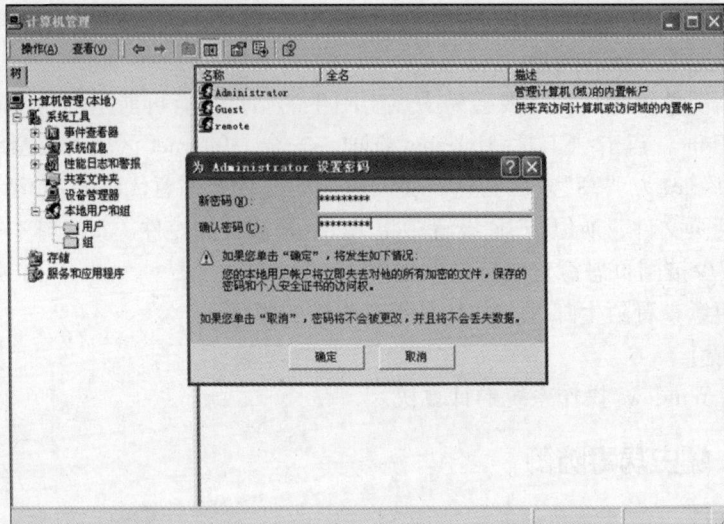

图 9 – 13 "Administrator 设置密码"对话框

（4）单击"继续"按钮，打开"为 Administrator 设置密码"对话框，输入密码"o4sec@159"，如图 9 – 13 所示。

（5）单击"确定"按钮，弹出"本地用户和组"对话框，提示"密码已设置"，单击"确定"按钮。

（6）从"管理工具"窗口中打开"本地安全策略"，打开"本地安全设置"窗口，展开"安全设置"→"帐户策略"→"密码策略"。

（7）在窗口右边，双击"密码必须符合复杂性要求"，弹出"属性"对话框，单击"已启用"单选按钮。

（8）单击"确定"按钮。

2. 利用组策略关闭所有驱动器的自动播放功能

（1）单击"开始"→"运行"，在"打开"后输入"gpedit. msc"，单击"确定"按钮，打开"组策略编辑器"对话框。

（2）展开"本地计算机策略"→"用户配置"→"管理模块"→"系统"。

（3）在窗口右边，双击"关闭自动播放"，打开"属性"对话框，单击"已启动"单选按钮，并设置"关闭自动播放：所有驱动器"，单击"确定"按钮。

3. 设置文件夹选项中，取消隐藏受保护的系统文件，使显示所有文件和文件夹，并取消隐藏已知文件类型的扩展名

（1）从"控制面板"窗口中双击"文件夹选项"，打开"文件夹选项"对话框，单击"查看"选项卡，单击取消"隐藏受保护的操作系统文件"复选框，弹出"警告"对话框，提示"您已选择在 Windows 资源管理器中显示受保护的操作系统文件。这些文件是启动和运行 Windows 所必需的。删除或编辑它们会使您的计算机无法运行。是否显示这些文件?"，单击"是"按钮。

（2）再单击"显示所有文件和文件夹"单选按钮，单击取消"隐藏已知文件类型的扩展名"复选框。

（3）单击"确定"按钮。

4. 启用系统中的 Windows 防火墙，阻止病毒传播

（1）从"控制面板"窗口中双击"Windows 防火墙"，打开"Windows 防火墙"对话框，单击"启用"单选按钮。

（2）单击"确定"按钮。

5. 设置 Internet 属性，将 Internet 区域安全级别设置为"高"，以防在浏览恶意网页过程中感染病毒

（1）从"控制面板"窗口中双击"Internet 选项"，打开"Internet 选项"对话框，单击"安全"选项卡，将"安全级别"设置为"高"。

（2）单击"确定"按钮。

6. 利用注册表编辑器取消 ipc $ 及 admin $、c $ 等默认共享（Windows XP professional 系统）

（1）单击"开始"→"运行"，在"打开"后输入"regedit"，单击"确定"按钮，打开"注册表编辑器"窗口，根据路径"我的电脑\HKEY_LOCAL_MACHINE\SYSTEM\CurrentControlSet\Control\Lsa"找到"Lsa"，双击窗口右侧的"restrictanonymous"，弹出"编辑双字节值"对话框，设置"数值数据"为"1"，单击"确定"按钮，完成禁用 IPC $ 默认共享。

（2）根据路径"我的电脑\HKEY_LOCAL_MACHINE\SYSTEM\CurrentControlSet\Services\Lanmanserver\parameters"找到"parameters"，在窗口右侧空白处单击右键，"新建"→"DWORD 值"，重命名此键值为"AutoShareWks"，默认键值 0 即可，即成功禁用 ADMIN $、C $ 等默认共享。

实例 2 熊猫烧香病毒查杀

【实训说明】

某台计算机系统中已经感染了"熊猫烧香"病毒，请根据以下操作步骤进行病毒的手工查杀：

（1）禁用网卡，使受感染计算机隔离网络；

（2）重启计算机，并引导系统进入 Windows 安全模式；

（3）通过修改"系统配置实用程序"启动项目，阻止系统启动的时候病毒也随之自动运行；

（4）修复注册表，使可以正常显示隐藏的文件和文件夹；

（5）删除各分区根目录下的病毒文件及其自动播放配置文件；

（6）重启系统，正常进入 Windows，并启用网卡；

（7）从本地 FTP 服务器 ftp：//192.168.0.137 下载专杀工具，路径为"安全工具"→"专杀工具"，并全盘查杀病毒。

【实训步骤】

1. 禁用网卡，使受感染计算机隔离网络

（1）单击"开始"→"设置"→"控制面板"，打开"控制面板"窗口，双击"网络连接"，打开"网络连接"窗口。

（2）右键单击"本地连接"，在弹出的快捷菜单中单击"禁用"命令，如图 9 – 14所示，断绝病毒传播。

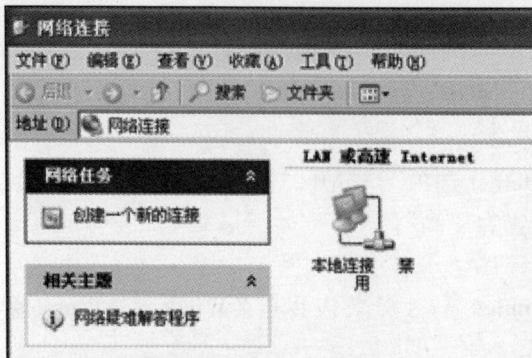

图 9 – 14　"禁用网卡"对话框　　　　图 9 – 15　"安全模式启动"对话框

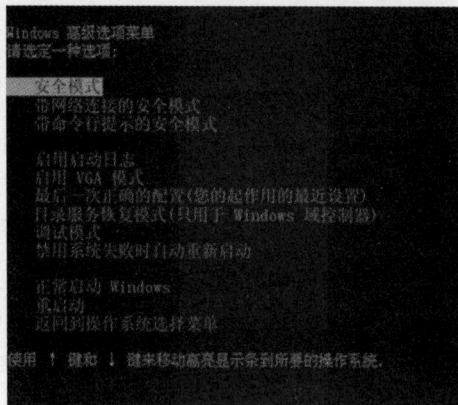

2. 重启计算机，并引导系统进入 Windows 安全模式

（1）单击"开始"→"关机"，选择"重新启动"命令重新启动计算机，在系统启动之前按键盘上的 F8 键，出现 Windows 高级选项菜单，通过键盘上下键选择"安全模式"，如图 9 – 15 所示。

（2）回车后进入安全模式。

3. 通过修改"系统配置实用程序"启动项目，阻止系统启动的时候病毒也随之自动运行

（1）单击"开始"→"运行"，在"打开"后输入"msconfig"命令，打开"系统配置实用程序"对话框，单击"启动"选项卡，单击取消最后两项的复选框，如图 9 – 16 所示。

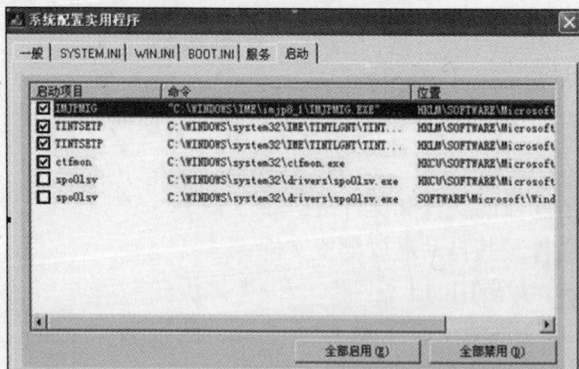

图 9 – 16　"系统配置实用程序"对话框　　　图 9 – 17　"编辑双字节值"窗口

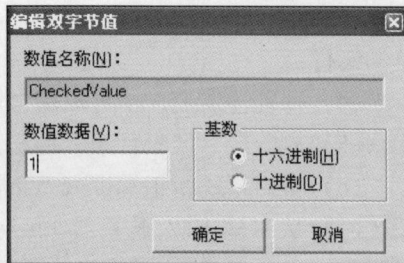

（2）单击"确定"按钮，弹出"系统配置"对话框，提示"必须重新启动计算机以便使某些由系统配置所作的更改生效"，单击"退出而不重新启动"按钮。

4. 修复注册表，使可以正常显示隐藏的文件和文件夹

（1）单击"开始"→"运行"，在"打开"后输入"regedit"命令，单击"确定"

按钮，打开"注册表编辑器"窗口。

（2）按照路径"我的电脑\HKEY_LOCAL_MACHINE\SOFTWARE\Microsoft\Windows\CurrentVersion\Explorer\Advances\Folder\Hidden\SHOWALL"，找到"SHOWALL"，双击窗口右侧的"CheckedValue"，打开"编辑双字节值"对话框，将"数值数据（V）"改为"1"，如图 9-17 所示，单击"确定"按钮，完成显示隐藏的系统文件和文件夹。

5. 删除各分区根目录下的病毒文件及其自动播放配置文件

（1）从桌面双击"我的电脑"，在"我的电脑"窗口中单击"工具"菜单下的"文件夹选项"命令，打开"文件夹选项"对话框，单击"查看"选项卡，单击取消"隐藏受保护的操作系统文件"复选框，弹出"警告"对话框，提示"您已选择在 Windows 资源管理器中显示受保护的操作系统文件。这些文件是启动和运行 Windows 所必需的。删除或编辑它们会使您的计算机无法运行。是否显示这些文件？"单击"是"按钮。

（2）再单击"显示所有文件和文件夹"单选按钮。

（3）单击"确定"按钮，退出"文件夹选项"对话框。

（4）右键单击"本地磁盘 C："，在弹出的快捷菜单中单击"打开"命令，可以看到 C 盘目录下有隐藏的病毒文件"setup. exe"及其自动运行配置文件"autorun. inf"。同时按下"Shift"键和"Delete"键删除这两个文件，并在弹出的"确认文件删除"对话框中单击"全部"按钮，这样 C 分区下的病毒原文件就清理完毕了。

【提示】

系统存在多个硬盘分区时，应把每个分区下的病毒及其配置文件按照刚才的方法进行清理。

6. 重启系统，正常进入 Windows，并启用网卡

（1）单击"开始"→"关机"，选择"重新启动"重新启动计算机。

（2）进入系统后，可以看到可执行文件仍然处于感染状态，如图 9-18 所示，右键单击任务栏，在弹出的快捷菜单中单击"任务管理器"命令，打开"Windows 任务管理器"窗口。

图 9-18　桌面上有受感染的应用程序　　　图 9-19　"任务管理器"窗口

（3）发现任务管理器可用，且病毒进程不存在，说明病毒并未运行，如图9－19所示。

（4）从"控制面板"中双击打开"网络连接"，右键单击"本地连接"，在弹出的快捷菜单中单击"启用"命令。

7. 从本地 FTP 服务器 ftp：∥192.168.0.137 下载专杀工具，路径为"安全工具"→"专杀工具"，并全盘查杀病毒

（1）在地址栏中输入 ftp：∥192.168.0.137，回车，进入 FTP 服务器，如图9－20所示。

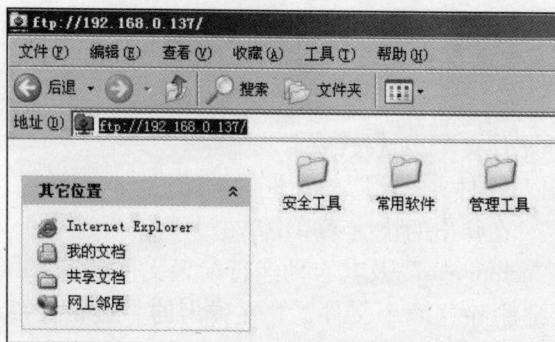

图9－20　桌面上有受感染的应用程序　　　　图9－21　"任务管理器"窗口

（2）双击"安全工具"文件夹，双击"专杀工具"文件夹，双击"熊猫病毒专杀.BAT"，弹出"文件下载—安全警告"对话框，单击"运行"按钮。

（3）弹出"Internet Explorer－安全警告"对话框，询问"您想运行此软件吗?"，单击"运行"按钮，打开"356828"对话框。

（4）单击"开始扫描"按钮，扫描结束后，病毒被成功清除，所有文件恢复正常，如图9－21所示。

任务9　木马攻防技术实例

【实训目的】

掌握针对 Windows 系统下木马病毒的手工查杀方法，以及针对木马病毒的防范措施。

【预备知识】

木马病毒是指通过一段特定的程序（木马程序）来控制另一台计算机的计算机程序。

木马程序是目前比较流行的病毒文件，与一般的病毒不同，它不会自我繁殖，也并不"刻意"地去感染其他文件，它通过将自身伪装来吸引用户下载执行，向施种木马者提供打开被种者电脑的门户，使施种者可以任意毁坏、窃取被种者的文件，甚至远程操控被种者的电脑。

一个完整的特洛伊木马程序包含两部分：服务端（服务器部分）和客户端（控制器部分）。植入对方电脑的是服务端，而黑客正是利用客户端进入运行了服务端的电脑。运行木马程序的服务端，会产生一个容易迷惑用户的进程，暗中打开端口，向指定地点发送数据（如网络游戏的密码、即时通信软件密码和用户上网密码等），黑客甚至可以利用这些打开的端口进入电脑系统。

随着病毒编写技术的发展，木马程序对用户的威胁越来越大，尤其是一些木马程序采用了极其狡猾的手段来隐蔽自己，使普通用户很难在中毒后发觉。木马病毒对我们的危害主要有：

（1）盗取用户的网游账号，威胁用户的虚拟财产安全；

（2）盗取用户的网银信息，威胁用户的真实财产安全；

（3）利用即时通信软件盗取用户的身份，传播木马病毒；

（4）给用户的电脑打开后门，使用户的电脑可能被黑客控制。

对木马病毒的防范，可以使用专门的木马专杀工具和防火墙。除了这些安全措施，还可以使用系统自带的一些基本命令来帮助发现木马病毒。

1. 检测网络连接

如果怀疑自己的计算机上被别人安装了木马，或者是中了病毒，但是手里没有完善的工具来检测是不是真有这样的事情发生，那么可以使用 Windows 自带的网络命令来查看谁在连接你的计算机。

具体的命令格式是：netstat – an。这个命令能看到所有和本地计算机建立连接的 IP，它包含四个部分——proto（连接方式）、local address（本地连接地址）、foreign address（和本地建立连接的地址）、state（当前端口状态）。通过这个命令的详细信息，就可以完全监控计算机上的连接，从而达到防止非法连接的目的。

2. 禁用不明服务

很多朋友在某天系统重新启动后会发现计算机速度变慢了，不管怎么优化都慢，用杀毒软件也查不出问题，这个时候很可能是别人通过入侵你的计算机后给你开放了某种特别的服务，比如 IIS 信息服务等，这样的情况杀毒软件是查不出来的。但是可以通过"net start"来查看系统中究竟有什么服务在开启，如果发现了不是自己开放的服务，就可以有针对性地禁用这个服务了。方法就是直接输入"net start"来查看服务，再用"net stop server"来禁止服务。

3. 轻松检查账户

可以用很简单的方法对账户进行检测。

首先在命令行下输入 net user，查看计算机上有些什么用户，然后再使用"net user 用户名"查看这个用户是属于什么权限的，一般除了 Administrator 是 Administrators 组的，其他都不是。如果发现一个系统内置的用户是属于 Administrators 组的，那几乎可以肯定你的计算机被入侵了，而且别人在你的计算机上克隆了账户。应尽快使用"net user 用户名/del"来删掉这个用户。

发现后，如何尽快删掉木马病毒，这也是计算机用户关心的问题。以下两种操作方式可以删除木马病毒。

1. 禁用系统还原（Windows Me/XP）

如果用户使用的是 Windows Me 或 Windows XP，应暂时关闭"系统还原"。此功能默认情况下是启用的，一旦计算机中的文件被破坏，Windows 可使用该功能将其还原。如果病毒、蠕虫或特洛伊木马感染了计算机，则系统还原功能会在该计算机上备份病毒、蠕虫或特洛伊木马。

注意：蠕虫移除干净后，应恢复系统还原的设置。

2. 将计算机重启到安全模式或 VGA 模式

如果发现自己中了木马病毒，应立即关闭计算机，等待至少 30 秒钟后重新启动到安全模式或者 VGA 模式（Windows NT 4 用户）。

在安全模式或 VGA 模式下，启动防病毒程序扫描和删除受感染文件，并确保已将其配置为扫描所有文件。运行完整的系统扫描，如果检测到任何文件被 Download. Trojan 感染，请单击"删除"。如有必要，清除 Internet Explorer 历史和文件。如果该程序是在 Temporary Internet Files 文件夹中的压缩文件内检测到的，请执行以下步骤：

启动 Internet Explorer，单击"工具"→"Internet 选项"，单击"常规"选项卡，在"Internet 临时文件"部分，单击"删除文件"，然后在出现提示后单击"确定"按钮。在"历史"部分，单击"清除历史"，然后在出现提示后单击"是"按钮。

【实训环境】

一台安装 360 安全卫士的计算机。

实例1　手动查杀冰河木马病毒

【实训说明】

某企业电脑没有安装防病毒软件，在浏览网站时不小心被木马病毒感染，在网络管理员来安装防病毒软件之前，为了防止木马病毒带来更多的危害，需要手动对该木马进行清除。

（1）通过 Windows 任务管理器查看系统进程，初步确认所中病毒名称；

（2）进入 Windows 注册表编辑器，查找注册表中开机自启动项中冰河木马的键值，记住木马程序的位置，并删除被病毒添加的开机自启动项的键值；

（3）查找注册表中开机自启动服务中冰河木马的键值，记住木马程序的位置，并删除被病毒添加的开机自启动服务的键值；

（4）查找注册表中文本文件关联项被冰河木马修改的键值，记住对应木马程序的位置，并将被病毒修改的注册表文件关联项的键值还原为系统默认状态；

（5）通过 Windows 任务管理器结束病毒进程；

（6）通过前面记录的木马程序所在位置，找到并删除病毒文件，最后清空回收站，彻底删除病毒文件。

【实训步骤】

1. 通过 Windows 任务管理器查看系统进程，初步确认所中病毒名称

右键单击任务栏，在弹出的快捷菜单中单击"任务管理器"命令，打开"Windows 任务管理器"窗口，单击"进程"选项卡，通过进程"Kernel32. exe"可判断出本机被冰河木马所感染，如图 9 - 22 所示。

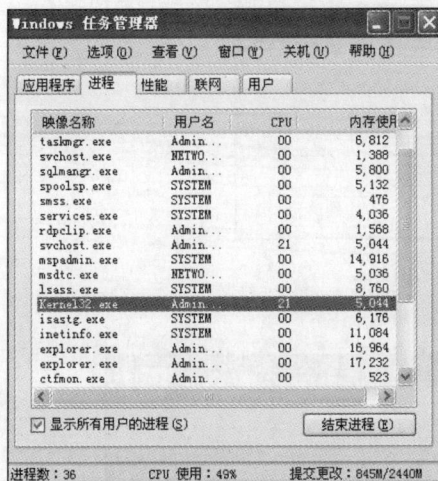

图 9-22 "进程"选项卡

图 9-23 "木马路径"对话框

2. 进入 Windows 注册表编辑器，查找注册表中开机自启动项中冰河木马的键值，记住木马程序的位置，并删除被病毒添加的开机自启动项的键值

（1）单击"开始"→"运行"，在"打开"后输入"regedit"命令，打开"注册表编辑器"窗口，按照路径"我的电脑\HKEY_LOCAL_MACHINE\SOFTWARE\Microsoft\Windows\CurrentVersion\Run"找到"RUN"，双击窗口右侧的"默认"键值，可以看到"数值数据（V）"中显示的被指向到木马程序的路径，如图 9-23 所示。

（2）单击"确定"按钮。

（3）右键单击"默认"，在弹出的快捷菜单中单击"删除"命令，弹出"确认删除数值"对话框，警告"确实要删除此数值吗?"单击"是（Y）"按钮。

3. 查找注册表中开机自启动服务中冰河木马的键值，记住木马程序的位置，并删除被病毒添加的开机自启动服务的键值

（1）在"注册表编辑器"窗口中按照路径"我的电脑\HKEY_LOCAL_MACHINE \SOFTWARE\Microsoft\Windows\CurrentVersion\RunService"，双击窗口右侧的"默认"键值，可以看到"数值数据（V）"中显示的被指向到木马程序的路径。

（2）单击"确定"按钮。

（3）右键单击"默认"，在弹出的快捷菜单中单击"删除"命令，弹出"确认删除数值"对话框，警告"确实要删除此数值吗?"单击"是"按钮。

4. 查找注册表中文本文件关联项被冰河木马修改的键值，记住对应木马程序的位置，并将被病毒修改的注册表文件关联项的键值还原为系统默认状态

（1）在"注册表编辑器"中按照路径"我的电脑\ HKEY_CLASSES_ROOT\ txtfile \ shell\ open\ command"找到"command"，双击对话框右侧的"默认"键值，打开"编辑字符串"对话框。

（2）可看到"数值数据（V）"中显示的是被指向到木马程序的路径，把路径修改为"C:\Windows\ notepad. exe %1"，如图 9-24 所示。

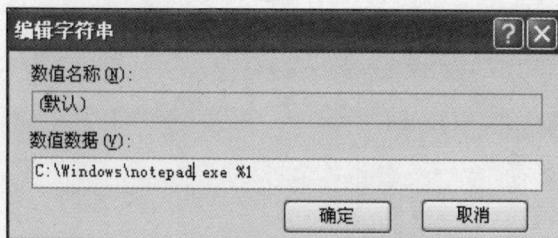

图9-24 "更改路径"对话框

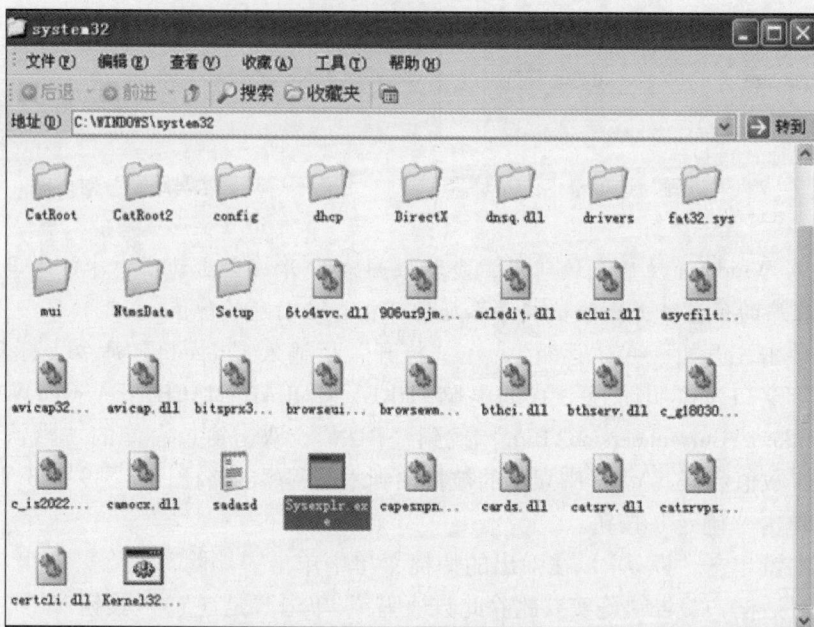

图9-25 "木马所在目录"窗口

（3）单击"确定"按钮。

5. 通过 Windows 任务管理器结束病毒进程

（1）在图9-22 的"任务管理器"窗口中单击选中木马进程 Kernel32. exe，单击"结束进程"按钮，弹出"任务管理器警告"对话框，警告"终止进程会导致不希望发生的结果，包括数据丢失和系统不稳定。在被终止前，进程将没有机会保存其状态和数据。确实想终止该进程吗？"

（2）单击"是（Y）"按钮。

6. 通过前面记录的木马程序所在位置，找到并删除病毒文件，最后清空回收站，彻底删除病毒文件

（1）打开"我的电脑"，进入 C 盘下的"WINDOWS \ system32"目录，如图9-25 所示，找到木马程序"Kernel32. exe"，右键单击，在弹出的快捷菜单中单击"删除"命令，弹出"确认文件删除"对话框，询问"'Kernel32. exe'是系统文件，如果删除，您的计算机或某个程序可能无法正常工作。确定要把它移入回收站吗？"，单击

"是（Y）"按钮；用同样的方法删除木马程序"Sysexplr. exe"。

（2）回到桌面，右键单击"回收站"，在弹出的快捷菜单中单击"清空回收站"命令，弹出"确认文件删除"对话框，提示"确实要删除这2项吗？"单击"是（Y）"按钮。

实例2　手动查杀灰鸽子木马病毒

【实训说明】

某企业用户在得知其邮箱账号和即时通信软件的账号丢失时，想到可能因为未安装防病毒软件而感染了木马病毒，所以决定对系统进行检测并手动进行木马查杀工作。

（1）使用360安全卫士扫描恶意插件，以确认系统是否感染了某种木马病毒；

（2）重新启动电脑，进入安全模式，开启Windows注册表编辑器，查找注册表系统服务项中灰鸽子的服务键值，记下其文件所在位置，并删除此灰鸽子键值；

（3）修改文件夹选项，使可以查看受保护的操作系统文件、隐藏文件和文件夹，以及已知文件类型的扩展名；

（4）进入灰鸽子文件所在文件夹，查找并删除灰鸽子文件；

（5）再次使用360安全卫士扫描恶意插件，检查手动查杀效果。

【实训步骤】

1. 使用360安全卫士扫描恶意插件，以确认系统是否感染了某种木马病毒

（1）双击桌面上的"360安全卫士"，在"360安全卫士窗口"中单击"清理恶评插件"选项卡，如图9-26所示，单击"开始扫描"按钮。

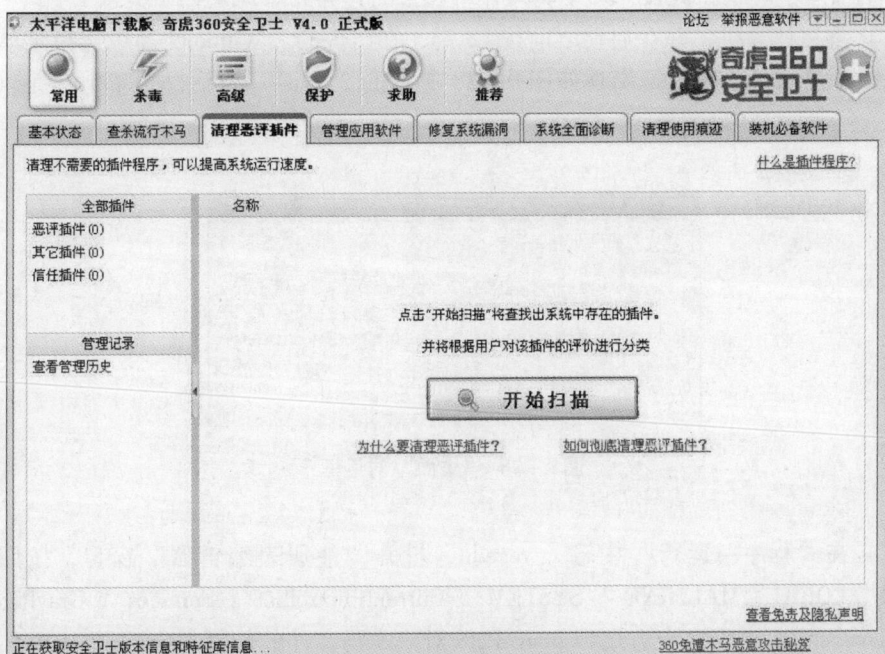

图9-26　清理恶意插件窗口

（2）扫描结束后，可以看到系统已经被灰鸽子木马感染，如图 9 - 27 所示。

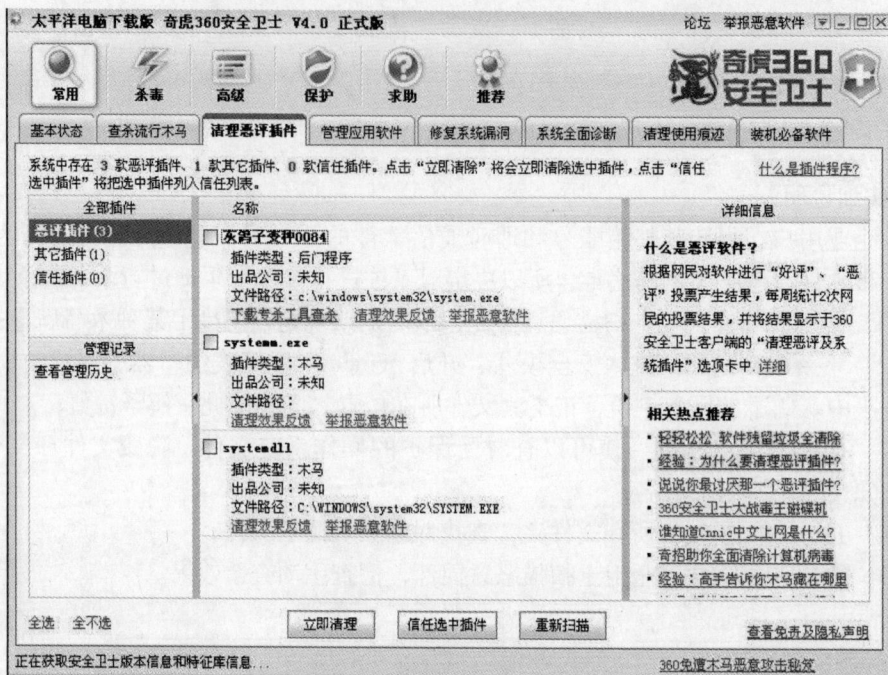

图 9 - 27　扫描结束窗口

2. 重新启动电脑，进入安全模式，开启 Windows 注册表编辑器，查找注册表系统服务项中灰鸽子的服务键值，记下其文件所在位置，并删除此灰鸽子键值

（1）重启计算机，并在启动之前按 F8 键，在出现的"Windows 高级选择菜单"界面中按回车进入安全模式，出现如图 9 - 28 所示的"桌面"对话框，单击"是（Y）"按钮。

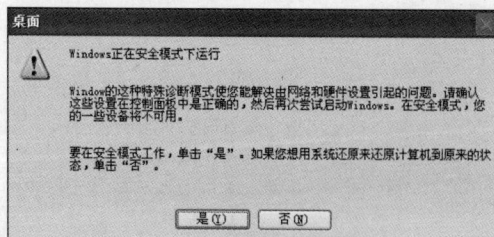

图 9 - 28　"桌面"对话框

（2）在"程序→运行"中输入 regedit，打开"注册表编辑器"窗口，按照路径 "HKEY _LOCAL _MACHINE \ SYSTEM \ CurrentControlSet \ Services \ GrayPigeon _ Hacker. com. cn"，在窗口右边找到 ImagePath 对应木马文件的位置"C:\WINDOWS \ system32 \ system. exe"。

（3）右键单击"GrayPigeon_Hacker. com. cn"，在弹出的快捷菜单中单击"删除"

命令，打开"确认项删除"对话框，单击"是（Y）"按钮，删除该键值。

3. 修改文件夹选项，使可以查看受保护的操作系统文件、隐藏文件和文件夹，以及已知文件类型的扩展名

（1）双击打开"我的电脑"，单击"工具"菜单下的"文件夹选项"命令，再单击"查看"选项卡。

（2）单击取消"隐藏受保护的文件系统"复选框，弹出"警告"对话框，单击"是（Y）"按钮。

（3）单击"隐藏已知文件类型的扩展名"复选按钮，单击"显示隐藏的文件和文件夹"单选按钮。

（4）单击"确定"按钮完成设置。

4. 进入灰鸽子文件所在文件夹，查找并删除灰鸽子文件

（1）按照路径"C：\windows\ system32"，打开 windows32 文件夹。

（2）右键单击文件"system. exe"，在弹出的快捷菜单中单击"删除"命令，并在弹出的对话框中单击"是"按钮。

5. 再次使用 360 安全卫士扫描恶意插件，检查手动查杀效果

双击桌面上的"360 安全卫士"，在"360 安全卫士"窗口中单击"清理恶评插件"选项卡，单击"开始扫描"按钮，扫描结束，可以确定木马程序已经被成功清除，如图 9 - 29 所示。

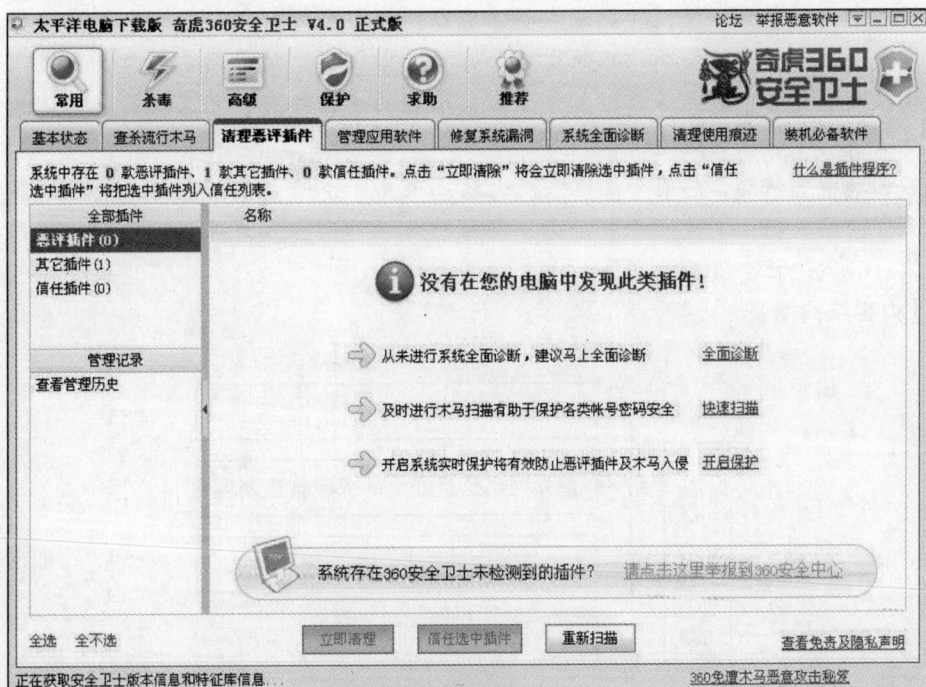

图 9 - 29　扫描结束窗口

网络信息安全法律法规管理及案例

【导读】

法律法规是网络信息安全的制度保障。离开了法律这一强制性规范体系，网络信息安全技术和管理人员的行为就都失去了约束。再完善的技术和管理手段也不能保证没有安全缺陷的网络系统；再完善的安全技术机制也不可能永久、完全避免非法攻击和网络犯罪行为。法律法规在网络信息安全领域的作用是：一方面，它是一种预防手段；另一方面，它也以其强制力为后盾，为网络信息安全构筑起最后一道防线。

法律法规也是实施各种网络信息安全措施的基本依据，网络信息安全措施只有在法律的支撑下才能产生约束力。通过网络信息安全法律法规，告诉人们哪些网络行为不可为，如果实施了违法行为就要承担法律责任，构成犯罪的还应承担刑事责任。法律法规对网络信息安全措施的规范主要体现在：对各种计算机网络提出相应的安全要求；对安全技术标准、安全产品的生产和选择做出规定；赋予网络信息安全管理机构一定的权利和义务，规定不履行义务者应当承担的责任；将行之有效的网络信息安全技术和安全管理的原则规范化等。

我国现有的网络信息安全法律法规大致上确立了多项网络信息安全管理的基本法律原则。主要包括：①重点保护原则；②预防为主原则；③责任明确原则；④严格管理原则；⑤促进社会发展原则等。

【内容结构图】

网络信息安全法律法规管理及案例	我国网络信息安全法律体系
	建立网络信息安全的保障管理制度
	网络信息安全事件描述
	网络信息安全涉及的犯罪案例
	计算机网络信息安全相关法律、案例

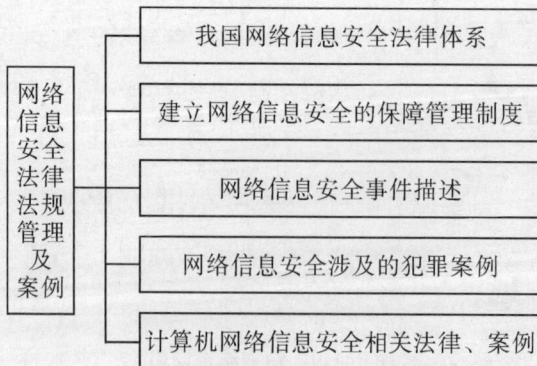

【知识与能力目标】

※ 了解我国为计算机信息网络制定的法律法规及部门、地方和单位相应的具体安

全防范措施

✦ 通过案例说明这一领域安全形势的严峻状态

✦ 通过学习确立依据法律法规、技术和管理，建立信息安全防范体系的理念

任务1 了解我国网络信息安全法律体系

我国现行的网络信息安全法律法规分为国家三个层面；另有部门制度的管理规定和地方性法规，形成体系框架。

1. 一般性法律规定

主要由《宪法》、《刑法》、《国家安全法》、《国家秘密法》、《著作权法》、《专利法》、《警察法》等组成。这些法律法规并没有专门对网络行为进行规定，但是它所规范和约束的对象中包括了危害网络信息安全的行为，明确警察具备信息安全方面执法主体的身份。如：

《宪法》第四十条 中华人民共和国公民的通信自由和通信秘密受法律的保护。除因国家安全或者追查刑事犯罪的需要，由公安机关或者检察机关依照法律规定的程序对通信进行检查外，任何组织或者个人不得以任何理由侵犯公民的通信自由和通信秘密。

《刑法》第二百八十五条 违反国家规定，侵入国家事务、国防建设、尖端科学技术领域的计算机信息系统的，处三年以下有期徒刑或者拘役。

《警察法》第二章第六条 公安机关的人民警察按照职责分工，依法履行下列职责：（十二）监督管理计算机信息系统的安全保护工作。

2. 规范和惩罚网络犯罪的法律

这类法律包括《刑法》、《刑事诉讼法》、《行政处罚法》、《治安管理处罚条例》、《全国人大常委会关于维护互联网安全的决定》等，作为规范和惩罚网络犯罪的法律规定。

3. 直接针对计算机网络信息安全的特别规定

这类法律法规主要有《计算机信息系统安全保护条例》、《计算机信息网络国际联网管理暂行规定》、《计算机信息网络国际联网安全保护管理办法》、《计算机软件保护条例》等。其中《计算机信息系统安全保护条例》是直接指导网络信息安全的行动指南。

4. 部门具体规范管理等方面的规定

这一类法律主要有：《商用密码管理条例》、《计算机信息系统安全专用产品检测和销售许可证管理办法》、《计算机病毒防治管理办法》、《计算机信息系统保密管理暂行规定》、《计算机信息系统国际联网保密管理规定》、《电子出版物管理规定》、《金融机构计算机信息系统安全保护工作暂行规定》等。

5. 地方性法规

为了实现计算机网络信息安全，各地根据全国性的法律法规制定的地方法律法规，如《广东省计算机信息系统安全保护条例》等。

任务 2　建立网络信息安全的保障管理制度

1. 国家层面的网络信息安全的保障制度

到目前为止，我国已经建立的网络信息安全保障制度主要有：计算机信息系统安全等级保护制度、计算机信息系统国际联网备案制度、安全专用产品销售许可证制度、计算机案件强行报案制度、计算机信息系统使用单位安全负责制度、计算机病毒专营制度、商用密码管理制度、互联网信息服务安全管理制度、电信安全管理制度、计算机信息媒体进出境申报制度，以及信息安全检测、评估和认证安全监督管理制度等。

2. 计算机网络信息安全的管理部门

我国计算机信息网络的安全保护监督管理工作由公安机关执行。1994 年 2 月国务院颁布的《中华人民共和国计算机信息系统安全保护条例》赋予公安机关行使对计算机信息系统的安全保护工作的监督管理职权。1995 年 2 月全国人大常委会颁布的《中华人民共和国人民警察法》明确了公安机关具有监督管理计算机信息系统安全的职责。1997 年 12 月施行的《计算机信息网络国际联网安全保护管理办法》将公安机关的监督职权扩展到了信息网络的国际联网领域。

3. 具体的网络信息安全管理制度

在法律法规指导下，充分认识计算机信息网络面对的各种安全威胁，信息网络使用部门在制定管理制度时，应当制定具体的网络安全信息管理制度，安全管理制度须从以下几个方面进行规范：物理层、网络层、平台安全。物理层安全包括环境安全和设备安全，网络层安全包含网络边界安全，平台安全包括系统层安全和应用层安全。

任务 3　网络信息安全事件描述

人类进入了信息社会，同时也创造了计算机病毒，福祸同降。1983 年计算机病毒首次被确认，起初并没有引起人们的重视。直到 1987 年计算机病毒才开始受到世界范围内的普遍重视。我国于 1989 年在计算机界发现病毒。至今，全世界已发现数万种病毒，并且数量还在高速增加。

由于计算机软件的脆弱性与互联网的开放性，我们将与病毒长久共存，计算机网络信息的使用伴随着威胁。特别是 Internet 的广泛应用，促进了病毒的空前活跃，网络蠕虫病毒传播更快更广，Windows 病毒更加复杂，带有黑客性质的病毒和特洛伊木马等有害代码大量涌现。

下面按年代把相关病毒、攻击及建立防治简要列举部分事件，从事件特性可追溯计算机网络安全发展的过程，展现人们与计算机网络信息安全破坏者之间的斗争。

1986 年世界上出现的第一个计算机木马是 PC‑Write 木马，其能格式化硬盘。此时的第一代木马还不具备传染特征。但随后的发展，对计算机、网络领域的破坏性越来越大，如爆发于 2006 年的有局域网"杀手"之称的 ARP 病毒新变种 ARP 欺骗的木马程序，危害比蠕虫更甚。

1987 年，计算机病毒主要是引导型病毒，具有代表性的是"小球"和"石头"病毒。

1988 年 11 月 2 日，著名的"蠕虫"病毒通过网络传播，它大约使 60 000 台 Internet 上 10%～20% 的主机受到感染，使网络陷入瘫痪，大量的数据和资料毁于一旦。这导致美国总统里根签署了《计算机安全法令》。其传播者罗伯特·莫里斯最后被捕了，并被联邦法院起诉。

1988 年 5 月 13 号星期五，一些国家的公司和大学遭到了"耶路撒冷"（Jerusalem）病毒的拜访。在这一天，病毒摧毁了电脑上所有想要执行的文件。"耶路撒冷"病毒首次通过自己的破坏引起了人们对电脑病毒的关注。

1989 年，5 名西德电脑间谍入侵了美国政府和大学电脑网络。

1989 年 7 月，公安部计算机管理监察局监察处病毒研究小组推出了中国最早的杀毒软件 Kill 6.0 版本，这一版本可以检测和清除当时在国内出现的六种病毒。

1990 年 4 月，深圳华星公司推出了华星防病毒卡，这也是世界上最早的一块防毒卡。到 1992 年前后，市面上开始流行的防病毒卡多达五六十种。

1990 年，世界经济合作开发组织（OECD）下属的信息、电脑与通信组织草拟了《信息安全方针》。

1991 年，间谍软件真正用于战争是在当年的海湾战争中。

1992 年，第一个文件型病毒传入我国，主要感染计算机中的可执行文件（.exe）和命令文件（.com）。文件型病毒对计算机的源文件进行修改，使其成为新的带毒文件。

1993 年，我国第一条国际互联网专线建立，接通了 64K 专线。1993 年 3 月 2 日（北京时间）也成了中国互联网发展史上的一个里程碑。

1994 年，首部信息安全管理条例《中华人民共和国计算机信息系统安全保护条例》颁布实施。

1995 年，出现宏病毒，其是一种寄存在文档或模板的宏中的计算机病毒。

1996 年，出现变型病毒（又称幽灵病毒）。这一类病毒使用一个复杂的算法，使自己每传播一次都具有不同的内容和长度。

1996 年 1 月，中国公用计算机互联网 CHINANET 全国骨干网建成并正式开通，全国范围的公用计算机互联网络开始提供服务。

1997 年，颁布实施《计算机信息网络国际联网安全保护管理办法》。

1998 年，美国国防部宣布黑客向五角大楼网站发动了有史以来最大规模、最具系统性的攻击行动。

1999 年，提出计算机 2000 年问题，又叫做"2000 年病毒"、"千年虫"、"电脑千禧年问题"或"千年病毒"。缩写为"Y2K"。

2000 年 5 月 4 日，一种叫做"我爱你"的电脑病毒开始在全球各地迅速传播。这个病毒是通过 Microsoft Outlook 电子邮件系统传播的，邮件的主题为"I LOVE YOU"，并包含一个附件。一旦在 Microsoft Outlook 里打开这个邮件，系统就会自动复制并向地址簿中的所有邮件地址发送这个病毒。

2000 年，黑客入侵了军方开发的隶属于美国海军的 Exigent 系统，拿到了导弹和卫星导航软件 2/3 的源代码。后来也仅知道该黑客来自于德国 Kaiserslautern 大学。

2001 年 4 月 26 日，CIH 病毒又一次发作，仅北京地区就有超过六千台电脑遭 CIH 破坏；2002 年 4 月 26 日，CIH 病毒再次爆发，北京又有数千台电脑遭破坏。（1998 年 7 月 26 日，CIH 病毒首次出现，就在美国造成了大面积传播全球超过六千万台电脑被不同程度破坏。）

2001 年 4 月 1 日，中美撞机事件发生后，中美黑客之间发生的网络大战愈演愈烈。

2002 年，发现"冲击波"病毒（病毒类型：蠕虫病毒），该病毒运行时会不停地利用 IP 扫描技术寻找网络上系统为 Win2K 或 XP 的计算机，使系统操作异常、不停重启，导致系统崩溃。

2003 年 1 月 25 日，我国所有互联网运营单位的网络都出现了访问变慢的现象，情况严重的网络甚至曾一度瘫痪。

2004 年，一个叫"震荡波"的蠕虫病毒席卷了全世界，数千万台的电脑瘫痪，数亿的财产在这次浩劫中付诸东流。

2005 年 4 月 11 日晚 10 时左右，一起全国性的网络断网事故发生，习惯于网络生存的网民们被生生地揪出虚拟世界。

2006 年，中国互联网协会公布流氓软件官方定义：是指在未明确提示用户或未经用户许可的情况下，在用户计算机或其他终端上安装运行，侵犯用户合法权益的软件，但已被我国现有法律法规规定的计算机病毒除外。

2007 年 1 月 19 日，一个最新的"熊猫烧香"变种病毒出现。在两个多月的时间里，数百万电脑用户被卷进去，那只憨态可掬、颔首敬香的"熊猫"除而不尽，成为人们噩梦般的记忆。反病毒工程师们将它命名为"尼姆亚"。它还有一个更通俗的名字——"熊猫烧香"。

2007 年 3 月，被反病毒专家称为最危险的后门程序"灰鸽子"集中爆发。

2007 年 6 月，与熊猫烧香过于"张扬"的特点不同，"AV 终结者"的攻击手段更为隐蔽，用户电脑如果感染了该病毒，所有杀毒软件将被禁用，该病毒可在用户电脑安全性丧失殆尽的情况下下载大量盗号木马、风险程序，给用户的网络资产带来严峻威胁。

2008 年新年伊始，陈冠希"艳照门"事件引发了 IT 领域讨论电脑维修过程中泄密和转载不雅照片的网站问题。"朋友靠不住，电脑靠不住，甚至自己也靠不住"，对社会道德价值理念形成一次巨大冲击。

2008 年，提出"云安全"理念。在传统反病毒模式濒临瘫痪之际，"云安全"这一新兴理念犹如"雨后伴春笋"纷纷步入用户的视野之中。

2009—2010 年，网络安全面临新的概念、定义，无论是打破了全球 500 万台电脑的感染记录的 Conficker 蠕虫病毒，还是窥伺政府部门和商业网站乃至社交网站的恶意软件，以及下半年频繁发生的信用卡诈骗案件，都显示出在新的经济环境下，随着网络技术的迅猛发展，新的网络安全将来自全面升级的病毒、黑客和恶意软件的攻击。

随着智能手机和平板电脑的推广，生活变得越来越"网络化"，维基解密网站正在持续轰炸互联网，掀起轩然大波，社交网站风靡全球，网络安全成为头等大事。由于网络犯罪的复杂性，世界各地的执法机关开始联手惩治这些网络黑手。

任务4 网络信息安全涉及的犯罪案例

1. 内鬼作乱

2010年全球经济仍处于低迷状态，失业人数有增无减。而那些在职的人员恐怕也有很多抱怨，比如工作时间过长、薪水太低、工作压力过大。因此，企业应该继续对内部人员偷窃或破坏企业内部数据或信息保持高度警惕。例如，弗吉尼亚州的一名前IT主管，因故意破坏装有机密文件的企业计算机而被判27个月监禁和6 700美元赔偿金。

2. 僵尸网络头目被逮捕

虽然僵尸网络目前还没有形成大规模的犯罪团伙，然而FBI已经开始全球合作，跨国界地追捕这些罪犯。例如，美国FBI与州政府和其他国家的执法人员合作切断了该组织的金融链，FBI与州政府总共逮捕了37名犯罪人员，另有11名犯罪分子在英国被逮捕。全球执法机关的合作和信息共享为追捕和缉拿这些网络黑手提供了便利。

3. 国内首例虚拟财产失窃案

2004年12月17日，北京市第二中级人民法院对李宏晨起诉北京北极冰科技发展有限公司娱乐服务纠纷案作出终审判决，维持了原审人民法院作出的北京北极冰科技发展有限公司恢复原告李宏晨在网络游戏"红月"中丢失的虚拟装备，并返还原告购买105张爆吉卡的价款420元，赔偿交通费等各种费用1 140元，驳回原告李宏晨的其他诉讼请求的判决。

经审理查明，"红月"系一大型多人在线收费网络游戏，北极冰公司是该游戏的经营者。玩家通过账号注册首次进入游戏，之后通过购买北极冰公司发行的游戏时间卡并为账号充值后获得游戏时间进行游戏活动。在游戏过程中，玩家通过购买北极冰公司发行的游戏卡或游戏命令等方式，可获得游戏中的多种虚拟装备。

红月游戏服务器内2002年初注册有账号RAINBOW90和RAINBOW99，对应角色名称分别是"国家主席"和"冰雪凝霜"。该两个账号注册时填写的"姓名"分别为"phoenix"和"李小华"。2003年2月17日，该游戏的玩家之一李宏晨发现自己在红月服务器的ID"国家主席"内所有的装备丢失：生化装备10件，包括盾牌一个、头盔三件、腰带两条、战甲一件、裤子一条、靴子两双，还有毒药两个、生命水两个。

中院经审理后认为，该案系网络游戏经营者与玩家因网络游戏产生的服务合同纠纷。关于玩家使用虚构姓名进行网络注册是否能够主张权利，因法律对此未作出禁止性规定，应认为只要该虚构的姓名属该玩家所有，即可认定该游戏玩家的诉讼主体资格。关于李宏晨在游戏服务器内虚拟装备丢失的原因，北极冰公司分析出三种可能，即被第三者盗走、被网管盗走、玩家自己将其转让或赠送他人。由于存在第一、第二种可能性，且又由于双方系服务合同关系，游戏经营者应履行必要的注意义务，李宏晨又否认将虚拟装备转给他人，在北极冰公司不能提供李宏晨将虚拟装备转给他人的证据的情况下，应认为游戏本身在程序方面尚不完备，故北极冰公司应承担网络安全保障不力的责任。李宏晨要求北极冰公司进行回档恢复，法院予以支持。复制品是非正当途径所产生，一旦发现应予删除，李宏晨没有充分证据证实被删除复制品的合法来源，故其要求恢复删除的复制品法院不予支持。北极冰公司发行的暴吉卡系博彩中奖凭证，其未取得合法资质就公开发行，应认定无效，故应返还由此取得的财物。李宏晨要求赔偿精神损失费及要求享受 1 000 级玩家待遇的请求依据不足，法院不予支持。北极冰公司亦应承担李宏晨适当的交通费和寻找证人的相关费用。

任务5 查找计算机网络信息安全相关法律、案例

【实训说明】

（1）查找中华人民共和国法律体系，从中查找与信息安全相关的条文；

（2）查找大型企业网络中心制定的信息安全管理制度；

（3）查找网络信息安全案例。

【实训步骤】

使用计算机网络和搜索引擎查找相关内容并作相应记录。

参考文献

［1］黄传河等．网络安全．武汉：武汉大学出版社，2004.

［2］华师傅资讯．网络安全实用宝典．北京：中国铁道出版社，2007.

［3］戚文静．网络安全与管理．北京：中国水利水电出版社，2008.

［4］王达．网管员必读——网络安全．北京：电子工业出版社，2005.

［5］周苏，黄林国，王文．信息安全技术．北京：中国铁道出版社，2009.

［6］杨晓元，魏立线．计算机密码学．西安：西安交通大学出版社，2007.

［7］赵战生，杜虹，吕述望．信息安全保密教程（上、下册）．北京：中国科学技术大学出版社，2006.

［8］陈忠文．信息安全标准与法律法规（第二版）．武汉：武汉大学出版社，2011.